太阳能在建设领域推广与应用

孙晓光　王新北　左艳飞　编写

中国建筑工业出版社

图书在版编目（CIP）数据

太阳能在建设领域推广与应用/孙晓光，王新北，左艳飞编写．—北京：中国建筑工业出版社，2009
ISBN 978-7-112-10673-8

Ⅰ．太…　Ⅱ．①孙…②王…③左…　Ⅲ．太阳能-应用-概况-世界　Ⅳ．TK519

中国版本图书馆 CIP 数据核字（2009）第 012455 号

本书全面阐述太阳能在世界其他国家以及在国内推广应用情况及相关政策。共分七章，基础知识部分介绍了太阳、太阳能以及太阳能应用基本常识；国内外应用情况重点介绍美国、日本、德国以及国内推广与应用太阳能较好的城市；政策部分收集了全国比较典型的政策；最后对沈阳市的太阳能推广应用情况作详细分析。

本书可作为政府能源部门管理人员、房地产开发商和广大太阳能业余爱好者学习参考。

*　*　*

责任编辑：赵梦梅
责任设计：董建平
责任校对：兰曼利　王雪竹

太阳能在建设领域推广与应用
孙晓光　王新北　左艳飞　编写
*
中国建筑工业出版社出版、发行（北京西郊百万庄）
各地新华书店、建筑书店经销
霸州市顺浩图文科技发展有限公司制版
世界知识印刷厂印刷
*
开本：787×1092 毫米　1/16　印张：11¼　字数：275 千字
2009 年 3 月第一版　2009 年 7 月第二次印刷
定价：**50.00** 元
ISBN 978-7-112-10673-8
（17606）

《太阳能在建设领域推广与应用》编委会

主　　编： 孙晓光　王新北　左艳飞

编　　委： 李　健　陆　靖　隋明悦　李莹莹　焦　洁

任敏学　杨长生　苗豫东　焦　洋　单秋洁

主编单位： 沈阳市城乡建设委员会

参编单位： 沈阳市地源热泵规划建设管理办公室

前　言

人类进入21世纪。世界经济飞速发展，同时对能源的需求与日俱增。传统的化石能源日益枯竭，使人类面临着越来越严重的能源危机，能源的潜在危机迫使世界各国积极开发可再生能源。而我国是世界第二大能源生产、消耗国，能源的潜在危机比世界总的形势更为严峻，我国的发展面临着能源瓶颈的制约和环境污染、生态破坏的威胁，唯一现实的选择就是选择可再生能源作为能源供应的基础。

太阳能作为可再生能源的一种，以其清洁、储量巨大、成本低、无地域限制和能源质量高等众多优点成为可再生能源利用的首选能源。太阳能应用主要为光热技术应用和光伏技术应用两种。目前，在我国应用最广的是太阳能热水器，以其方便实用节能而被大多数人接受；而光伏发电目前仅局限于示范项目和国家投资为无电地区居民生活用电上，发展比较缓慢。

近几年，随着国家对节能减排工作的重视，先后出台了《中华人民共和国可再生能源法》和《可再生能源中长期发展规划》，促进了可再生能源尤其是太阳能的发展。全国各城市也先后出台推广太阳能的相关政策，使太阳能在近几年有了较快的发展。沈阳市为开展太阳能推广工作，对世界各国太阳能发展状况进行了学习研究，对全国发展太阳能比较好的城市（德州、烟台、深圳、北京等）进行了调研，并编写成书。本书借鉴山东、河北等地丰富的推广政策及经验，在此表示感谢。

本书由沈阳市地源热泵规划建设管理办公室组织编写，全面介绍了太阳能在世界其他国家以及在国内推广应用情况及相关政策，同时对沈阳市推广应用情况进行了重点分析，仅供大家参考。由于时间仓促，水平有限，书中错误疏漏之处难免，敬请读者批评指正。希望通过阅读本书，能够对您有所帮助。

编　者

2008年10月22日

目　录

第一章　太阳能概况

一、太　　阳

（一）太阳概况

太阳是离地球最近的一颗恒星，也是太阳系的中心天体，它的质量占太阳系总质量的99.865%。太阳也是太阳系里惟一自己发光的天体，它给地球带来光和热。如果没有太阳光的照射，地面的温度将会很快地降低到接近绝对零度。由于太阳光的照射，地面平均温度才会保持在14℃左右，形成了人类和绝大部分生物生存的条件。除了原子能、地热和火山爆发的能量外，地面上大部分能源均直接或间接同太阳有关。

太阳是一个主要由氢和氦组成的炽热的气体火球，半径为6.96×10^{5}km（是地球半径的109倍），质量约为1.99×10^{27}t（是地球质量的33万倍），平均密度约为地球的1/4。太阳表面的有效温度为5762K，而内部中心区域的温度则高达几千万度。太阳的能量主要来源于氢聚变成氦的聚变反应，每秒有6.57×10^{11}kg的氢聚合生成6.53×10^{11}kg的氦，连续产生3.90×10^{23}kW能量。这些能量以电磁波的形式，以3×10^{5}km/s的速度穿越太空射向四面八方。地球只接受到太阳总辐射的二十二亿分之一，即有1.77×10^{14}kW达到地球大气层上边缘（“上界”），由于穿越大气层时的衰减，最后约8.5×10^{13}kW到达地球表面，这个数量相当于全世界发电量的几十万倍。

根据目前太阳产生的核能速率估算，氢的储量足够维持600亿年，而地球内部组织因热核反应聚合成氦，它的寿命约为50亿年，因此，从这个意义上讲，可以说太阳的能量是取之不尽、用之不竭的。

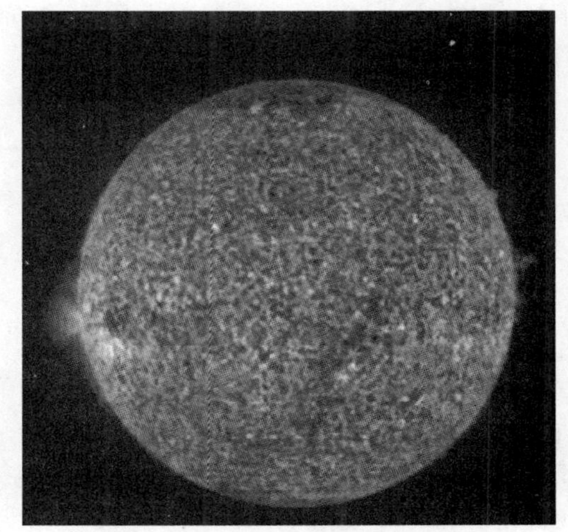

图1-1　太阳图片

（二）太阳结构

太阳的质量很大，在太阳自身的重力作用下，太阳物质向核心聚集，核心中心的密度和温度很高，使得能够发生原子核反应。这些核反应是太阳的能源，所产生的能量连续不断地向空间辐射，并且控制着太阳的活动。根据各种间接和直接的资料，认为太阳从中心到边缘可分为核反应区、辐射区、对流区和太阳大气。

1. 核反应区

在太阳半径25％（即0.25R）的区域内，是太阳的核心，集中了太阳一半以上的质量。此处温度大约1500万度，压力约为2500亿大气压（1atm＝101325Pa），密度接近158g/cm^3。这部分产生的能量占太阳产生的总能量的99％，并以对流和辐射方式向外辐射。氢聚合时放出伽马射线，这种射线通过较冷区域时，消耗能量，增加波长，变成X射线或紫外线及可见光。

2. 辐射区

在核反应区的外面是辐射区，所属范围从0.25～0.8R，温度下降到13万度，密度下降为0.079g/cm^3。在太阳核心产生的能量通过这个区域由辐射传输出去。

3. 对流区

在辐射区的外面是对流区（对流层），所属范围从0.8～1.0R，温度下降为5000摄氏度，密度为10～8g/cm^3。在对流区内，能量主要靠对流传播。对流区及其里面的部分是看不见的，它们的性质只能靠同时观测相符合的理论计算来确定。

4. 太阳大气

大致可以分为光球、色球、日冕等层次，各层次的物理性质有明显区别。太阳大气的最底层称为光球，太阳的全部光能几乎全从这个层次发出。太阳的连续光谱基本上就是光球的光谱，太阳光谱内的吸收线基本上也是在这一层内形成的。光球的厚度约为500km。色球是太阳大气的中层，是光球向外的延伸，一直可延伸到几千公里的高度。太阳大气的最外层称为日冕，日冕是极端稀薄的气体壳，可以延伸到几个太阳半径之远。严格说来，上述太阳大气的分层仅有形式的意义，实际上各层之间并不存在着明显的界限，它们的温度、密度随着高度的变化是连续地改变的。

可见，太阳并不是一个一定温度的黑体，而是许多层不同波长放射、吸收的辐射体。不过，在描述太阳时，通常将太阳看作温度为6000℃、波长为0.3～3.0μm的黑色辐射体。

二、太 阳 能

（一）太阳能概况

1. 太阳能定义

太阳是一个炙热的气态球体，它表面温度约为6000℃。它不断向宇宙空间发射电磁波，包括紫外线、可见光和红外线等，所谓太阳能实际上就是指太阳内部高温核聚变反应所释放的辐射能。其主要能量集中在0.3～3.0μm（微米）的波段，因此太阳辐射为“短波辐射”。到达地表水平面上的太阳辐射包括直接辐射和散射辐射两部分。广义上的太阳能是地球上许多能量的来源，如风能，化学能，水的势能等等。狭义的太阳能则限于太阳辐射能的光热、光电和光化学的直接转换。

2. 太阳能量大小

太阳辐射的能量是巨大的。太阳向宇宙空间发射的辐射功率为3.8×10^{23}kW的辐射值，其中20亿分之一到达地球大气层。到达地球大气层的太阳能，30％被大气层反射，

23%被大气层吸收，其余的到达地球表面，其功率为 8×10^{13}kW，也就是说太阳每秒钟照射到地球上的能量就相当于燃烧 500 万吨煤释放的热量，相当于全世界发电量的几十万倍。太阳辐射能穿越大气层，因受到吸收、散射及反射的作用，故能够直接到达地表的太阳辐射能仅存三分之一，又其中 70%是照射在海洋上，于是仅剩下约 1.5×10^{17}kW·h。未被吸收或散射而能够直达地表的太阳辐射能称为“直接”辐射能；而被散射的辐射能，则称为“漫射”(diffuse）辐射能，地表上各点的总太阳辐射能即为直接和漫射辐射能二者的总和。

3. 太阳常数

太阳常数是指日地平均距离时，地球大气层上界垂直于太阳光线表面的单位面积上，单位时间所接受到的太阳辐射通量，国际通用标准为 1353W/m^2。那么太阳辐射穿过大气层时，受到空气分子、水蒸气和灰尘的散射和吸收，会显著衰减。对于某一地区来讲，一年总会有一天，当天空情况极为良好的时候，所接收到的太阳辐射能量最接近太阳常数，但这一天并不一定是夏天。不同地区差异很大，各地气象单位一般都有当地一年的太阳辐射观测数据。

（二）太阳能资源的主要优缺点

1. 太阳能资源的优点

太阳能作为一种能源，与煤炭、石油、天然气、核能等矿物燃料相比，具有以下明显的优点：

(1) 普遍：太阳光普照大地，无论陆地或海洋，无论高山或岛屿，处处皆有，可直接开发和利用，且无需开采和运输。

(2) 无害：开发利用太阳能不会污染环境，它是最清洁的能源之一，在环境污染越来越严重的今天，这一点是极其宝贵的。

(3) 巨大：每年到达地球表面上的太阳辐射能约相当于 130 万亿 t 标煤，其总量属现今世界上可以开发的最大能源。

(4) 长久：根据目前太阳产生的核能速率估算，氢的贮量足够维持上百亿年，而地球的寿命也约为几十亿年，从这个意义上讲，可以说太阳的能量是用之不竭的。

2. 太阳能资源的缺点

太阳能资源虽然具有上述几方面常规能源无法比拟的优点，但作为能源利用时，也有以下缺点：

(1) 分散性：到达地球表面的太阳辐射的总量尽管很大，但是能流密度很低。平均说来，北回归线附近，夏季在天气较为晴朗的情况下，正午时太阳辐射的辐照度最大，在垂直于太阳光方向 1m^2 面积上接收到的太阳能平均有 1000W 左右；若按全年日夜平均，则只有 200W 左右。而在冬季大致只有一半，阴天一般只有 1/5 左右，这样的能流密度是很低的。因此，在利用太阳能时，想要得到一定的转换功率，往往需要面积相当大的一套收集和转换设备，造价较高。

(2) 不稳定性：由于受到昼夜、季节、地理纬度和海拔高度等自然条件的限制以及晴、阴、云、雨等随机因素的影响，所以，到达某一地面的太阳辐照度既是间断的又是极不稳定的，这给太阳能的大规模应用增加了难度。为了使太阳能成为连续、稳定的能源，从而最终成为能够与常规能源相竞争的替代能源，就必须很好地解决蓄能问题，即把晴朗白天的太阳辐射能尽量贮存起来以供夜间或阴雨天使用，但目前蓄能也是太阳能利用中较为薄弱的环节之一。

（3）效率低和成本高：目前太阳能利用的发展水平，有些方面在理论上是可行的，技术上也是成熟的。但有的太阳能利用装置，因为效率偏低，成本较高，总的来说，经济性还不能与常规能源相竞争。在今后相当一段时期内，太阳能利用的进一步发展，主要受到经济性的制约。

（三）太阳能采集

太阳辐射的能流密度低，在利用太阳能时为了获得足够的能量，或者为了提高温度，必须采用一定的技术和装置（集热器），对太阳能进行采集。集热器按是否聚光，可以划分为聚光集热器和非聚光集热器两大类。非聚光集热器（平板集热器、全玻璃真空管集热器、热管真空管集热器）能够利用太阳辐射中的直射辐射和散射辐射，集热温度较低；聚光集热器能将阳光会聚在面积较小的吸热面上，可获得较高温度，但只能利用直射辐射，且需要跟踪太阳。

1. 平板集热器

历史上早期出现的太阳能装置，主要为太阳能动力装置，大部分采用聚光集热器，只有少数采用平板集热器。平板集热器是在 17 世纪后期发明的，但直至 1960 年以后才真正进行深入研究和规模化应用。在太阳能低温利用领域，平板集热器的技术经济性能远比聚光集热器好。为了提高效率，降低成本，或者为了满足特定的使用要求，开发研制了许多种平板集热器：按工质划分有空气集热器和液体集热器，目前大量使用的是液体集热器；按吸热板芯材料划分有钢板、铁管、全铜、全铝、铜铝复合、不锈钢、塑料及其他非金属集热器等；按结构划分有管板式、扁盒式、管翅式、热管翅片式、蛇形管式集热器，还有带平面反射镜集热器和逆平板集热器等；按盖板划分有单层或多层玻璃、玻璃钢或高分子透明材料、透明隔热材料集热器等。目前，国内外使用比较普遍的是全铜集热器和铜铝复合集热器。铜翅和铜管的结合，国外一般采用高频焊，国内以往采用介质焊，1998 年我国也开发成功全铜高频焊集热器。1937 年从加拿大引进铜铝复合生产线，通过消化吸收，现在国内已建成十几条铜铝复合生产线。为了减少集热器的热损失，可以采用中空玻璃、聚碳酸酯阳光板以及透明蜂窝等作为盖板材料，但这些材料价格较高，一时难以推广应用。

平板型太阳能热水器由平板集热器、储热水箱和三角支架三个独立的部件组成，其中平板集热器由涂黑的平板集热板、透光玻璃板、保温、外框和进出水管组成。平板太阳能热水器需将平板集热板和储热水箱通过三角支架和管路连接成一个系统，储热水箱必须高于平板集热板。当太阳光透过玻璃照在平板集热板上时，平板集热板内的水被加热升温，由于热水密度小而冷水的密度大，就使得平板集热板内的热水自动上升到处于高位的储水箱内，而储水箱内的冷水也会自动流入处于低位的平板集热器内。如此在太阳光照射下，平板集热器内的水和储水箱内的水不断循环，而将储水箱内的水加热。由此可见，平板太阳能热水器是通过水自然循环的方式加热储水箱内水的。当然，也可以将多个平板集热器与一个大水箱组成一个平板太阳能热水系统，如大水箱高于平板集热器，仍可组成一个较大型的自然循环平板太阳能热水系统；也可以将大水箱放置在低处，通过水泵与平板集热器强制循环，组成强制循环平板太阳能热水系统。

2. 真空管集热器

为了减少平板集热器的热损，提高集热温度，国际上20世纪70年代研制成功真空集热管，其吸热体被封闭在高真空的玻璃真空管内，大大提高了热性能。将若干支真空集热管组装在一起，即构成真空管集热器，为了增加太阳光的采集量，有的在真空集热管的背部还加装了反光板。真空集热管大体可分为全玻璃真空集热管，玻璃-U形管真空集热管，金属热管真空集热管，直通式真空集热管和贮热式真空集热管。最近，我国还研制成全玻璃热管真空集热管和新型全玻璃直通式真空集热管。我国自1978年从美国引进全玻璃真空集热管的样管以来，经20多年的努力，已经建立了拥有自主知识产权的现代化全玻璃真空集热管的产业，用于生产集热管的磁控溅射镀膜机在百台以上，产品质量达世界先进水平，产量雄居世界首位。我国自20世纪80年代中期开始研制热管真空集热管，经过十几年的努力，攻克了热压封等许多技术难关，建立了拥有全部知识产权的热管真空管生产基地，产品质量达到世界先进水平，生产能力居世界首位。目前，直通式真空集热管生产线正在加紧进行建设，产品即将投放市场。

全玻璃真空集热管就像一个拉长了的暖水瓶，它由内外两根直径不同、单端开口的同心圆玻璃管组成，开口端内外管烧熔成环形密封；不开口的一端，内外管之间用金属卡子固定；内管外壁镀上选择性吸收涂层，外管为透明玻璃。内外管之间抽成真空。由于真空保温和选择性吸收涂层，在空晒情况下，真空管内温度可达200℃以上。这种产品结构简单，生产技术可靠，成本较低，热效率高，有一定的抗冻能力，适合在冬天气温为0℃至－20℃的地区适用。不承压，使用时不能缺水空晒，否则易爆裂玻璃管，与平板式集热器相比，存在一定的安全隐患。

热管是一种高效导热元件，安装在全玻璃真空管中。热管和玻璃真空管之间有与二者紧密接触的金属翅片，将玻璃管转换的太阳能热量传导给热管蒸发段，热管再利用内部真空状态下工质的蒸发吸热和放热冷凝，将这一热量传导到被加热流体中。这样既实现了玻璃管不直接接触被加热流体，解决了全玻璃真空管集热器的一系列缺点，又保留了全玻璃真空管在低温环境中散热少、加热工质温度高的优点。尤其是热管工质一般凝固点低，可保证在气温低于0℃的环境中不冻坏，在不能进行排空防冻的自然循环系统中，热管-真空管式集热器更具明显优势。

真空热管太阳能集热器有很强的抗冻能力，适合在冬天气温为0℃～40℃的地区使用。可承压，耐空晒，不易爆管。热容量小，启动快，可用于产高温热水、开水。热管式效率高，系统较成熟，无安全隐患，其缺点是热量转换带来一定的热效率降低，同时有双真空结构所带来的结构复杂及造价高问题。当然结构复杂本身也极易导致装置的可靠性和寿命问题。目前无论国外还是国内太阳能行业所用热管，都还有很大改进空间。

3. 聚光集热器

聚光集热器主要由聚光器、吸收器和跟踪系统三大部分组成。按照聚光原理区分，聚光集热器基本可分为反射聚光和折射聚光两大类，每一类中按照聚光器的不同又可分为若干种。为了满足太阳能利用的要求，简化跟踪机构，提高可靠性，降低成本，在本世纪研制开发的聚光集热器品种很多，但推广应用的数量远比平板集热器少，商业化程度也低。

在反射式聚光集热器中应用较多的是旋转抛物面镜聚光集热器（点聚焦）和槽形抛物面镜聚光集热器（线聚焦）。前者可以获得高温，但要进行二维跟踪；后者可以获得中温，只要进行一维跟踪。这两种聚光集热器在本世纪初就有应用，几十年来进行了许多改进，如提高反射面加工精度，研制高反射材料，开发高可靠性跟踪机构等，现在这两种抛物面镜聚光集热器完全能满足各种中、高温太阳能利用的要求，但由于造价高，限制了它们的广泛应用。

20 世纪 70 年代，国际上出现一种“复合抛物面镜聚光集热器”（CPC），它由二片槽形抛物面反射镜组成，不需要跟踪太阳，最多只需要随季节作稍许调整，便可聚光，获得较高的温度。其聚光比一般在 10 以下，当聚光比在 3 以下时可以固定安装，不做调整。当时，不少人对 CPC 评价很高，甚至认为是太阳能热利用技术的一次重大突破，预言将得到广泛应用。但几十年过去了，CPC 仍只是在少数示范工程中得到应用，并没有像平板集热器和真空管集热器那样大量使用。我国不少单位在 20 世纪 70、80 年代曾对 CPC 进行过研制，也有少量应用，但现在基本都已停用。

其他反射式聚光器还有圆锥反射镜、球面反射镜、条形反射镜、斗式槽形反射镜、平面、抛物面镜聚光器等。此外，还有一种应用在塔式太阳能发电站的聚光镜——定日镜。定日镜由许多平面反射镜或曲面反射镜组成，在计算机控制下这些反射镜将阳光都反射至同一吸收器上，吸收器可以达到很高的温度，获得很大的能量。

利用光的折射原理可以制成折射式聚光器，历史上曾有人在法国巴黎用两块透镜聚集阳光进行熔化金属的表演。有人利用一组透镜并辅以平面镜组装成太阳能高温炉。显然，玻璃透镜比较重，制造工艺复杂，造价高，很难做得很大，所以，折射式聚光器长期没有什么发展。20 世纪 70 年代，国际上有人研制大型菲涅耳透镜，试图用于制作太阳能聚光集热器。菲涅耳透镜是平面化的聚光镜，重量轻，价格比较低，也有点聚焦和线聚焦之分，一般由有机玻璃或其他透明塑料制成，也有用玻璃制作的，主要用于聚光太阳电池发电系统。

我国从 20 世纪 70 年代直至 20 世纪 90 年代，对用于太阳能装置的菲涅耳透镜开展了研制。有人采用模压方法加工大面积的柔性透明塑料菲涅耳透镜，也有人采用组合成型刀具加工直径 1.5m 的点聚焦菲涅耳透镜，结果都不大理想。近来，有人采用模压方法加工线性玻璃菲涅耳透镜，但精度不够，尚需提高。还有两种利用全反射原理设计的新型太阳能聚光器，虽然尚未获得实际应用，但具有一定启发性。一种是光导纤维聚光器，它由光导纤维透镜和与之相连的光导纤维组成，阳光通过光纤透镜聚焦后由光纤传至使用处。另一种是荧光聚光器，它实际上是一种添加荧光色素的透明板（一般为有机玻璃），可吸收太阳光中与荧光吸收带波长一致的部分，然后以比吸收带波长更长的发射带波长放出荧光。放出的荧光由于板和周围介质的差异，而在板内以全反射的方式导向平板的边缘面，其聚光比取决于平板面积和边缘面积之比，很容易达到 10∶100，这种平板对不同方向的入射光都能吸收，也能吸收散射光，不需要跟踪太阳。

（四）太阳能传输

太阳能不像煤和石油一样用交通工具进行运输，而是应用光学原理，通过光的反射和折射进行直接传输，或者将太阳能转换成其他形式的能量进行间接传输。

直接传输适用于较短距离，基本上有三种方法：通过反射镜及其他光学元件组合，改变阳光的传播方向，达到用能地点；通过光导纤维，可以将入射在其一端的阳光传输到另一端，传输时光导纤维可任意弯曲；采用表面镀有高反射涂层的光导管，通过反射可以将阳光导入室内。间接传输适用于各种不同距离。将太阳能转换为热能，通过热管可将太阳能传输到室内；将太阳能转换为氢能或其他载能化学材料，通过车辆或管道等可输送到用能地点；空间电站将太阳能转换为电能，通过微波或激光将电能传输到地面。太阳能传输包含许多复杂的技术问题，应认真进行研究，这样才能更好地利用太阳能。

（五）太阳能转换

太阳能是一种辐射能，具有即时性，必须即时转换成其他形式能量才能利用和贮存。将太阳能转换成不同形式的能量需要不同的能量转换器，集热器通过吸收面可以将太阳能转换成热能，利用光伏效应太阳电池可以将太阳能转换成电能，通过光合作用植物可以将太阳能转换成生物质能，等等。原则上，太阳能可以直接或间接转换成任何形式的能量，但转换次数越多，最终太阳能转换的效率便越低。

1. 太阳能-热能转换

黑色吸收面吸收太阳辐射，可以将太阳能转换成热能，其吸收性能好，但辐射热损失大，所以黑色吸收面不是理想的太阳能吸收面。选择性吸收面具有高的太阳吸收比和低的发射比，吸收太阳辐射的性能好，且辐射热损失小，是比较理想的太阳能吸收面。这种吸收面由选择性吸收材料制成，简称为选择性涂层。它是在 20 世纪 40 年代提出的，1955 年达到实用要求，20 世纪 70 年代以后研制成许多新型选择性涂层并进行批量生产和推广应用，目前已研制成上百种选择性涂层。我国自 20 世纪 70 年代开始研制选择性涂层，取得了许多成果，并在太阳集热器上广泛使用，效果十分显著。

2. 太阳能-电能转换

电能是一种高品位能量，利用、传输和分配都比较方便。将太阳能转换为电能是大规模利用太阳能的重要技术基础，世界各国都十分重视，其转换途径很多，有光电直接转换，有光热电间接转换等。这里重点介绍光电直接转换器件——太阳电池。世界上，1941 年出现有关硅太阳电池报道，1954 年研制成效率达 6%的单晶硅太阳电池，1958 年太阳电池应用于卫星供电。在 20 世纪 70 年代以前，由于太阳电池效率低，售价昂贵，主要应用在空间。20 世纪 70 年代以后，对太阳电池材料、结构和工艺进行了广泛研究，在提高效率和降低成本方面取得较大进展，地面应用规模逐渐扩大，但从大规模利用太阳能而言，与常规发电相比，成本仍然太高。

目前，世界上太阳电池的实验室效率最高水平为：单晶硅电池 24%（$4cm^2$），多晶硅电池 18.6%（$4cm^2$），InGaP/GaAs 双结电池 30.28%（AM1），非晶硅电池 14.5%（初始）、12.8%（稳定），碲化镉电池 15.8%，硅带电池 14.6%，二氧化钛有机纳米电池 10.96%。

我国于 1958 年开始太阳电池的研究，40 多年来取得不少成果。目前，我国太阳电池的实验室效率最高水平为：单晶硅电池 20.4%（2cm×2cm），多晶硅电池 14.5%（2cm×2cm）、12%（10cm×10cm），GaAs 电池 20.1%（1cm×cm），GaAs/Ge 电池 19.5%（AMO），CulnSe 电池 9%（1cm×1cm），多晶硅薄膜电池 13.6%（1cm×1cm，

非活性硅衬底)，非晶硅电池 8.6%（10cm×10cm)、7.9%（20cm×20cm)、6.2%(30cm×30cm)，二氧化钛纳米有机电池 10%（1cm×1cm)。

3. 太阳能-氢能转换

氢能是一种高品位能源。太阳能可以通过分解水或其他途径转换成氢能，即太阳能制氢，其主要方法如下：

(1) 太阳能电解水制氢。电解水制氢是目前应用较广且比较成熟的方法，效率较高(75%～85%)，但耗电大，用常规电制氢，从能量利用而言得不偿失。所以，只有当太阳能发电的成本大幅度下降后，才能实现大规模电解水制氢。

(2) 太阳能热分解水制氢。将水或水蒸汽加热到 3000K 以上，水中的氢和氧便能分解。这种方法制氢效率高，但需要高倍聚光器才能获得如此高的温度，一般不采用这种方法制氢。

(3) 太阳能热化学循环制氢。为了降低太阳能直接热分解水制氢要求的高温，发展了一种热化学循环制氢方法，即在水中加入一种或几种中间物，然后加热到较低温度，经历不同的反应阶段，最终将水分解成氢和氧，而中间物不消耗，可循环使用。热化学循环分解的温度大致为 900～1200K，这是普通旋转抛物面镜聚光器比较容易达到的温度，其分解水的效率在 17.5%～75.5%。存在的主要问题是中间物的还原，即使按 99.9%～99.99%还原，也还要作 0.1%～0.01%的补充，这将影响氢的价格，并造成环境污染。

(4) 太阳能光化学分解水制氢。这一制氢过程与上述热化学循环制氢有相似之处，在水中添加某种光敏物质作催化剂，增加对阳光中长波光能的吸收，利用光化学反应制氢。日本有人利用碘对光的敏感性，设计了一套包括光化学、热电反应的综合制氢流程，每小时可产氢 97 升，效率达 10%左右。

(5) 太阳能光电化学电池分解水制氢。1972 年，日本本多健一等人利用 n 型二氧化钛半导体电极作阳极，而以铂黑作阴极，制成太阳能光电化学电池，在太阳光照射下，阴极产生氢气，阳极产生氧气，两电极用导线连接便有电流通过，即光电化学电池在太阳光的照射下同时实现了分解水制氢、制氧和获得电能。这一实验结果引起世界各国科学家高度重视，认为是太阳能技术上的一次突破。但是，光电化学电池制氢效率很低，仅 0.4%，只能吸收太阳光中的紫外光和近紫外光，且电极易受腐蚀，性能不稳定，所以至今尚未达到实用要求。

(6) 太阳光络合催化分解水制氢。从 1972 年以来，科学家发现三联吡啶钌络合物的激发态具有电子转移能力，并从络合催化电荷转移反应，提出利用这一过程进行光解水制氢。这种络合物是一种催化剂，它的作用是吸收光能、产生电荷分离、电荷转移和集结，并通过一系列耦联过程，最终使水分解为氢和氧。络合催化分解水制氢尚不成熟，研究工作正在继续进行。

(7) 生物光合作用制氢。40 多年前发现绿藻在无氧条件下，经太阳光照射可以放出氢气；十多年前又发现，蓝绿藻等许多藻类在无氧环境中适应一段时间，在一定条件下都有光合放氢作用。目前，由于对光合作用和藻类放氢机理了解还不够，藻类放氢的效率很低，要实现工程化产氢还有相当大的距离。据估计，如藻类光合作用产氢效率提高到 10%，则每天每平方米藻类可产氢 9 摩尔，用 5 万平方公里接受的太阳能，通过光合放工程即可满足美国的全部燃料需要。

4. 太阳能-生物质能转换

通过植物的光合作用，太阳能把二氧化碳和水合成有机物（生物质能）并放出氧气。光合作用是地球上最大规模转换太阳能的过程，现代人类所用燃料是远古和当今光合作用固定的太阳能，目前，光合作用机理尚不完全清楚，能量转换效率一般只有百分之几，今后对其机理的研究具有重大的理论意义和实际意义。

5. 太阳能-机械能转换

20 世纪初，俄国物理学家实验证明光具有压力。20 世纪 20 年代，前苏联物理学家提出，利用在宇宙空间中巨大的太阳帆，在阳光的压力作用下可推动宇宙飞船前进，将太阳能直接转换成机械能。科学家估计，在未来 10～20 年内，太阳帆设想可以实现。通常，太阳能转换为机械能，需要通过中间过程进行间接转换。

（六）太阳能贮存

地面上接受到的太阳能，受气候、昼夜、季节的影响，具有间断性和不稳定性。因此，太阳能贮存十分必要，尤其对于大规模利用太阳能更为必要。太阳能不能直接贮存，必须转换成其他形式能量才能贮存。大容量、长时间、经济地贮存太阳能，在技术上比较困难。本世纪初建造的太阳能装置几乎都不考虑太阳能贮存问题，目前太阳能贮存技术也还未成熟，发展比较缓慢，研究工作有待加强。

1. 太阳能的热贮存

太阳能的热贮存是将太阳的辐射能吸收后转变为热能加以贮存。热贮存的运行费用低、安全可靠、贮存效率高，技术也最成熟。

（1）显热贮存

利用材料的显热贮能是最简单的贮能方法。

显热贮存是利用物质的升温或降温来吸收或释放热量。若显热贮热材料为各向同性的均匀介质，温度由 T_1 变为 T_2 时，其吸收或释放的热量为：

$$Q=\int_{T_1}^{T_2} m \cdot C \cdot \mathrm{d}T=m \cdot c \cdot \Delta T$$

原则上说，任何物质都可用于显热贮存，但气体的比热容小，不宜使用。低温（$t<100℃$）范围内，液体贮热介质以水为最佳；固体贮热介质以岩石和土壤最为适宜。依此认识，人们先后开发了水箱贮热、岩石床（箱）贮热、地下含水层贮热和地下土壤贮热等多种技术。岩石床贮热以卵石或松散堆放的石块为贮热介质，常用于空气供暖系统。地下含水层贮热是近年来许多国家十分重视的贮热和节能技术。它通过井孔将温度较高（或较低）的水灌入地下含水层来贮热（或贮冷），待需用时再从井中抽出使用，能量回收可达70%左右，多用于区域供热（或供冷）。地下土壤贮热已在一些国家和地区用于农作物和建筑物供暖。

（2）潜热贮存

亦称相变贮热，是利用物质发生相变时吸收（或放出）热量的性质。相变贮热材料主要有无机盐水合物、有机化合物和饱和盐水溶液。无机盐水合物发生相变的同时伴随有能量交换，例如，$Na_2SO_4 \cdot 10H_2O$。此外，硝酸盐、氯化物、碳酸盐等无机盐也可作为相变贮热材料，它们有不同的熔化温度，可根据集热温度选择相应盐类或其混合物。

一些有机化合物，如以石蜡烃为代表的饱和烃，常温下，C_5-C_{15}的烃为液态；C_{16}-C_{60}的烃类熔点在20～80℃之间。通过选择适当的烃分子即可调节其熔化温度。用它们作为相变贮热材料与太阳能供暖或空调系统配套使用特别适宜。

在太阳能低温贮存中常用含结晶水的盐类贮能，如10水硫酸钠/水氯化钙、12水磷酸氢钠等。但在使用中要解决过冷和分层问题，以保证工作温度和使用寿命。太阳能中温贮存温度一般在100℃以上、500℃以下，通常在300℃左右。适宜于中温贮存的材料有：高压热水、有机流体、共晶盐等。太阳能高温贮存温度一般在500℃以上，目前正在试验的材料有：金属钠、熔融盐等。1000℃以上极高温贮存，可以采用氧化铝和氧化锗耐火球。

(3) 化学贮热。利用化学反应贮热，贮热量大，体积小，重量轻，化学反应产物可分离贮存，需要时才发生放热反应，贮存时间长。真正能用于贮热的化学反应必须满足以下条件：反应可逆性好，无副反应；反应迅速；反应生成物易分离且能稳定贮存；反应物和生成物无毒、无腐蚀、无可燃性；反应热大，反应物价格低等，目前已筛选出一些化学吸热反应能基本满足上述条件，如$Ca(OH)_2$的热分解反应，利用上述吸热反应贮存热能，用热时则通过放热反应释放热能。但是，$Ca(OH)_2$在大气压下脱水反应温度高于500℃，利用太阳能在这一温度下实现脱水十分困难，加入催化剂可降低反应温度，但仍相当高。所以，对化学反应贮存热能尚需进行深入研究，一时难以实用。其他可用于贮热的化学反应还有金属氢化物的热分解反应、硫酸氢铵循环反应等。

目前正在试验和开发用可逆吸热化学反应进行热贮存，简称热化学贮热。

$$A+B+Q=\!=\!=C+D \quad \Delta rH_m^{®}>0$$

这一技术的贮能密度比显热和潜热贮热要大得多（2～10倍），且可长期贮存，特别适合于建筑供暖和空调系统的跨季度贮热。一些正在试验和开发的反应见表1-1。

适于中低温使用的可逆吸热化学反应 **表1-1**

反应类型	反应方式	反应方程式	平衡温度/K
催化反应	气/气	$2NH_3(g)=\!=\!=N_2(g)+3H_2(g)$	466
		$CH_3—OH(g)=\!=\!=CO(g)+2H_2(g)$	415
产物分离反应	固/气	$MgCl_2\cdot xNH_3(s)=\!=\!=MgCl_2\cdot yNH_3(s)+(x-y)NH_3(g)$	415～550
		$CaCl_2\cdot xNH_3(s)=\!=\!=CaCl_2\cdot yNH_3(s)+(x-y)NH_3(g)$	310～460
	液/气	H_2SO_4(稀)$=\!=\!=H_2SO_4$(浓)$+H_2O$	<500
		NaOH(稀)$=\!=\!=$NaOH(浓)$+H_2O$	<500
		$NH_4Cl\cdot 3NH_3(l)=\!=\!=NH_4Cl(s)+3NH_3(g)$	～320

(4) 塑晶贮热。1984年，美国在市场上推出一种塑晶家庭取暖材料。塑晶学名为新戊二醇（NPG），它和液晶相似，有晶体的三维周期性，但力学性质像塑料。它能在恒定温度下贮热和放热，但不是依靠固—液相变贮热，而是通过塑晶分子构型发生固-固相变贮热。塑晶在恒温44℃时，白天吸收太阳能而贮存热能，晚上则放出白天贮存的热能。美国对NPG的贮热性能和应用进行了广泛的研究，将塑晶熔化到玻璃和有机纤维墙板中可用于贮热，将调整配比后的塑晶加入玻璃和纤维制成的墙板中，能制冷降温。我国对塑

晶也开展了一些实验研究，但尚未实际应用。

（5）太阳池贮热。太阳池是一种具有一定盐浓度梯度的盐水池，可用于采集和贮存太阳能。由于它简单、造价低和宜于大规模使用，引起人们的重视。20 世纪 60 年代以后，许多国家对太阳池开展了研究，以色列还建成三座太阳池发电站。20 世纪 70 年代以后，我国对太阳池也开展了研究，初步得到一些应用。

2. 电能贮存

电能贮存比热能贮存困难，常用的是蓄电池，正在研究开发的是超导贮能。世界上铅酸蓄电池的发明已有 100 多年的历史，它利用化学能和电能的可逆转换，实现充电和放电。铅酸蓄电池价格较低，但使用寿命短，重量大，需要经常维护。近来开发成功少维护、免维护铅酸蓄电池，使其性能有一定提高。目前，与光伏发电系统配套的贮能装置，大部分为铅酸蓄电池。1908 年发明镍-铜、镍-铁碱性蓄电池，其使用维护方便，寿命长，重量轻，但价格较贵，一般在贮能量小的情况下使用。现有的蓄电池贮能密度较低，难以满足大容量、长时间贮存电能的要求。新近开发的蓄电池有银锌电池、钾电池、钠硫电池等。某些金属或合金在极低温度下成为超导体，理论上电能可以在一个超导无电阻的线圈内贮存无限长的时间。这种超导贮能不经过任何其他能量转换直接贮存电能，效率高，启动迅速，可以安装在任何地点，尤其是消费中心附近，不产生任何污染，但目前超导贮能在技术上尚不成熟，需要继续研究开发。

3. 氢能贮存

氢可以大量、长时间贮存。它能以气相、液相、固相（氢化物）或化合物（如氨、甲醇等）形式贮存。气相贮存：贮氢量少时，可以采用常压湿式气柜、高压容器贮存；大量贮存时，可以贮存在地下贮仓、有不漏水土层覆盖的含水层、盐穴和人工洞穴内。液相贮存：液氢具有较高的单位体积贮氢量，但蒸发损失大。将氢气转化为液氢需要进行氢的纯化和压缩，正氢-仲氢转化，最后进行液化。液氢生产过程复杂，成本高，目前主要用作火箭发动机燃料。固相贮氢：利用金属氢化物固相贮氢，贮氢密度高，安全性好。目前，基本能满足固相贮氢要求的材料主要是稀土系合金和钛系合金。金属氢化物贮氢技术研究已有 30 余年历史，取得了不少成果，但仍有许多课题有待研究解决。我国对金属氢化物贮氢技术进行了多年研究，取得一些成果，目前研究开发工作正在深入。

4. 机械能贮存

太阳能转换为电能，推动电动水泵将低位水抽至高位，便能以位能的形式贮存太阳能；太阳能转换为热能，推动热机压缩空气，也能贮存太阳能。但在机械能贮存中最受人关注的是飞轮贮能。早在 20 世纪 50 年代有人提出利用高速旋转的飞轮贮能设想，但一直没有突破性进展。近年来，由于高强度碳纤维和玻璃纤维的出现，用其制造的飞轮转速大大提高，增加了单位质量的动能贮量；电磁悬浮、超导磁浮技术的发展，结合真空技术，极大地降低了摩擦阻力和风力损耗；电力电子的新进展，使飞轮电机与系统的能量交换更加灵活。所以，近来飞轮技术已成为国际上研究热点，美国有 20 多个单位从事这项研究工作，已研制成贮能 20kWh 飞轮，正在研制 5～100MWh 超导飞轮。我国已研制成贮能 0.3kWh 的小型实验飞轮。在太阳能光伏发电系统中，飞轮可以代替蓄电池用于蓄电。

三、太阳能应用

人类对太阳能的利用有着悠久的历史。我国早在两千多年前的战国时期，就知道利用钢制四面镜聚焦太阳光来点火；利用太阳能来干燥农副产品。就目前来看太阳能利用途径可分为三种：它包括太阳能的光热利用，太阳能的光电利用和太阳能的光化学利用等。

一是通过光热转换，把太阳光转换成热能加以利用。例如在生活中用的太阳房、太阳热水器、太阳灶……在工农业上用的太阳能干燥、太阳能冶炼、太阳能混凝土养生，太阳能溶解沥青等。

二是光电转换：把太阳光转换成电能加以利用，目前常用的有单晶硅、多晶硅、非晶硅光伏发电等。

三是光合作用：即太阳能的生物转化，通过生物的光合作用，把太阳光转化成生物质能贮存起来。地球上每个绿叶都是一个太阳能集热器，它的面积远远超过其他形式的太阳能集热器面积。人常说万物生长靠太阳，但是目前地球上所有生物所利用的太阳能，还不到投射到地球表面的太阳能的 0.023%（40×108kW），通过光合作用，进入生物系统。人类如果通过对光合作用的研究，提高对太阳能利用的 0.02%，人类的食物将会又增加一倍，所以说，太阳能的潜力是很大的。

（一）太阳能光热技术应用

就目前来说，人类直接利用太阳能还处于初级阶段，太阳能光热技术应用主要有太阳能集热、太阳能热水系统、太阳能暖房、太阳能热发电等方式。

1. 太阳能热水器

（1）太阳能热水器工作原理

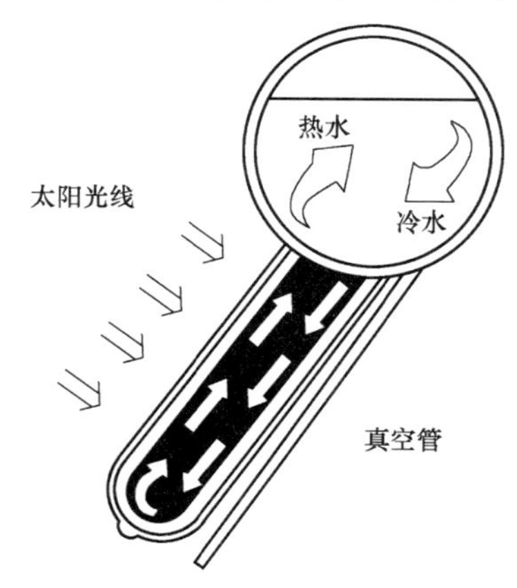

图 1-2　太阳能热水器工作原理示意图

太阳能热水器的工作原理是：采用自然循环的方式，真空集热管吸收太阳辐射，使管内的水变热，密度变小，而水箱中水的温度相对较低，密度较大，密度差使热水缓缓上升，冷水缓缓下降，渐渐使水箱中的水变热。如图 1-2。

（2）太阳能热水器是由全玻璃真空太阳集热管、保温水箱、支承架和控制系统组成。其核心集热元件是全玻璃真空集热管，它由两根为同心圆的高硼硅特硬玻璃管组成。经过全自动全电脑镀膜设备并以国际上先进的“磁控溅射镀膜技术”，在真空中将内管外壁镀上多层渐变铝－氮铝涂层或不锈钢氮化铝，可经受 400℃的高温，该涂层对太阳光有选择性吸收，其吸收比≥0.92，发射比≤0.09（80℃）。真空集热管选择性吸收太阳光将光能转化为热能使真空管中的水不断加热。由于“热虹吸”作用，即冷水的比重较大，热水的比重较小。因而真空管中的热水自然不断地往上浮，进入水箱。水箱中的冷水自然不断地往下沉，进入真空管。周而复始，太阳热水器保温水箱中的水也就被加热了。如图 1-3。

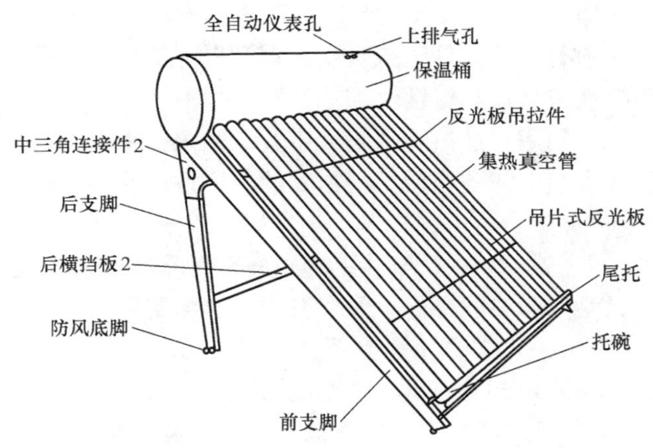

图 1-3 太阳能热水器结构示意图

（3）太阳能热水器分类：

太阳能热水器按使用分类，可分为季节性热水器、全年性热水器以及有辅助热源的全天候太阳能热水器。按集热器原理和结构可分为平板型热水器和真空管热水器。按工质流动方式不同，一般分为闷晒型、循环型和直流型三种。

太阳能集热器。太阳能集热器是太阳能热水器接收太阳能量并转换为热能的核心部件和技术关键，其造价约占太阳能热水器总造价的二分之一左右。全玻璃管式太阳能热水器根据热介质的不同又可分为全玻璃真空管集热器和热管真空管（玻璃金属结合）集热器两种。它们的关键部件是真空集热管或热管真空集热管。

目前国内最普及的全玻璃真空集热管像一个拉长的暖水瓶，由两根同心圆玻璃管经抽真空而成，内管外壁采用直流反应或磁控溅射镀膜工艺制备而成，沉积渐变铝-氮铝选择性太阳吸收膜层。全玻璃真空集热管材料、工艺和结构简单，可靠性好，集热效率高，太阳吸收率≥90％，红外发射率≤9％，使热的传导对流，辐射损失降至极低，具有“只进不出”的保温特效。

全玻璃真空集热管一般由玻璃内管、外管构成，内管内壁装水与保温水箱相连通，循环，内管外壁涂有选择性涂层用于吸收阳光，内管与外管之间保持一定距离，通常 1cm，将内、外管之间抽成真空后熔接，集热时，当阳光透过外管照射到内管上，内管发热后，将内管内的水全部加热，利用冷热比重不同的物理原理，由管内与保温水箱内的水相互交递循环，最终将保温箱内的水加热。

绝热贮水箱。太阳能热水器水箱是贮存热水的装置，其结构、容量、保温和材料将直接影响热水器的性能和运行的质量。

贮水箱主要组成部分为水箱内胆、保温层、水箱外壳、密封圈四部分。

水箱的种类，按外形分有方形、扁盒型、圆柱形、球形水箱；按放置方法分有立式和卧式两种；按耐压状态分有常压的开式水箱和耐压的闭式水箱；按是否有辅助热源可分为普通水箱和具有辅助热源的水箱；按换热的方式不同可分为直接换热水箱和二次换热的间接热交换水箱。

水箱内胆生产材料的质量对水箱的耐压、耐温、防渗漏及水质影响很大。目前市场上出售的产品，其水箱内胆主要是0.6mm厚304-2B不锈钢，无磁性、抗锈蚀、焊接性好，塑性好。其他的常用材料有经防腐处理或搪瓷、镀锌处理的钢板、防锈铝板、无毒塑料或玻璃钢等。水箱的热特性包括放热特性、加热特性、保温特性。放热特性就是希望水箱内的热水都能放出来，方便利用。加热特性是大多数水箱内的水是上部热起来，然后下部慢慢热起来。保温特性指水温下降的快慢，与水箱的封密性、保温材料、环境温度、水容量大小等相关。

目前太阳能热水器保温材料大多选用聚氨酯。聚氨酯整体发泡工艺复杂，加工难度高。成功发泡成型的保温泡沫整体性好，无漏发泡，泡沫密度达80kg/m^3，强度均匀，封密性好。如厚度在5～7cm左右，则保温性能极佳（东北严寒地区至少需6cm厚）。

水箱外壳常年暴露在外，必须选择抗腐蚀耐老化的材料制成。目前市场上常见的有304-BA不锈钢板、轧花铝板、国产及进口彩板、普通铝板、氧化铝板等。正规厂家大都采用进口彩板。许多厂利用氧化铝板及彩板，用低价位来形成市场卖点，因其抗腐蚀性差，寿命很难保证。

支撑架。太阳能热水器的支撑架主要由反尾座及主撑架组成。

控制系统。一台较好的太阳能热水器应具有优质安全的常规能源辅助加热即电加热。应采用太阳能与二次能源相结合，逢阴天光照不强，电辅助加热可弥补在阴雨天及冬季阳光不足时无法供热水的不足。

根据需要还可以采用具有水温水位显示、自动手动上下水、智能控制、温差循环、自动加热、手动加热、防冻、防干烧和故障报警等功能的全智能控制仪。

其他部件。热水器的密封圈除具有密封性好、耐高温、寿命长等性能外，还应不溶于水，否则食用后会对人体有害。质量较好的密封圈材料选用硅橡胶，但市场上采用普通橡胶或再生橡胶的商家却大有人在。

2. 太阳能热水系统

早期最广泛的太阳能应用即用于将水加热，现今全世界已有数百万太阳能热水装置。太阳能热水系统主要元件包括收集器、储存装置及循环管路三部分。此外，可能还有辅助的能源装置（如电热器等）以供无日照时使用，另外尚可能有强制循环用的水，以控制水位或控制电动部分或温度的装置以及接到负载的管路等。太阳能集热系统主要包括太阳能集热器、储热水箱及循环系统。按集热方式通常分为自然循环集热、强制循环集热与定温放水集热系统。

（1）自然循环集热系统

工作原理：冷水经进补冷水系统补进储热水箱，达到设定水位后，补冷水系统停止工作。储热水箱中低温水经下循环管进入太阳能集热器阵，在其内受太阳能辐射加热水温升高，热水较冷水比重小，由此形成热虹吸压力，由集热器下端流向上端，热水经上循环管回到储热水箱，水箱中低温水比重大，再次经下循环管进入集热器继续受太阳能辐射加热。如此循环使水温不断升高。由于密度差的关系，水流量与收集器的太阳能吸收量成正比。该循环方式不需借助外力，称之为自然循环集热系统，该系统要求集热水箱底部高出集热器上部200mm以上，一般适合集热器阵50m^{2}以下热水系统。此种形式因不需循环水，维护甚为简单，故已被广泛采用。

（2）强制循环集热系统

工作原理：冷水经进补冷水系统进入储热水箱，达到设定水位后，补冷水系统停止工作。储热水箱中低温水通过强制循环水泵补入集热器阵，受太阳能辐射加热水温升高，当集热器上循环管内水温与储热水箱底部水温之温差达到设定值时，启动强制循环泵，将水箱中低温水送到集热器阵，同时将集热器阵中热水送回储热水箱，当上述温差等于和低于设定值时，强制循环泵停止工作。低温水在集热器中继续受太阳能辐射加热。如此循环，使储热水箱中水温不断升高。该循环系统称之为强制循环系统。强制循环集热系统水箱位置不受限制，可安装在集热器阵以外的任何位置，一般集热器阵在 $50m^2$ 以上宜采用强制循环集热系统。如在同样设计条件下，其较自然循环方式具有可以获得较高水温的长处，但仍有必须利用电力、维护（如漏水等）以及控制装置时动时停、容易损坏等问题存在。因此，除大型热水系统或需要较高水温的情形，才选择强制循环式，一般大多用自然循环式热水器。

(3) 定温放水集热系统

工作原理：冷水经进补冷水系统进入集热器阵，冷水在集热器中受太阳能辐射加热，水温逐渐升高，当集热器阵产出的热水水温达到设定温度时，启动补冷水系统，进补冷水，同时将集热器阵中达到设定温度的热水顶入储热水箱中，当集热器阵内水温低于设定水温，停止补冷水，储存在集热器内的水继续受太阳能辐射加热，如此，不断定温放水，当储热水箱中水位达到设定水位，补冷水系统停止工作。该循环系统称之为定温放水集热系统。定温放水集热系统水箱位置不受限制，可安装在集热器阵以外的任何位置。

［例 1］ 定时定温集中供热水配热水锅炉/电辅助加热之太阳能中央热水系统

工作原理：冷水在设定的时间内由进补冷水系统经热水锅炉补入储热水箱。储热水箱中的水经太阳能集热系统循环加热后，温度逐步升高，如水温满足用水要求则在设定时段向用水终端供热水，倘阴雨天或阳光不足时，在设定的时间内，储热水箱中水温低于设定温度时，启动炉循环泵并开启燃烧机，将储热水箱中低温水送入热水锅炉中加热，达到设定温度，锅炉自动停止工作，同时炉循环泵也停止工作。达到设定温度的热水储存在热水箱中，在设定的时间内经供热水系统向用水终端供热水，其辅助加热锅炉之能源供应则由燃料供应系统负责。

该系统适用于工厂员工宿舍、学校学生宿舍等定时集中供热水的单位。

说明：对电辅助加热太阳能中央热水系统，一般将电辅助加热设备安装于储热水箱内，工作原理与热水锅炉辅助加热相似。

［例 2］ 全天候供热水配热水锅炉/电辅助加热之太阳能中央热水系统

工作原理：冷水由进补冷水系统直接补入太阳能储热水箱，该水箱中的水经太阳能集热系统循环加热后，温度逐步升高。其中的水由送水泵经锅炉输送到恒温水箱，再由恒温水箱经供热水系统向各用水终端供热水。在阴雨天或阳光不足，当恒温水箱水温低于设定温度时，锅炉自动启动。当锅炉内水温达到设定温度时，启动送水泵，将锅炉内达到温度的热水送入恒温水箱；当锅炉内水温低于设定温度或恒温水箱水位达到高水位或太阳能储热水箱水位为低水位时，均停止送水泵。储存在恒温水箱中的热水经供热水系统向各用水终端供热水。其辅助加热锅炉之能源供应则由燃料供应系统供应。

该系统适用全天候使用热水的系统。如：酒店、宾馆、招待所、高级职员宿舍等一切需全天候使用热水的单位。

说明：对电辅助加热太阳能中央热水系统，一般将电辅助加热设备安装于恒温水箱内，工作原理与热水锅炉辅助加热相似。

3. 太阳能暖房

利用太阳能作房间冬天暖房之用，在许多寒冷地区已使用多年。因寒带地区冬季气温甚低，室内必须有暖气设备，若欲节省大量化石能源的消耗，设法应用太阳辐射热。大多数太阳能暖房使用热水系统，亦有使用热空气系统。太阳能暖房系统是由太阳能收集器、热储存装置、辅助能源系统，及室内暖房风扇系统所组成，其过程乃太阳辐射热传导，经收集器内的工作流体将热能储存，再供热至房间。至辅助热源则可装置在储热装置内、直接装设在房间内或装设于储存装置及房间之间等不同设计。当然亦可不用储热装置而直接将热能用到暖房的直接式暖房设计，或者将太阳能直接用于热电或光电方式发电，在加热房间，或透过冷暖房的热装置方式供暖房使用。最常用的暖房系统为太阳能热水装置，其将热水通至储热装置之中（固体、液体或相变化的储热系统），然后利用风扇将室内或室外空气驱动至此储热装置中吸热，再把此热空气传送至室内；或利用另一种液体流至储热装置中吸热，当热流体流至室内，再利用风扇吹送被加热室内空气，而达到暖房效果。

4. 太阳能热发电

（1）太阳能热发电分类及工作原理

太阳能热发电技术，即把太阳辐射热能转换成电能的发电技术。它包括两大类：一类是利用太阳热能直接发电，如半导体或金属材料的温差发电、真空器件中的热电子和热离子发电以及碱金属热发电转换和磁流体发电等，这类发电的特点是发电装置本体没有活动部件，但此类发电量小，有的方法尚处于原理性试验阶段。另一类是将太阳热能通过热机带动发电机发电，其基本组成与常规发电设备类似，只不过其热能是从太阳能转换而来。

太阳能热发电是太阳能热利用的一个重要方面，这项技术是利用集热器把太阳辐射热能集中起来给水加热产生蒸汽，然后通过汽轮机、发电机来发电。根据集热方式不同，又分高温发电和低温发电。美国、日本、意大利等国在太阳能热发电方面较领先，我国才刚刚起步。

当前太阳能热发电按照太阳能采集方式可划分为：太阳能槽式发电；太阳能碟式发电；太阳能塔式发电。

一是太阳能槽式发电。槽式发电是最早实现商业化的太阳能热发电系统。它采用大面积的单轴槽式太阳能追踪采光板，通过对太阳光的聚焦，把太阳光聚集到安装在抛物线形反光镜焦点上的线形接收器上，并加热流过接收器的热传导液，使热传导液汽化，同时在能量区的热转换设备中产生高压、过热的蒸汽，然后送入常规的蒸汽涡轮发电机内进行发电。通常接收太阳光的采光板采用模块化布局，许多采光板通过串并联的放置，均匀地分布在南北轴线方向。为了保证发电的稳定性，通常在发电系统中加入化石燃料发电机。当太阳光不稳定的时候，化石燃料发电机补充发电，来保证发电的稳定性和实用性。

一些国家已经建立起示范装置，对槽式发电技术进行深入的研究。到了2000年，随着先进技术和设计的提出，减少了槽式发电在热收集方面的损耗和电的寄生效应，使槽式发电得到了较大的提高。可使一个80MW的发电站的光电转换效率达到12.9%。

当前，随着热能存储设备的加入，可使槽式发电的效率比最初提高7%。热能存储设备可以存储剩余的热量，保证发电的平稳，同时它也为独立的太阳能发电提供了保障。有了热能存储设备的加入，可使一个 80MW 的发电站的光电转换效率达到 13.8%。

二是太阳能碟式发电。碟式发电是目前利用太阳能发电效率最高的太阳能发电系统，最高可达到 29.4%。因此它有潜力成为最廉价的利用太阳能发电的系统。它利用双轴跟踪技术，采用一组反光镜聚集太阳光，同时利用接收器进行有效的热转变工作，之后利用常规发电机进行发电。通常接收器的接收面被放置于聚光焦点的后面以减小激烈的高温熔化。

碟式发电系统具有高效率、多功能、可和化石燃料混合发电等特点。高效率来自于它的低成本和高能量密度。和其他太阳能技术依赖场地和高费用比较来说，碟式发电每 MW 大约需要 1.2～1.6hm^2 的占地。对于系统的安装成本，尽管当前为 $12000/kW，但是由于它具有的高效率，因此潜力巨大。同时碟式发电系统功率较小，一般为 5～50kW，因此它既可以单独分散发电，也可以组成较大的发电系统。研究表明，碟式太阳能热发电系统在空间上的应用，与光伏发电系统相比，具有气动阻力低、发射质量小和运行费用便宜等优点，因此目前世界各国也都在对碟式发电进行积极的研究和利用。

三是太阳能塔式发电。太阳能塔式发电又叫做高温太阳能热发电，它利用独立跟踪太阳光的定日镜群把太阳光聚集到塔顶的能量转换器（接收器）上，通过能量的转换把热量传递给热传导液，再由蒸汽发生器产生蒸汽带动蒸汽涡轮发电机产生电能，同时利用冷却塔进行冷却再进入接收器进行循环发电。塔式太阳能发电系统是利用定日镜来实现对太阳光的反射和聚集，由于塔式发电系统中定日镜的数量众多，因此可实现大功率的发电，实际应用上可达到 30～400MW 之间。而且接收器的散热面积相对较小，因而可以得到较高的光电转换效率。同时由于储能槽的加入，使系统可以一天内连续发电 13h。

在美国的西南部，由于充足的日照强度和相对便宜的土地价格，使这里成为了建设塔式发电站的理想区域，同样北非、墨西哥、南美、中东和印度等地，也都是理想的塔式发电站建设地。目前正在发展的技术方向为直加热空气发电技术。

相对于太阳能光伏发电，太阳能光热发电有很多独特优势。①成本低。太阳能光热发电的成本约为 2 万元/kW，而太阳能光伏发电约为 5 万元/kW。②太阳能光热发电的系统效率为 12%～19%，而目前太阳能光伏发电的系统效率为 13%～15%。③太阳能光伏发电是需要太阳能电池进行光电转换来实现的，这就需要大量的太阳能电池。④太阳能光热发电最具特色的地方在于，它是热电联供的，这为解决偏远地区人们的基本生活问题作出了贡献。

（2）太阳能热发电系统的发展与展望

1950 年，前苏联设计了世界上第一座太阳能塔式电站，建造了一个小型试验装置。20 世纪 70 年代，太阳能电池价格昂贵，效率较低。相对而言，太阳能热发电效率较高，技术比较成熟，因此当时许多工业发达的国家都将太阳能热发电作为重点，投资兴建了一批试验性太阳能热发电站。据不完全统计，从 1981～1991 年，全世界建造的太阳能热发电站（500kW 以上）约有 20 余座，发电功率最大达 80MW。

20 世纪 80 年代中期，人们对建成的太阳能热发电站进行技术总结后认为，虽然太阳能热发电在技术上可行，但投资过大，且降低造价十分困难，所以各国都改变了原来的计划，使太阳能热发电站的建设逐渐冷落下来。正当人们怀疑太阳能热发电的时候，美国和以色列联合组成的 LUZ 太阳能热发电国际有限公司，自 1980 年开始进行太阳能热发电技术研究，开发槽式太阳能热发电系统，并成功地进入了商品化阶段。于 1985 年至 1991 年间在美国加州沙漠建成了 9 座槽式太阳能热发电站，总装机容量达到了 353.8MW。并使发电成本逐渐下降，预期能达到 5～6 美分/kWh。

LUZ 热发电站的成功实践，激发起人们对太阳能热发电继续进行研究开发的热情。为此，以色列、德国和美国几家公司进行合作，继续推动太阳能热发电的发展，并成功地在美国内华达州建造了两座 80MW 槽式太阳能热发电站，两座 100MW 太阳能与燃气轮机联合循环电站，在西班牙和摩洛哥分别建造了 135MW 和 180MW 太阳能热发电站各一座。

我国对太阳能热发电领域的研究也逐渐重视起来。在“六五”期间建立了一套功率为 1kW 的太阳能塔式热发电模拟装置和一套功率为 1kW 的平板式太阳能低温热发电模拟装置。此外，我国还与美国合作设计并试制成功功率为 5kW 的碟式太阳能发电装置样机。并在 2005 年与以色列合作，在江苏省南京市建成了第一座功率为 75kW 的太阳能塔式热发电示范电站，并成功运行发电。

太阳能热发电具有巨大的潜力，因此对于太阳能热发电未来的发展，应着眼于市场应用的开发，使太阳能热发电真正融入我们的生活当中。研究低成本的反射材料、接收器和发电设备成为降低热发电成本的关键，也是当前热发电领域研究的重点。

在太阳能热发电站的几种形式中，塔式系统和槽式系统的发电成本是依赖于聚光面积规模的系统。

（二）太阳能光伏技术应用

1. 太阳能光伏发电概念

太阳能光伏发电是利用太阳能及半导体电子器件有效地吸收太阳光辐射能，使之转变成电能的直接发电方式，并将电能存储在电容器中，以备需要时使用。光伏发电是当今主流的太阳能发电方式。

2. 太阳能电池发电原理

太阳电池是一种对光有响应并能将光能转换成电力的器件。能产生光伏效应的材料有许多种，如：单晶硅，多晶硅，非晶硅，砷化镓，硒铟铜等。它们的发电原理基本相同，现以晶体为例描述光发电过程。P 型晶体硅经过掺杂磷可得 N 型硅，形成 P-N 结。当光线照射太阳电池表面时，一部分光子被硅材料吸收；光子的能量传递给了硅原子，使电子发生了跃迁，成为自由电子在 P-N 结两侧集聚形成了电位差，当外部接通电路时，在该电压的作用下，将会有电流流过外部电路产生一定的输出功率。这个过程的实质是：光子能量转换成电能的过程。

3. 光伏发电技术应用

目前，光伏发电产品主要用于三大方面：

一是为无电场所提供电源，主要为广大无电地区居民生活生产提供电力，还有微波中继电源等，另外，还包括一些移动电源和备用电源；

二是太阳能日用电子产品，如各类太阳能充电器、太阳能路灯和太阳能草坪灯等；

三是并网发电，这在发达国家已经大面积推广实施。我国并网发电还刚刚起步，2008 年北京“绿色奥运”部分用电由太阳能发电和风力发电提供。

太阳能光伏系统包括太阳能电池、光伏组件、逆变器和蓄电池。

（1）太阳能电池

太阳能光伏系统中最重要的是电池，它是收集太阳光的基本单位。大量的电池合成在一起构成光伏组件，有时还有逆变器，转换电流以适合不同电器的使用或与电网相匹配。

图 1-4 户用太阳能光伏发电系统图

目前，太阳能电池的应用已从军事领域、航天领域进入工业、商业、农业、通信、家用电器以及公用设施等部门，尤其可以分散地在边远地区、高山、沙漠、海岛和农村使用，以节省造价很贵的输电线路。但是在目前阶段，它的成本还很高，发出 1kW 电需要投资上万美元，因此大规模使用仍然受到经济上的限制。

但是，从长远来看，随着太阳能电池制造技术的改进以及新的光—电转换装置的发明，各国对环境的保护和对再生清洁能源的巨大需求，太阳能电池仍将是利用太阳辐射能比较切实可行的方法，可为人类未来大规模地利用太阳能开辟广阔的前景。

太阳光伏电池通常用晶体硅或薄膜材料制造，前者由切割、铸锭或锻造的方法获取，后者是一层薄膜附着在低价的衬背上。目前市场生产和使用的太阳光伏电池大多是用晶体硅材料制作的，2006 年占市场总量的 93%左右，未来太阳电池发展的重点可能是薄膜太阳电池。它因用材少、重量小、外表光滑、安装方便而更具发展潜力。

太阳能电池分类。太阳能电池包括晶体硅光伏电池、薄膜光伏电池、其他电池类型。

一是晶体硅光伏电池。晶体硅光伏电池仍是太阳光伏电池的主流。虽然从技术上讲，晶体硅并不是最佳材料，但它易于获取，适用的技术与电子工业相同。晶体硅电池大规模生产可获得 20%的转化效率。除效率外，电池的厚度也很重要。薄的硅片意味着较少的硅材料消耗，从而降低成本。硅片的平均厚度已从 2003 年的 0.23mm 减小到 0.18mm。同时，晶体硅光伏电池的平均效率已从 14%提升到 16%。预计到 2010 年，硅片厚度将减小到 0.15mm，效率提升到 17.5%。

二是薄膜光伏电池。薄膜光伏电池是在廉价的玻璃、不锈钢或塑料衬底上附上感光材料制成的，比用料较多的晶体硅技术造价更低，其价格优势可抵消低效率的问题。目前已商业化的薄膜光伏电池材料有三种，非晶硅、铜铟锡和碲化铬。他们的厚度只有几微米，硅材料的暂时短缺为薄膜技术扩大市场份额带来了机会。欧洲能源协会预测，到2010年，薄膜光伏电池将占到光伏组件的20%，在三种商业化的薄膜光伏技术中，非晶硅的生产和安装所占比重最大，2006年占市场比重的4.7%。

为适应空间应用需求，国际上纷纷制订各自的薄膜太阳电池计划（如NASA，主要目标在于提高比功率和降低发射装载容量），提出解决措施：

① 研制超轻柔性衬底薄膜太阳电池；

② 研制多结薄膜太阳电池。

目前，国际发展趋势主要涉及非晶硅（a-Si：H）太阳电池、铜铟（镓）硒（$CuInGaSe_2$）太阳电池和碲化镉（CdTe）太阳电池。经过数年的努力，其效率达到15%～20%（AMO）。

另一方面，为展开柔性薄膜太阳电池的研制（展开式、折叠式、套桶式、卷帘式）的设计与应用提供可能。自20世纪90年代后期，国外已开展了以聚合物为衬底薄膜太阳电池的研制，并取得一定的进展。薄膜太阳电池是获得高效率、长寿命、高可靠、低成本的重要途径之一。主要包括：a-Si及其合金、$CuInSe_2$及其合金以及CdTe三种材料的薄膜太阳电池。

三是其他电池类型。

聚光电池用菲湿尔镜等聚光器将光聚集到一个小区域，聚光倍数达到1000倍，用很小的区域覆上Ⅲ—Ⅴ族化合物半导体制成的材料，其效率可达到30%，实验室效率达40%。该系统有两个弊端：不能使用分散的阳光；必须用跟踪器将系统调整到与太阳精确相对。

一般认为，现代聚光PV开始于1970年代末悉尼国家实验室，采用了点聚焦菲涅耳透镜硅电池双轴跟踪结构，随后并研制了几个原型。在1980年代，很多研究机构进行了一系列成功的实验，在聚光技术方面取得了突破性进展，如菲涅耳透镜、菱形玻璃盖片等。在1990年代中期，线聚焦Fresenel透镜聚光阵技术已经成功地用于SCARLET太阳电池阵，电池为GaInP/GaAs/Ge三结电池，聚光阵的功率密度大于200W/m^2，比功率大于45W/kg。线聚焦Fresenel透镜聚光阵已经用于DEEPSPACE-1。

由于三结GaAs太阳电池有很好的高温特性（为高电压低电流器件），通过聚光将显著提高电池电流输出，特别在实现高倍聚光后，可获得更高的功率输出。因此，以三结砷化镓太阳电池为主要部件的聚光太阳电池以其高效率（可达到40%以上）、高温性能好（工作温度每升高1℃性能仅下降0.2%，可在200℃情况下正常工作，聚光倍数可达500倍以上）等特点被国际公认为最有发展前途和最具商用价值的新一代太阳能器件。

太阳能硒光电池。日本制成了世界上第一架太阳能照相机，重量仅有475g，机内装有先进的太阳能硒光电池系统，其蓄电池可连续使用4年。美国一家公司生产了一种新型的135太阳能照相机，它的光圈、速度均由微电脑自动控制，电力则由太阳能硒光电池提供，只要有光线就能供电使用。

（2）太阳光伏组件

把光伏电池焊到玻璃上可以得到光伏组件。组件尺寸可根据安装地点调整，并迅速安装。组件结实、可靠并且防水。一个装机容量3kWp的光伏发电系统，组件面积约需23m^2，可给一个普通家庭供电。

(3) 逆变器

可以将光伏电池生产的直流电转换为交流电，与地方配电网络兼容，逆变器对并网光伏系统来说是必须的配件。逆变器有多种规格，从几百瓦到100多千瓦不等，最常用的为几千瓦（3～6kW）。

(4) 蓄电池

独立（离网）光伏系统需要蓄电池，通常为铅酸蓄电池。目前，专为太阳光伏发电系统设计的高质量电池使用寿命已达15年。电池通过充电控制器与光伏阵列连接。充电控制器可以避免电池过度充电、提供系统情况及电量度量。如果需要交流电，则需要逆变器将直流电转换为交流电。

例：太阳能路灯

太阳能路灯由以下几部分组成：太阳电池、蓄电池、控制逆变器、光控及计时器、发光体。

太阳能路灯是一个自动控制的工作系统，只要设定该系统的工作模式就会自动控制工作。控制模式一般分为三种：光控启动、光控关闭；计时控制启动和计时控制关闭；光控启动、计时控制关闭，我们一般选定该模式工作方式，灯在阳光低到设定值时传感控制启动灯工作，同时进行计时开始。当计时到设定时间时就停止工作。本系统的太阳电池有两种作用：一、在白天为蓄电池充电；二、做光控传感器，用RC元件的充电放电。我们一般采用18W或36W低压钠灯作为光源，因为其光效在光源中最高。

太阳能路灯是理想的道路照明灯具，随着人们生活的提高和社会的不断发展，它将被广泛利用，使太阳赐给大地的光明在夜晚为人类照明。

4. 太阳能光伏产业发展

尽管近年来遇到了多晶硅原材料短缺等问题，但最近10年太阳能光伏产业仍保持了25%～40%的高速年均增长率。太阳能光伏发电产业取得的巨大进步是与各种降低光伏发电成本技术的进步密不可分的。几十年来围绕降低成本的各种研究开发工作取得了显著成就，具体表现为：

电池效率不断提高。目前，单晶硅太阳能电池的实验室效率已经提高至24.7%，多晶硅电池的实验室效率也达到了20.3%，非晶硅薄膜电池实验室效率达到了13%。其他新型电池，如多晶硅薄膜电池、染料敏化电池、有机电池等不断取得进展。先进技术不断向产业注入，使商业化电池技术不断得到提升。目前市场上商业化电池份额为晶体硅电池占90%以上，非晶硅电池占9%，其他类型电池占1%。商业化晶体硅电池的效率达到14%～20%（其中单晶硅电池为16%～20%，多晶硅电池为14%～16%）。

硅片厚度持续降低。30多年来，太阳能电池硅片厚度从20世纪70年代的450～500μm降低到目前的180～240μm。硅片厚度降低减少了硅材料消耗，是光伏发电技术进步的重要方面。

生产规模不断扩大。太阳能电池单厂生产规模已经从20世纪90年代的5～30MWp/年增长到现在的50～500MWp/年。生产工艺不断简化，自动化程度不断提高，出现了多家年产量超过100MW的大型企业。

光伏组件成本大幅度降低。近10年来，世界晶体硅光伏组件的生产成本降低了32%以上，达到3美元/W左右。虽然自2004年以后因材料紧缺生产成本有所回升，但这种趋势仍在继续发展。

经过多年积累，我国通过一系列的科技攻关和产业发展计划安排支持了一批提高现有装备生产能力的项目，大幅度提高了光伏发电技术和产业的水平，尤其是在产业链的后段如电池封装、系统集成、并网发电技术等方面与国外的差距进一步缩小。目前我国商业化的光伏组件效率达14%～15%，一般商业化电池效率达10%～13%；太阳能光伏电池生产成本已大幅下降，从2000年的40元/W，降到现在27元/W。

太阳能光伏产业链包括材料制造（将硅料通过提纯和精炼加工成晶体硅）和硅片制造（将晶体硅熔铸锭再切成片）、电池制造（硅片通过半导体加工工艺变成电池）、组件制造（将电池连接并封装形成组件）四大部分，呈明显的金字塔结构。在整个产业链中，晶体硅生产是整个产业链的瓶颈，关键技术基本被日、美、德的7家企业所控制。

我国在产业链的前端与国外先进水平相比仍差距较大，晶体硅的生产仅处于百吨级水平，离最小经济规模——千吨级水平尚有较大差距；国内生产线工艺设备落后，物料和电力消耗过大，与国际水平相比，能耗高出一倍以上，缺乏竞争力；硅片制造所需的加工设备也主要依赖进口。这导致我国太阳能光伏产业是典型的两头在外的产业，即技术和原材料、销售和市场在国外，加工制造在国内。要实现我国光伏产业由大到强的转变，必须加强产业链前端部分，突破材料制造和加工设备这两大制约我国光伏产业发展的瓶颈。

第二章　太阳能发展史

一、世界太阳能发展史

太阳能是公认的清洁能源，用之不尽，取之不竭。传说阿基米德是开发和利用太阳能的先驱。在两千多年前，古罗马帝国派强大的海军攻打地中海西西里岛东部的锡腊库扎。小小的锡腊库扎难敌来势汹汹的古罗马大军，人们就把希望寄托于居住在岛上的阿基米德。当时年过古稀的阿基米德，虽然没有绝世的武功，却有聪明的头脑，人们请求阿基米德运用他的非凡智慧，找到败敌之术。阿基米德这位科学巨匠深知太阳能的巨大威力，于是，他发动全城的妇女拿着自己锃亮的铜镜来到海岸边。在烈日下，阿基米德拿起一面镜子，让它反射的太阳光恰好射到敌舰的船帆上，阿基米德一声令下，不计其数的妇女学着阿基米德的样子，一起用镜子把太阳光集中反射到船帆上。顿时，敌舰起火，不可一世的罗马海军大败而归。

1980 年，西西里岛卡塔尼亚省政府在当时的欧共体成员国共同投资下，在阿德拉诺镇兴建了一个太阳能发电站，使得在传说当年阿基米德火烧战船的地方变成了一片玻璃镜的“海洋”，180 面特大玻璃镜组成了面积达 6200 平方米的巨大广场。由它们反射的太阳光都聚集到广场中心的中央塔上，塔顶接收器接收太阳光，加热锅炉里的水，产生高达 500℃ 、64atm 的高温高压蒸汽，推动涡轮机发电，它的发电能力有 1000kW。这就是世界上第一个太阳能发电站。

利用太阳能发电，除了上述的光热发电外，还有光伏发电，也是太阳能发电的发展方向。1876 年，英国两位科学家在研究硒半导体材料时偶然发现，硒经太阳光的照射，居然产生出电流来，尽管它的光电转换效率只有 1%左右，这可以说是最早的太阳能电池的“胚胎”，是划时代意义的发现。但是，由于硒光电效率太低，所以这一重大发现一直被人们冷落。经过 78 年的孕育，直到 1954 年，美国著名的贝尔实验室在研究硅半导体时又惊奇地发现，当在硅中掺入一定的微量杂质后，经太阳光的照射，也能产生电流，而且光电转换效率达到 10%左右。就在这一年，贝尔实验室把硅半导体晶体切成薄片，在硅片的正面和背面分别涂上少量的硼和砷，于是，太阳能电池终于从“胚胎”发育成“婴儿”降生了。此后，太阳能电池迅速发展并得到广泛应用。1958 年 3 月 17 日，美国首次在“先锋一号”卫星上用单晶硅太阳能电池提供电源。从此以后全世界数以千计的卫星几乎都装有太阳能电池。

虽然人类利用太阳能已有近 3000 年的历史，但将太阳能作为一种能源和动力加以利用，只有 300 多年的历史，真正将太阳能作为“近期急需的补充能源”，“未来能源结构的基础”，则是近来的事。20 世纪 70 年代以来，太阳能科技突飞猛进，太阳能利用日新月异。近代太阳能利用历史可以从 1615 年法国工程师所罗门·德·考克斯在世界上发明第一台太阳能驱动的发动机算起。该发明是一台利用太阳能加热空气使其膨胀做功而抽水的机器。在1615～1900年之间，世界上又研制成多台太阳能动力装置和一些其他太阳能装置。这些动力装置几乎全部采用聚光方式采集阳光，发动机功率不大，工质主要是水蒸汽，价格昂贵，实用价值不大，大部分为太阳能爱好者个人研究制造。20世纪的100年间，太阳能的发展道路并不平坦，太阳能科技发展历史大体可分为七个阶段。

第一阶段（1900～1920年）

在这一阶段，世界上太阳能研究的重点仍是太阳能动力装置，但采用的聚光方式多样化，且开始采用平板集热器和低沸点工质，装置逐渐扩大，最大输出功率达73.64kW，实用目的比较明确，造价仍然很高。建造的典型装置有：1901年，在美国加州建成一台太阳能抽水装置，采用截头圆锥聚光器，功率：7.36kW；1902～1908年，在美国建造了五套双循环太阳能发动机，采用平板集热器和低沸点工质；1913年，在埃及开罗以南建成一台由5个抛物槽镜组成的太阳能水泵，每个长62.5m，宽4m，总采光面积达1250m^2。

第二阶段（1920～1945年）

在这20多年中，太阳能研究工作处于低潮，参加研究工作的人数和研究项目大为减少，其原因与矿物燃料的大量开发利用和发生第二次世界大战（1935～1945年）有关，而太阳能又不能解决当时对能源的急需，因此使太阳能研究工作逐渐受到冷落。

第三阶段（1945～1965年）

在第二次世界大战结束后的20年中，一些有远见的人士已经注意到石油和天然气资源正在迅速减少，呼吁人们重视这一问题，从而逐渐推动了太阳能研究工作的恢复和开展，并且成立太阳能学术组织，举办学术交流和展览会，再次兴起太阳能研究热潮。在这一阶段，太阳能研究工作取得一些重大进展，比较突出的有：1945年，美国贝尔实验室研制成实用型硅太阳电池，为光伏发电大规模应用奠定了基础；1955年，以色列泰伯等在第一次国际太阳能科学会议上提出选择性涂层的基础理论，并研制成实用的黑镍等选择性涂层，为高效集热器的发展创造了条件。此外，在这一阶段里还有其他一些重要成果，比较突出的有：1952年，法国国家研究中心在比利牛斯山东部建成一座功率为50kW的太阳炉。1960年，在美国佛罗里达建成世界上第一套用平板集热器供热的氨-水吸收式空调系统，制冷能力为5冷吨。1961年，一台带有石英窗的斯特林发动机问世。在这一阶段里，加强了太阳能基础理论和基础材料的研究，取得了如太阳选择性涂层和硅太阳电池等技术上的重大突破。平板集热器有了很大的发展，技术上逐渐成熟。太阳能吸收式空调的研究取得进展，建成一批实验性太阳房。对难度较大的斯特林发动机和塔式太阳能热发电技术进行了初步研究。

第四阶段（1965～1973年）

这一阶段，太阳能的研究工作停滞不前，主要原因是太阳能利用技术处于成长阶段，尚不成熟，并且投资大，效果不理想，难以与常规能源竞争，因而得不到公众、企业和政府的重视和支持。

第五阶段（1973～1980年）

自从石油在世界能源结构中担当主角之后，石油就成了左右经济和决定一个国家生死存亡、发展和衰退的关键因素，1973年10月爆发中东战争，石油输出国组织采取石油减产、提价等办法，支持中东人民的斗争，维护本国的利益。其结果是使那些依靠从中东地区大量进口廉价石油的国家，在经济上遭到沉重打击。于是，西方一些人惊呼：世界发生了“能源危机”（有的称“石油危机”）。这次“危机”在客观上使人们认识到：现有的能源结构必须彻底改变，应加速向未来能源结构过渡。从而使许多国家，尤其是工业发达国家，重新加强了对太阳能及其他可再生能源技术发展的支持，在世界上再次兴起了开发利用太阳能热潮。1973年，美国制定了政府级阳光发电计划，太阳能研究经费大幅度增长，并且成立太阳能开发银行，促进太阳能产品的商业化。日本在1974年公布了政府制定的“阳光计划”，其中太阳能的研究开发项目有：太阳房 、工业太阳能系统、太阳热发电、太阳电池生产系统、分散型和大型光伏发电系统等。为实施这一计划，日本政府投入了大量人力、物力和财力。这一时期，太阳能开发利用工作处于前所未有的大发展时期，具有以下特点：

1. 各国加强了太阳能研究工作的计划性，不少国家制定了近期和远期阳光计划。开发利用太阳能成为政府行为，支持力度大大加强。国际的合作十分活跃，一些第三世界国家开始积极参与太阳能开发利用工作。

2. 研究领域不断扩大，研究工作日益深入，取得一批较大成果，如CPC、真空集热管、非晶硅太阳电池、光解水制氢、太阳能热发电等。

3. 各国制定的太阳能发展计划，普遍存在要求过高、过急问题，对实施过程中的困难估计不足，希望在较短的时间内取代矿物能源，实现大规模利用太阳能。例如，美国曾计划在1985年建造一座小型太阳能示范卫星电站，1995年建成一座500万kW空间太阳能电站。事实上，这一计划后来进行了调整，至今空间太阳能电站还未升空。

太阳热水器、太阳电池等产品开始实现商业化，太阳能产业初步建立，但规模较小，经济效益尚不理想。

第六阶段（1980～1992年）

20世纪70年代兴起的开发利用太阳能热潮，进入80年代后不久开始落潮，逐渐进入低谷。世界上许多国家相继大幅度削减太阳能研究经费，其中美国最为突出。导致这种现象的主要原因是：世界石油价格大幅度回落，而太阳能产品价格居高不下，缺乏竞争力；太阳能技术没有重大突破，提高效率和降低成本的目标没有实现，以致动摇了一些人开发利用太阳能的信心；核电发展较快，对太阳能的发展起到了一定的抑制作用。

第七阶段（1992年至今）

由于大量燃烧矿物能源，造成了全球性的环境污染和生态破坏，对人类的生存和发展构成威胁。在这样背景下，1992年联合国在巴西召开“世界环境与发展大会”，会议通过了《里约热内卢环境与发展宣言》、《21世纪议程》和《联合国气候变化框架公约》等一系列重要文件，把环境与发展纳入统一的框架，确立了可持续发展的模式。这次会议之后，世界各国加强了清洁能源技术的开发，将利用太阳能与环境保护结合在一起，使太阳能利用工作走出低谷，逐渐得到加强。1996年，联合国在津巴布韦召开“世界太阳能高峰会议”，会后发表了《哈拉雷太阳能与持续发展宣言》，会上讨论了《世界太阳能10年行动计划》（1996～ 2005年），《国际太阳能公约》，《世界太阳能战略规划》等重要文件。这次会议进一步表明了联合国和世界各国对开发太阳能的坚定决心，要求全球共同行动，广泛利用太阳能。1992年以后，世界太阳能利用又进入一个发展期，其特点是：太阳能利用与世界可持续发展和环境保护紧密结合，全球共同行动，为实现世界太阳能发展战略而努力；太阳能发展目标明确，重点突出，措施得力，有利于克服以往忽冷忽热、过热过急的弊端，保证太阳能事业的长期发展；在加大太阳能研究开发力度的同时，注意科技成果转化为生产力，发展太阳能产业，加速商业化进程，扩大太阳能利用领域和规模，经济效益逐渐提高；国际太阳能领域的合作空前活跃，规模扩大，效果明显。通过以上回顾可知，在20世纪100年间太阳能发展道路并不平坦，一般每次高潮期后都会出现低潮期，处于低潮的时间大约有45年。太阳能利用的发展历程与煤、石油、核能完全不同，人们对其认识差别大，反复多，发展时间长。这一方面说明太阳能开发难度大，短时间内很难实现大规模利用；另一方面也说明太阳能利用还受矿物能源供应，政治和战争等因素的影响，发展道路比较曲折。尽管如此，从总体来看，20世纪取得的太阳能科技进步仍比以往任何一个世纪都大，世界各国的科学家在太阳能的利用方面，还是取得了许多辉煌的成绩，21世纪将是人类大规模利用太阳能的世纪。

二、我国太阳能发展历程

20世纪70年代初世界上出现的开发利用太阳能热潮，对我国也产生了巨大影响。一些有远见的科技人员，纷纷投身太阳能事业，积极向政府有关部门提建议，出书办刊，介绍国际上太阳能利用动态；在农村推广应用太阳灶，在城市研制开发太阳热水器，空间用的太阳电池开始在地面应用……。

1975年，在河南安阳召开“全国第一次太阳能利用工作经验交流大会”，进一步推动了我国太阳能事业的发展。这次会议之后，太阳能研究和推广工作纳入了我国政府计划，获得了专项经费和物资支持。一些大学和科研院所，纷纷设立太阳能课题组和研究室，有的地方开始筹建太阳能研究所。当时，我国也兴起了开发利用太阳能的热潮。

受20世纪80年代国际上太阳能低落的影响，我国太阳能研究工作也受到一定程度的削弱，有人甚至提出：太阳能利用投资大、效果差、贮能难、占地广，认为太阳能是未来能源，主张外国研究成功后我国引进技术。虽然，持这种观点的人是少数，但十分有害，对我国太阳能事业的发展造成不良影响。这一阶段，虽然太阳能开发研究经费大幅度削减，但研究工作并未中断，有的项目还进展较大，而且促使人们认真地去审视以往的计划和制定的目标，调整研究工作重点，争取以较少的投入取得较大的成果。

1992年联合国在巴西召开了“世界环境与发展大会”，通过了《里约热内卢环境与发展宣言》等一系列重要文件。世界环发大会之后，我国政府对环境与发展十分重视，提出10条对策和措施，明确要“因地制宜地开发和推广太阳能、风能、地热能、潮汐能、生物质能等清洁能源”，制定了《中国21世纪议程》，进一步明确了太阳能重点发展项目。1995年国家计委、国家科委和国家经贸委制定了《新能源和可再生能源发展纲要》（1996～2010年），明确提出我国在1996～2010年新能源和可再生能源的发展目标、任务以及相应的对策和措施 。这些文件的制定和实施，对进一步推动我国太阳能事业发挥了重要作用。

1996年9月，在津巴布韦召开的“世界太阳能高峰会议”提出了在全球无电地区推行“光电工程”的倡议时，我国政府立即作出积极响应，制定实施“中国光明工程”的计划。同年由国家计委牵头制定了“中国光明工程”计划。计划到2010年，利用风力发电和光伏发电技术解决2300万边远地区人口的用电问题，使他们达到人均拥有发电容量100W的水平，相当于届时全国人均拥有发电容量1/3的水平。同时还将解决地处边远地区的边防哨所、微波通信站、公路道班、输油管线维护站、铁路信号站的基本供电问题。

三、我国太阳能热水器发展过程

我国对太阳能加以利用开始于20世纪70年代，30多年来，我国各种太阳能热利用技术获得不同程度的发展。其中太阳能热水器技术最成熟、应用最广泛、产业化发展最迅速，是20世纪70年代以来我国可再生能源领域中产业化发展最成功的范例。

我国第一台太阳能热水器出现在1958年。20世纪70年代兴起开发利用太阳能热潮，各地研制成多种热水器样机，并有小规模应用，1979年我国太阳能热水器的产量仅十万台。1987年，我国从加拿大引进铜铝复合（SUNSTRIP）生产线；20世纪90年代，我国建立了全玻璃真空集热管和热管真空管集热器工业，使我国太阳能热水器推广应用上了一个新台阶。

太阳能热水器的生产和应用开始于20世纪70年代后期，开始以平板式和闷晒式为主，生产规模较小，技术水平较低。20世纪80年代中期，我国引进加拿大铜铝复合吸热板（SUNSTRIP）制造技术，使我国平板集热器产品质量跨上一个新台阶，我国太阳能热水器产业开始进入以现代化生产手段制造国产优质平板集热器的历史新阶段。为了减少平板集热器的热损失，提高集热温度，国际上20世纪70年代研制成功真空集热管，其吸热体被封闭在高真空的玻璃真空管内，大大提高了热性能。我国自1978年从美国引进全玻璃真空集热管的样管以来，经30多年的努力，我国已经建立了拥有自主知识产权的现代化全玻璃真空集热管的产业，产品质量达世界先进水平，产量雄居世界首位。我国自80年代中期开始研制热管真空集热管，经过十几年的努力，攻克了热压封等许多技术难关，建立了拥有全部知识产权的热管真空管生产基地，产品质量达到世界先进水平，生产能力居世界首位。目前，直通式真空集热管生产线正在加紧进行建设，产品即将投放市场。

第三章　太阳能应用概况

一、我国太阳能资源分布

我国幅员广大，有着十分丰富的太阳能资源。据估算，我国陆地表面每年接收的太阳辐射能约为 50×10^{18} kJ，全国各地太阳年辐射总量达 335～837kJ/(cm^2 · a)，中值为 586kJ/(cm^2 · a)。从全国太阳年辐射总量的分布来看，西藏、青海、新疆、内蒙古南部、山西、陕西北部、河北、山东、辽宁、吉林西部、云南中部和西南部、广东东南部、福建东南部、海南岛东部和西部以及台湾省的西南部等广大地区的太阳辐射总量很大。尤其是青藏高原地区最大，那里平均海拔高度在 4000m 以上，大气层薄而清洁，透明度好，纬度低，日照时间长。例如被人们称为“日光城”的拉萨市，1961 年至 1970 年的平均值，年平均日照时间为 3005.7h，相对日照为 68%，年平均晴天为 108.5 天，阴天为 98.8 天，年平均云量为 4.8，太阳总辐射为 816kJ/(cm^2 · a)，比全国其他省区和同纬度的地区都高。全国以四川和贵州两省的太阳年辐射总量最小，其中尤以四川盆地为最，那里雨多、雾多，晴天较少。例如素有“雾都”之称的成都市，年平均日照时数仅为 1152.2h，相对日照为 26%，年平均晴天为 24.7d，阴天达 244.6d，年平均云量高达 8.4。其他地区的太阳年辐射总量居中。

我国太阳能资源分布的主要特点有：太阳能的高值中心和低值中心都处在北纬 22°～35°这一带，青藏高原是高值中心，四川盆地是低值中心；太阳年辐射总量，西部地区高于东部地区，而且除西藏和新疆两个自治区外，基本上是南部低于北部；由于南方多数地区云雾雨多，在北纬 30°～40°地区，太阳能的分布情况与一般的太阳能随纬度而变化的规律相反，太阳能不是随着纬度的增加而减少，而是随着纬度的增加而增长。

按接受太阳年辐射量的大小，全国大致上可分为五类地区：

一类地区

全年日照时数为 3200～3300h，辐射量在（670～837）$\times10^4$ kJ/(cm^2 · a)。相当于 225～285kg 标准煤燃烧所发出的热量。主要包括青藏高原、甘肃北部、宁夏北部和新疆南部等地。这是我国太阳能资源最丰富的地区，与印度和巴基斯坦北部的太阳能资源相当。特别是西藏，地势高，太阳光的透明度也好，太阳辐射总量最高值达 921kJ/(cm^2 · a)，仅次于撒哈拉大沙漠，居世界第二位，其中拉萨是世界著名的阳光城。

二类地区

全年日照时数为 3000～3200h，辐射量在（586～670）$\times10^4$ kJ/(cm^2 · a)，相当于 200～225kg 标准煤燃烧所发出的热量。主要包括河北西北部、山西北部、内蒙古南部、宁夏南部、甘肃中部、青海东部、西藏东南部和新疆南部等地。此区为我国太阳能资源较丰富区。

三类地区

全年日照时数为 2200～3000h，辐射量在（502～586）×10^4kJ/(cm^2·a)，相当于 170～200kg 标准煤燃烧所发出的热量。主要包括山东、河南、河北东南部、山西南部、新疆北部、吉林、辽宁、云南、陕西北部、甘肃东南部、广东南部、福建南部、江苏北部和安徽北部等地。

四类地区

全年日照时数为 1400～2200h，辐射量在（419～502）×10^4kJ/(cm^2·a)。相当于 140～170kg 标准煤燃烧所发出的热量。主要是长江中下游、福建、浙江和广东的一部分地区，春夏多阴雨，秋冬季太阳能资源还可以。

五类地区

全年日照时数约 1000～1400h，辐射量在（335～419）×10^4kJ/(cm^2·a)。相当于 115～140kg 标准煤燃烧所发出的热量。主要包括四川、贵州两省。此区是我国太阳能资源最少的地区。

一、二、三类地区，年日照时数大于 2000h，辐射总量高于 586×10^4kJ/(cm^2·a)，是我国太阳能资源丰富或较丰富的地区，面积较大，约占全国总面积的 2/3 以上，具有利用太阳能的良好条件。四、五类地区虽然太阳能资源条件较差，但仍有一定的利用价值。

中国地处北半球欧亚大陆的东部，主要处于温带和亚热带，具有比较丰富的太阳能资源。根据全国 700 多个气象台站长期观测积累的资料表明，中国各地的太阳辐射年总量大

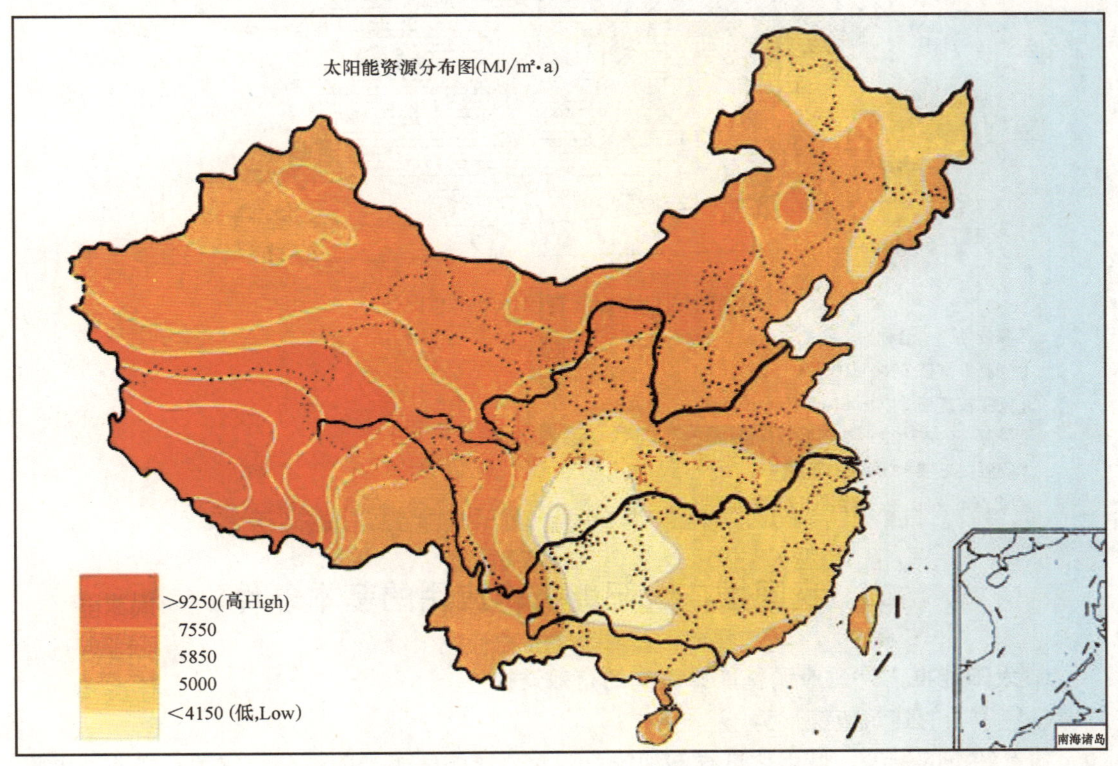

图 3-1　中华人民共和国太阳能资源分布图

致在 $3.35\times10^3\sim8.40\times10^3$ MJ/m² 之间，其平均值约为 5.86×10^3 MJ/m²。该等值线从大兴安岭西麓的内蒙古东北部开始，向南经过北京西北侧，朝西偏南至兰州，然后径直朝南至昆明，最后沿横断山脉转向西藏南部。在该等值线以西和以北的广大地区，除天山北面的新疆小部分地区的年总量约为 4.46×10^3 MJ/m² 外，其余绝大部分地区的年总量都超过 5.86×10^3 MJ/m²。

太阳能丰富区：在内蒙中西部、青藏高原等地，年总辐射在 150kcal/cm² 以上。

太阳能较丰富区：新疆及内蒙东部等地，年总辐射约 130～150kcal/cm²。

太阳能可利用区：分布在长江下游、两广、贵州南部和云南，及松辽平原，年总辐射量为 110～130kcal/cm²。

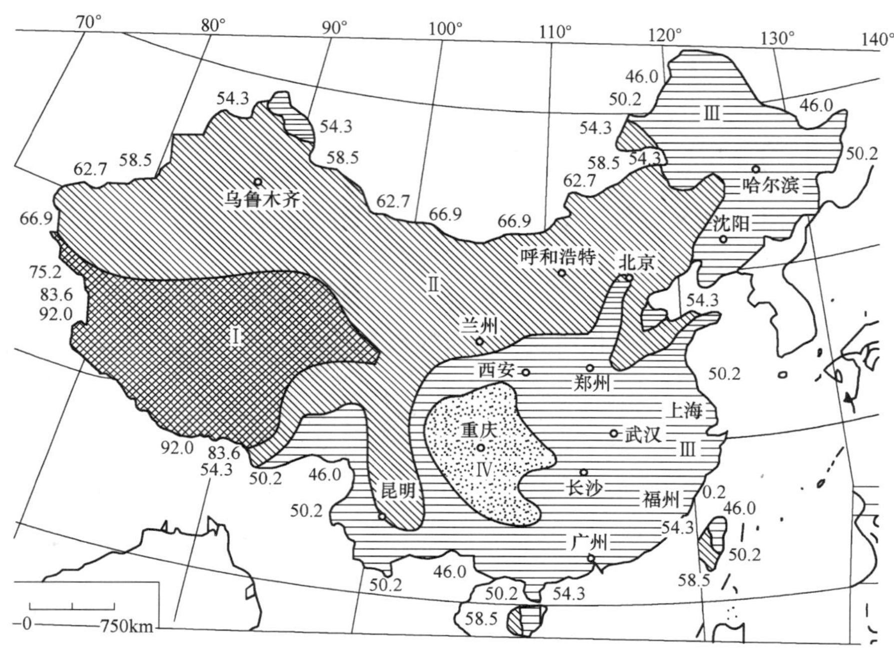

图 3-2　太阳能资源带号示意图

资源带号　　名称　　指标

Ⅰ资源丰富带 6700MJ(m² · a) *

Ⅱ资源较富带 5400～6700MJ/(m² · a)

Ⅲ资源一般带 4200～5400MJ/(m² · a)

Ⅳ资源贫乏带 <4200MJ/(m² · a)

* MJ/(m² · a)——兆焦/(m² · 年)

二、我国推广太阳能技术应用的基本条件

1. 太阳能推广是政府调整能源结构的有效途径

（1）中国的建筑节能形势

随着经济的发展、城市化进程的加快，以及人民生活水平的提高，我国各地的城市建筑面积急剧增加，建筑面积的增加也导致供热与制冷所需能源的快速增长。目前，我国的

建筑能耗已占整体能耗的20%。未来我国的建筑能耗占整体能耗的比例将超过30%，因此建筑节能将是整个社会的重点。

另外，传统建筑采暖主要靠煤和油来提供，这不仅造成能源的巨大浪费，也给环境保护带来巨大的压力，我国仅供暖所产生的二氧化硫和二氧化碳就分别接近450万吨和4亿吨。由于中国的能源结构不合理，决定了煤炭一直是我国工业的主要燃料和原料，使过程工业造成了大量的工业污染物，例如二氧化硫、二氧化氮、二氧化碳和工业废水的排放，从而使我国面临严重的环境问题，其中最为严重的是二氧化碳的排放，大气中二氧化碳的含量增高将造成“温室效应”，使全球气候变暖。目前，我国的二氧化碳排放量占全世界总排放量的14%，是位居美国之后的世界第二大能源消耗国和温室气体排放国。如果保持目前的发展趋势不变，到2015年我国将可能超过美国，成为二氧化碳排放的第一大国。中国是《京都议定书》的签约国，在这方面将面临巨大的压力。

随着中国经济的快速发展，国际原油价格的节节攀升，能源问题已成为影响中国经济发展的重要因素之一。2005年2月28日政府颁布了中国第一部《可再生能源法》，并于2006年1月1日实行，同时提出了建设节约型社会的目标。建设部也明确了今明两年资源节约的工作重点，即大力推广可再生能源在建筑领域的应用。

(2) 政府调整能源结构的必由之路

随着人口增加、工业化和城镇化进程的加快，特别是重化工业、建筑业、交通运输的快速发展，能源需求量将大幅度上升，经济发展面临的能源约束矛盾和能源使用带来的环境污染问题更加突出。打破局限于常规资源考虑能源供应战略的思想束缚，优化用能结构，把建立多元化能源供应体系作为长期能源供应的战略目标，把能源优质化、阶梯化利用作为主攻方向。大力发展高效清洁太阳能是优化能源供应、调整能源结构的必由之路。中国能源战略的调整，使得政府加大对可再生能源发展的支持力度。

2. 太阳能的推广有良好的政策支持

2006年1月1日实施的《中华人民共和国可再生能源法》(2005年2月)、《中华人民共和国节约能源法》(2007修订)、《国家可再生能源中长期发展规划》、《民用建筑节能条例》、建设部《建筑节能“十五”计划和2010年规划》以及建设部《关于加快太阳能热水系统推广应用工作通知》都对太阳能的推广应用提出了明确的要求。

3. 已经出台了有关太阳能与建筑一体化的国家标准和地方标准

《民用建筑太阳能热水系统应用技术规范》(GB 50364—2005)。以辽宁省为例，辽宁省出台了《辽宁省民用建筑太阳能热水系统一体化技术规程》(DB21/T 1488—2007)、《辽宁省建筑设计标准建筑构造图集》(辽2007J806)、《太阳能热水系统一体化安装》、《民用建筑太阳能热水系统工程技术手册》；此外，还陆续编制发行了一批标准设计图集。这些标准规范、手册和图集的编制完成和应用，将大大提高我国建筑一体化太阳能热水系统的设计水平，使建筑一体化太阳能热水系统的建设全过程都能做到有章可依。

4. 已颁布实施太阳能热水器国家标准和行业标准

《家用太阳能热水器热性能试验方法》(GB/T 12915—1991)、《太阳热利用术语第一部分》(GB/T 12936.1—1991)、《太阳热利用术语第二部分》(GB/T 12936.2—1991)、《工作直接日射表的校准方法》(GB/T 14890—1994)、《太阳热水器吸收体、连接管及其配件所用弹性材料的评价方法》(GB/T 15513—1995)、《平板型太阳集热器技术条件》

(GB/T 6424—1997)、《全玻璃真空太阳集热管》(GB/T 17049—1997)、《家用太阳热水器技术条件》(NY/T 343—1998)、《真空管太阳集热器》(GB/T 17581—1998)、《太阳能在地面不同接收条件下的太阳光谱辐照度标准》(GB/T 17683.1—1999) 第一部分：大气质量1.5的方向直接日射辐照度和半球向日射辐照度、《平板型太阳集热器性能试验方法》(GB/T 4271—2000)、《家用太阳能热水系统热性能试验方法》(GB/T 18708—2002)、《太阳能热水系统设计、安装即工程验收技术规范》(GB/T 18713—2002)、《太阳集热器热性能室内试验方法》(GB/T 18974—2003)、《家用太阳热水系统技术条件》(GB/T 19141—2003)、《太阳热水系统性能评定规范》(GB/T 20095—2006)、《太阳能热利用术语》(GB 12936—2007)、《环境标志产品技术要求—— 家用太阳能热水系统》(HJ/T 363—2007)、《环境标志产品技术要求——太阳能集热器》(HJ/T 362—2007)。以上标准对太阳能行业有很好的规范作用。

5. 国家各部门都大力支持发展可再生能源

国务院、国家发展与改革委、建设部、财政部等都在制定各项政策推进可再生能源的发展。特别是财政部、建设部为推动可再生能源在建筑中的应用，联合下发一系列文件，提供政策、资金、技术等方面的支持，开展可再生能源建筑应用的示范，其中第四条专项资金支持的重点领域：与建筑一体化的太阳能供应生活热水、供热制冷、光电转换、照明，为太阳能在建筑中应用的推广，起到了积极的作用。

6. 我国具备太阳能技术应用推广的自然条件

我国有较好的太阳能自然条件，太阳能资源非常丰富，有超过三分之二的地域面积为太阳能较丰富区，非常适合利用太阳能。

三、我国太阳能应用情况

近年来，由于世界能源危机的日益凸显，我国对可再生能源的开发利用给予了高度的重视，尤其对太阳能的发展提出了明确的要求。2006年1月1日起，《中华人民共和国可再生能源法》正式颁布实施，第十七条国家鼓励单位和个人安装和使用太阳能热水系统、太阳能供热采暖和制冷系统、太阳能光伏发电系统等太阳能利用系统。国务院建设行政主管部门会同国务院有关部门制定太阳能利用系统与建筑结合的技术经济政策和技术规范。房地产开发企业应当根据前款规定的技术规范，在建筑物的设计和施工中，为太阳能利用提供必备条件。对已建成的建筑物，住户可以在不影响其质量与安全的前提下安装符合技术规范和产品标准的太阳能利用系统；但是，当事人另有约定的除外。《可再生能源法》正式出台，这是我国在可再生能源领域的第一部法律，对开发利用太阳能等可再生能源提供了基本的法律保障。为促进可再生能源产业的发展，2005年国家发改委编制了《可再生能源产业发展指导目录》，用以指导相关部门制定支持政策和措施，引导相关研究机构和企业的技术研发、项目示范和投资建设方向。建设部等部门也出台了有关扶持太阳能开发利用的政策，根据《关于新建居住建筑严格执行节能设计标准的通知》，国家已推出“可再生能源在建筑规模化应用城市级示范”，对于在建筑中广泛使用太阳能等可再生能源的，给予一定补贴。国家《可再生能源中长期发展规划》要求，将太阳能热利用作为可再生能源发展的重点领域。《计划》提出到2010年，太阳能热水器总集热面积达到1.5亿平方米，替代约2000万吨标准煤；到2020年，太阳能热水器总集热面积将达到3亿平方米，替代约5000万吨标准煤，总产值会超过3000亿元。

经过多年的发展，国内在集热器（含太阳能热水器）方面已成为太阳能应用最为广泛、产业化最迅速的产业之一。我国是世界上太阳能热水器拥有量最多的国家，2006年年产量为1800万m^2（12600MWth），保有量为9000万m^2（63000MWth）。2007年增长速度约达30%，年产量可达2340万m^2（16380MWth），总保有量约为10800万m^2（75600MWth）（太阳能热水器寿命按10年计算——1997年前的保有量作废）。1998～2007年十年间年产量增加6.7倍，保有量增长7.2倍。近10年太阳能光伏产业仍保持了25%～40%的高速年均增长率。2005年以前，世界光伏发电主要集中在发达国家，特别是日本、德国（占欧盟总量8成）和美国3个经济强国，约占世界光伏发电市场的80%。自2005年以来，中国的光伏发电市场迅速增长，2006年光伏电池产能达到1200MW，产量达450MW，比2005年增长280%；光伏组件产量达到800MW，产能则达到2000MW。目前，中国已成为仅次于日本和德国的第三大光伏电池生产国。2006年，世界太阳能电池产量为1818MW，而排名前10位的厂商产量为1667MW。前10大厂商除一家英国厂商外，全部是日、德、中三国厂商，其中日本夏普2006年光伏电池产量达434MW，已经连续7年位居第1位。我国的尚德电力已从2005年的第6位跃居到第4位，2007年上升到第2位，尚德电力已成为世界知名的光伏品牌。到2007年，我国太阳电池产量为821MWp，占世界总产量的22%，首次超过德国，居世界第2位，2008年中国太阳能电池总量再度突破，中国一跃成为世界第一大太阳能电池生产国。为全球开发利用可再生能源，实现节能减排目标做出了突出贡献。目前，我国太阳能光热应用面积已占到全球的76%，是整个欧美地区的4倍之多，并以每年20%～30%的速度持续递增。这标志着我国已成为世界上最大的太阳能光热制造国和应用市场。我国光电应用主要是通信领域，包括微波中继站、卫星通信地面站、卫星电视接收差转系统、通信台站等，市场占有率约50%。独立光伏电站和户用光伏电源系统市场占有率约30%，主要有县乡级光伏电站400余座、农村学校的光伏发电系统80座和家用光伏电源系统15万套。其中规模较大的有西藏安多、班戈、尼玛、双湖等7座县级光伏电站，总装机容量425kWp。

在国家政策的大力支持下，中国太阳能产业发展也实现了“两条腿”走路，正进入一个高速发展的快车道。

目前河北保定国家高新技术开发区正加快建设我国规模最大的多晶硅太阳能电池生产基地，该项目集太阳能电池、组件及应用系统等为一体，一期工程完成后可达到年产3MW多晶硅太阳能电池的能力，填补了我国在太阳能开发应用方面多项空白，并将大大推动太阳能电池用低铁玻璃的生产、销售市场。但从整体上分析，国内太阳能光伏发电系统由于起步较晚，尤其是在太阳能电池的开发、生产上还落后于国际水平，整体上仍处于产量小、应用面窄、产品单一、技术落后的初级阶段。经粗略统计表明，国内目前仅建有5个（单晶硅）太阳能电池生产厂，年产量约有4.5MW（注：1兆瓦（MW）为1000千瓦（kW）)，工厂设施仍停留在已有引进的生产线上。而国外不少企业已把眼光瞄准更为先进的薄膜晶体太阳能电池的开发与生产上。这种新一代的先进的薄膜晶体太阳能电池其转换效率可高达18.3%，比目前平均转换效率提高了3个百分点。据业内人士介绍，我国太阳能电池平均转换效率不高，其主要原因是专用材料国产化程度低，如封装玻璃就完全依赖进口，低铁含量的高透过率基板玻璃市场仍不能满足需求，科研成果还没有迅速及完全转化为产业优势。

国家计委和国家科委对发展太阳能技术及其应用给予了大力的支持，国内已有多家企业涉足。北新集团是最早组织专家对国内、国际太阳能光伏发电产业进行调查的单位之一。于1998年在国内首家引进了76kW国际上先进的屋面太阳能发电系统，至今一直运行稳定、效果良好。这套系统日均发电量为12kWh以上，可满足1个小康之家用电要求。该集团还与瑞士的ATLANTIS公司合资组建了北京-阿脱兰太阳能科技有限公司，合资生产太阳能光伏发电组件和屋面发电组件两大系列、多个品种的光伏发电产品，并将这一世界领先的太阳能利用新技术引入了中国。

河北振海铝业集团公司是德国皮尔金顿（Piikington）太阳能国际有限公司在中国独家总代理，现已投入生产世界先进的太阳能电池玻璃封装设备和配套材料，如德国凯米特化学制品有限公司的优质湿法玻璃层压设备、湿法灌浆液（封装介质）等。振海集团的基地于1999年11月已在我国率先安装了100多平方米的光电玻璃幕墙示范建筑物，现已竣工投入应用，其运行使用效果良好，已成国内一大景观及太阳能光伏发电工程的典范。

太阳能集热管是清华大学的一项专利技术，经清华阳光公司的产业化生产，目前其年产量为世界第一，其产品性能为世界领先，清华阳光公司的太阳能集热管及集热装置，用六七年时间完成了小试、中试到大规模生产，目前已经建成世界上生产规模最大的集热管生产厂，每年可生产500万支全世界集热效率最高的全玻璃真空集热管，预计这个项目的经营额再过3年将达到10亿元。

“九五”攻关项目100kW太阳能空调系统选定在广东省江门市一座新建的24层大楼上实施。该大楼是一座多功能的综合性大楼，有办公楼、营业厅、招待所、培训中心等，利用太阳能提供大楼每天所需的生活热水，除此之外，在夏天以太阳能热水制冷。江门100kW太阳能空调系统是我国首座大型实用性太阳能空调系统，它的建成标志着我国太阳能热利用技术上了一个新的台阶。

户用光伏系统和独立光伏电站是解决我国边远无电地区居民和社会用电问题的重要方式。对于联网的光伏发电系统，由于在电网覆盖的地区，光电应用成本太高，目前没有竞争力。我国只有少许示范性的并网光伏发电系统。为了弥补国内的技术空白，中国科学技术部于1996年11月下达了“1-5KW级并网逆变/控制一体化机”，“九五”国家重点科技攻关项目。我国的光伏发电研究现状如下：

（1）国内的光伏并网发电正在悄然兴起，已经建成的光伏并网发电项目已经有10座；

（2）国家“九五”和“十五”攻关项目：5kW、20kW和50kW并网光伏发电系统；

（3）北京市计科能源新技术开发公司和合肥工业大学能源研究所共同协作，已成功研制出“3kW可调度型并网逆变器”样机，并于1999年7月13日正式通过了科技部组织的项目验收；

（4）深圳园博园光伏发电系统已在用户侧并网，容量为1000kW，为亚洲第一，在国际上也为数不多。在广东南澳岛上正在进行有益的尝试，将光伏发电与风电互补上网，第一期30kW已经并网，运行情况良好，第二期70kW工程正在筹建中；

（5）北京上地技术开发区软件园50kW蝶形屋顶并网光伏发电系统；

（6）北京天普公司的10kW和100kW的并网发电系统；

（7）首都博物馆 300kW 屋顶并网光伏系统；

（8）北京市计科公司生产基地 10kW 的可调度式并网光伏发电系统；

（9）位于昌平区的北京生态园的屋顶发电系统；

（10）北京奥运场馆和奥运公园的光伏发电项目等。

在太阳能应用上，2008 年的奥运会，北京成为我国在太阳能应用方面的最大展示窗口，“新奥运”充分体现“环保奥运、节能奥运”的新概念，奥运会场馆周围 80%～90% 的路灯利用太阳能光伏发电技术；采用全玻璃真空太阳能集热技术，供应奥运会 90% 的洗浴热水。在整个奥运会期间，我们看到了太阳能路灯、太阳能电话，太阳能手机、太阳能无冲洗卫生间等等一系列太阳能技术的应用。

全国首所集光热、光电为一体的太阳能小学，青岛市李沧区虎山路小学正式投入使用。学校拥有一套平均日发电量 120～150kW 的太阳能发电系统，以及一个采光面积达 600m^2 的太阳能供热系统。全校师生的用电、用热全部取源于太阳能。太阳能发电系统投入使用后，每年为学校节约标准煤 261t，减少二氧化碳排放量 695t。

图 3-3 青岛市李沧区虎山路小学校园内太阳能路灯

图 3-4 青岛市李沧区虎山路小学装机容量 30kW 的太阳能电板

在国家政策的大力推进下，太阳能的开发利用在许多省市和地区均得到较快发展。上海市政府于2005年9月启动了“十万屋顶光伏发电计划”。在无锡，40kW屋顶并网光伏发电系统也开始实施。深圳于2006年1月通过了建设部可再生能源建筑应用（太阳能建筑一体化）城市级示范的初步审查，计划在今后5年新建300万平方米太阳能应用示范项目。2005年9月，徐州在全国率先使用太阳能公交站，站台一年可以省下一千度电左右。2006年3月，国内第一条太阳能路灯系统在浙江投入商业运行等等。

1. 北京市

北京是全国第一个推广使用太阳能热水器的城市；第一个引进国外生产线的城市；第一个实现太阳能热水器产业化的城市；第一个成立太阳能研究所的城市。20世纪90年代中期以后，随着太阳能热水器在全国各地的普及与应用，北京市的太阳能热水器产业，开始进入相对停滞期。2000年以后，北京市的太阳能热水器生产开始以每年20%以上的速度增长。继全国其他城市之后，北京也在考虑制定实施太阳能强制安装的政策。

20世纪70年代初期，北京市第二服务局为了治理空气污染，首次在城区的理发馆、公共浴池、小旅馆里开展了对太阳能热水器的推广应用，整个城区的应用面积达到几千平方米，不仅节约了生产成本，节约了资源，还没有了烧煤带来的空气污染，效果非常好。几乎同时，北京市科委与第二服务局还在大兴区的浴池与农户家中开展了试点，试点的成功得到了相关各部门的肯定。

为了满足市场的需要，1977年北京市科委投资5万元，建成了全国第一家太阳能热水器生产厂“北京市太阳能利用实验厂”，从此结束了手工制造太阳能热水器的历史。1978年北京市太阳能利用实验厂正式投产，截至1982年，全国6成以上的太阳能热水器都出自于该厂。

1986年，北京市太阳能利用实验厂投资从加拿大引进了全国第一条太阳能生产线，加工生产钢铝复合太阳能集热器。这为日后北京市太阳能热水器产业化发展奠定了基础，也为全国普及太阳能生产线提供了可以借鉴的经验。

1979年北京市成立了第一家太阳能研究所，研究所集结了一批有志于开发太阳能可再生能源的研究人员，出了很多成果。20世纪90年代初期，对国内太阳能研究所进行了一次综合评比，在考察研究成果、发表论文、成果转化、市场化率、利润程度等多项指标之后，北京市太阳能研究所综合排名第一。

目前，北京新能源与可再生能源协会正在编制民用建筑太阳能热水系统的实施细则、设计规范和技术图集。从技术入手，为太阳能推广打通道路。同时北京市太阳能利用技术资源丰厚、部门领域技术水平全国领先，拥有了清华阳光、桑普、天普等多个国内外知名品牌。

由于北京地区建筑形态复杂，安装太阳能存在一定的技术难题；同时没有强制的政策支持。比如城市中的高层，及塔楼朝北、东及西面的户型，利用太阳能有限，并且放置太阳能设备的区域也有限，这为太阳能利用提出了问题。此外部分开发商对安装太阳能系统有一定的消极情绪，认为破坏了楼盘效果，不安全。最重要的因素还在于，北京市推进太阳能系统在建筑中应用的支持政策一直没有落实。关于太阳能在建筑中的应用问题，北京市建委、北京市发改委、北京市规委之间协调探讨过，但没有结果。北京市规委出台相关政策，就是希望从技术层面解决太阳能与建筑结合的问题。据了解，今年，仅北京市将有

530 万平方米的经济适用房、两限房、廉租房安装太阳能热水系统。市政府此举是希望这些项目可以成为太阳能与建筑一体化应用的试点和出口，并从中获得一些经验，为日后发展铺路。

而在政策没有明朗前，太阳能企业已经把目光投向了开发商，因为他们发现了一个新的商机：目前，一些开发商为了获得住房和城乡建设部与财政部的优惠政策，已经从绿色建筑、建筑节能的角度出发，应用了一些太阳能产品。

近几年，北京市太阳能发展较快，从城市到农村，以及举世瞩目的奥运会，都用上了绿色能源太阳能。

（1）北京市平谷区将军关新村某户民宅

图 3-5　太阳能与建筑一体化屋顶

示范建筑为两层南北朝向双坡屋顶民宅，采暖建筑面积约 140m^2，层高 3m，屋面坡度 30°，240mm 砖墙，6cm 聚苯板外墙外保温，外贴防火板。该项目作为农村利用太阳能热水系统供暖、节能型建筑示范小区，同时被列入北京市科技计划课题项目。

（2）中国太阳能第一楼（四层高、面积达 3000 多平方米的大楼）

“第一楼”的外观与传统建筑没什么区别，大楼南向的上、下每一层窗户之间都安装了整齐划一的太阳能光伏电池板，有点像遮阳伞，但是没有遮阳伞的弧度和长度，给人一种被特别装饰的感觉。楼内宜人的温度、辉煌的灯光以及 24h 的热水全部是由密布楼顶的热管式真空管集热器和酷似遮阳伞的太阳能光伏板提供的。

“中国太阳能第一楼”是 2008 北京绿色奥运的重点示范工程，经过 1 年半的试运行，整个太阳能系统成功地经受住了一年四季的考验，冬季的室内实测温度达 22℃以上，所有工作系统均正常运行。目前楼内及大院内的能耗全部由太阳能系统自给，包括空调系统、供电系统、供暖系统、热水供应系统等。

以太阳能第一楼为例，光热系统的全部投入是 190 多万元人民币，4～5 年就可以收回成本，而光热系统的使用寿命至少是 15 年；光电系统的投入较大，收回成本大约需要 6～8 年，而其使用期限最少是 20 年。从长期看，其使用成本较化石能源要低廉一倍以上。

（3）北京奥运村及奥运场馆

北京 2008 年奥运会提出了“绿色奥运、科技奥运、人文奥运”的理念。北京奥运村使用的生活热水，主要依靠太阳能，奥运会期间，可以供 16000 人使用。

奥运会主场馆“鸟巢工程”将首次采用太阳能发电，其中太阳能光伏发电系统总装机

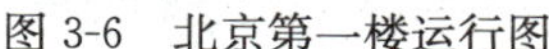
图 3-6 北京第一楼运行图

图 3-7 北京奥运村热水系统

容量为 130kW，对奥运场馆的电力供应将起到良好的补充作用。

(4) 京石路新装太阳能路灯

日前，冀星公司组织实施的京石高速公路机场连接线照明工程通过交工验收，46 个太阳能路灯正式投入使用。据悉，该太阳能照明系统采用光控或光控与计时组合的工作方式，实现环保、节能的目标。

据了解，新装太阳能路灯灯竿设在机场连接线中央绿化带，间距 35m，共设置 46 个，一个灯竿安装两个 50W LED 灯头，满足不同行驶方向照明的需要。照明工程采用的整体式分光束 LED 灯头太阳能路灯为国内首创，灯体结构采用积木式拼装组合设计方案，每个 LED 灯头由 48 只小 LED 灯组成，采用分光束精准定位照射方式，每只小 LED 灯都有确定的方向和角度，实现束光集合，合理配光。

产品在结构上利用风道对流散热技术，自然风冷，使整个灯体具有良好的散热性能和可靠性。太阳能照明系统采用光控或光控与计时组合的工作方式，灯在光照强度低于设定值时控制器启动，同时开始计时，当计时到设定时间时光源关闭。安装的蓄电池可以保证每天照明至少 10 个小时且连续 3 个阴雨天正常照明。

(5) 北京星级宾馆使用太阳能供热水

目前，北京牡丹宾馆大型太阳能热水系统工程正式投入运行使用，该工程总采光面积为 530m^2（一期 70m^2，二期 460m^2），日产热水量为 450t，并与热泵互补供水，热泵使用低谷电，这样可使宾馆每天所需的 120t 热水生产总成本下降到原来的一小半（每年要节省 40 万元左右，每年可节约用电 50 万 kWh，以 0.8 元/kWh 均价计）。与使用峰电相比不要二年即可全部收回投资。

牡丹宾馆根据一期 70m^2 的使用效果推算，收效显著，今年又建设二期 460m^2 太阳能热水工程，并将 530m^2 的太阳能热水工程与热泵互补供水，实现热泵使用低谷电补水。

(6) 太阳能让挂甲峪亮起来

晚上 7 点多，夜幕徐徐降临。瞬间，山间亮如白昼，犹如繁星陨落。镶嵌在山间的这些繁星不是别的，正是在挂甲峪安装的 150 多盏太阳能路灯。与其他的路灯相比，太阳能路灯的上方多了一个坡型太阳能接受板，从侧面看上去有点像博士帽的帽檐。晚上走在太阳能路灯下，能够清楚地看到路面上一切。即使是阴天，储存在蓄电池的电能也能保持10个小时的照明。

据介绍，太阳能的应用已经深入到田间地头，在挂甲峪的果园里安装的光能频振式杀虫灯，可以有效地减少农药使用量，为农户生产生态型无公害果品提供了有利的保障。

更引人注目的是，村里集资为村民建起了太阳能住宅，一期建了70套，这意味着有一半的村民将不再用土暖气而改用太阳能取暖（挂甲峪共有146户人家）。每日3顿饭都可以用太阳能加热，既节能，又环保。

据统计，采用太阳能取暖，200多平方米的房子可节约6000元的煤电，如果加上风能和电能，每户新居建筑每年可节约电费、煤达到8000元以上。

（7）玻璃台太阳能“别墅”节能6成

图3-8 平谷区镇罗营镇玻璃台太阳能“别墅”

平谷区镇罗营镇玻璃台村是北京太阳能应用的典型。村的公路两侧都是新村改造后建设的新型太阳能“别墅”，1997年10月，67户村民告别破旧瓦房，住进了150～200m^{2}左右的两层式现代化“小别墅”。一个不大的山包将玻璃台村分为台上、台下两个部分。台下有将近40户人家，台上有27户。

玻璃台村024号民俗接待户杜玉芹家位于新村台下，家里150m^{2}的新房子自己出资2万元，贷款14.9万元，房间内太阳能设施全部是政府补贴修建的。太阳能一年四季可以提供24h生活用热水和洗浴热水，冬天可以提供采暖。据了解，采用太阳能采暖系统后，新民居每平方米1年的采暖花费只有11元，比普通的采暖方式要节省60%以上。

新建民宅建筑为框架式两层南北朝向双坡屋面民宅。窗户采用中空双层保温玻璃，整体结构均按节能型建筑标准设计。遇到阴雨天，即使不用电，村民也可以通过专门的炉子，将炒菜做饭所散发的热量收集起来与太阳能系统连接，给太阳能热水系统加热，以保障热水供应。一举两得，真正实现了“节能、高效、洁净”三大功效。

(8) 北京第一座太阳能垃圾处理站在密云落成

在云科富民蔬菜种植基地，占地 $50m^2$ 的太阳能垃圾处理站已经竣工，基地的 50 座蔬菜大棚每一年要产生 100 多吨的植株残体，也就是烂菜叶子等。以前，都当作垃圾扔掉了，现在，有了这座太阳能垃圾处理站，就可以解决这个问题。它采用太阳能长时间高温加热的原理，可以将植株上携带的病菌和小型害虫全部杀死，不但高效环保节能，更主要的是经过太阳能高温处理过的植株残体废渣可以制作绿肥得到再利用。

生产有机食品，必须采用绿肥等有机肥，有了这座太阳能垃圾站，每年生产的绿肥有机肥可供 $20hm^2$（300 亩）菜地使用。

据了解，这座太阳能垃圾处理站是由北京市农业局、环保局主持，北京市植保植检站和密云县植保植检站具体承担的“减少农业面源污染”项目之一，共投资 20 万元，配套设备安装全部完成，已正式投入使用。

这座太阳能垃圾处理站 15 天处理一次植株残体，每次可处理 50t，一年就是 1200t，密云现在的 20 个标准化蔬菜生产示范基地 $540hm^2$（8110 亩）土地产生的植株残体，今后都将采用太阳能垃圾处理站处理和生产绿肥，到那时，密云生产的蔬菜就都是有机食品了！

(9) 怀柔区渤海镇投资 350 万元安装太阳能路灯

原本一路漆黑的慕田峪路被 314 盏造型漂亮的太阳能路灯照亮了。

2006 年“五一”黄金周过后，渤海镇着手建立南起关渡河，北至慕田峪环岛，全长 7.5km 的绿色餐饮长廊。在绿色长廊上怀柔区渤海镇投资 350 万元安装太阳能路灯 314 盏，每盏路灯价值 1.1 万元（包括灯杆、太阳能板和蓄电池）。

目前北京市已经建成的太阳能应用工程，有桑普太阳能楼、天普太阳能楼、玻璃台住宅、太阳能游船、蟹岛路灯等，北京市的太阳能利用目标是高起点，高科技。

2. 南京市

南京市属于太阳能比较丰富地区，每年每平方米获得太阳的辐射热能相当于 170～200kg 标准煤燃烧发出的热量。以南京现有 40 万台太阳能热水器计算，每年因此可节约标准煤 15 万吨左右，同时还减少了污染和减轻了能源运输的压力。在全国的省会城市中，可以说南京是除了昆明之外的太阳能热水器最普及的城市。目前南京地区的热水器年总需求已达 6 亿元左右，其中电热水器约占 45%，燃气热水器约占 37%，太阳热水器约占 18%，太阳热水器的年销售已近 1 亿元。显而易见，太阳能占总体热水器的比例已远远高于全国 11.2%的水平。经过 10 多年的推广，南京地区太阳能市场的发展日趋成熟，消费者对太阳能的认知度越来越高，整体消费意识日益加强。随着普通家庭消费者对太阳能产品的认知度提升，相关政府及行业机构对太阳能的呼声愈高，小区集中统一安装及商用集中供热工程的需求逐步增加。南京的集中太阳能小区，从最早的五台花园、聚福园，到眼下的翠岛花城，一共 10 多个。最近，南京城建部门为解决推广难的问题，推出 3 个太阳能示范小区。

坡屋面太阳能一体化小区：城东清溪花园，集中供热，分户计量。坡屋面集中安装太阳能热水器，设计中难度很大，清溪花园巧妙地在屋脊上留出 2m 宽的平层（马道），作为集热器安装和检修通道。数十台分体式集热管并排安装，冷水经热循环后，集中到安装在楼梯间的下水管，每户分出叉管、水表接收热水，住户一次投入 3000 多元，今后就按自来水水价使用热水。该太阳能小区已投用 4 年，住户使用很好。

平屋面太阳能一体化小区：宁南翠岛花城，集中供热，分户出水。平屋面作业空间大，翠岛花城在楼顶建设泵房，再安装数排集热管，表面上这些集热管是分体式，其实上下水只有一根管，水箱小巧轻便，便于热水集中利用，尽管翠岛花城楼高 11 层，一楼住户还能用上热水。和分体式热水器对流加热不同的是，该系统集热管通过辐射循环加热，通过温度传感器、系统控制仪控制水温，上下水管从楼顶隐蔽地伸进各户卫生间，造价每户 5000 元左右。

挂壁式太阳能一体化小区：城北雯锦雅苑，分户供热，分户供水。由于楼层高，管线长，高层、小高层不适合采用楼顶集热式太阳能，挂壁式热水器像空调一样挂在外立面，或像栏杆一样隐蔽地装在阳台上，解决了太阳能利用难题。这种热水器集热器、水箱分离，通过微动力循环泵在家中循环，输水管藏进地板下或墙壁里，每户自成一体。挂壁式集热器的缺点是造价比普通热水器贵 30%，垂挂的集热管热效比仰放的集热管低 10%～20%。

过去，该市由于没有统一的安装技术规范，使得住宅楼上的太阳能热水器管线乱挂乱接。这种状况不仅影响了建筑物的美观，而且还经常发生爆裂现象，致使小区物业与小区业主矛盾不断。2006 年 8 月 21 日，南京市建委、经委、房产局等部门还专门为此发布《进一步规范居民住宅安装太阳能集热器的通知》，明确要求房地产开发商要为利用太阳能热水器提供必备条件。这次南京出台的强制性政策要求太阳能工程完全实现同步设计、同步施工、同步验收、同步后期治理，使太阳能成为住宅的有机组成部分。

南京市建委、规划局等四部门近日联合发文要求，自 2008 年 2 月 20 日起，新建 12 层及以下住宅，在非特殊情况下必须统一安装太阳能热水器。按照文件要求，今后，南京市城镇区域内尚未申请施工图设计文件审查的新建 12 层及以下住宅，新建、改建、扩建的宾馆、酒店、商住楼等有热水需求的公共建筑，在非特殊情况下必须统一安装太阳能热水器。12 层以上新建居住建筑应用太阳能热水系统的，必须进行统一设计、安装。

据了解，南京市实施建筑太阳能一体化工程中，太阳能热水器将直接作为建筑构件，在屋顶、墙面和阳台上应用。斜坡和平顶镶嵌式太阳能热水器集热板，均可紧贴屋面或作为屋面的组成部分。新型太阳能热水器都加装了电子自控装置，具有自动调节水量、流量、补充冷水、平衡自来水和热水流量等功能。随着南京市太阳能住宅工程的深入推广，许多新的市场商机也将不断涌现。相关人士表示，太阳能住宅建筑的发展方向一是走工业化道路，建立太阳能建筑产业体系。标准设计、构造图集，开发热工计算机、计算机优选程序、测试、评定标准等。二是围绕太阳能建筑集热、蓄热、保温装置、结构配件、透光材料、绝热材料、吸收材料、密封材料和反射材料等产品的配套生产。三是为保证工程施工质量而兴起的专业施工队伍。相关部门还将编制太阳能住宅建筑与太阳能建筑施工技术规程和验收规范，组织培训太阳能建筑专业施工队伍。四是为鼓励太阳能建筑行业的发展，南京市政府将逐步把建筑太阳能纳入城乡建设总体规划之中。

相关应用工程

(1) 中国人家　江苏东恒集团开发建设，中国著名地产楼盘。宣扬中式文化，仿古园林建筑与太阳能的完美结合应用，为楼盘增色，更多地让住户享受阳光健康生活。

(2) 雯锦雅苑　100000m^2 大型太阳能高尚生态社区，全疗导入电式分体式（阳台壁挂型）太阳能热水系统，是目前国内技术领先，规模最大高层建筑太阳能热水系统应用工程之一。

(3) 翠屏清华　“21 万平方米森林化景观社区”，成功导入 1580 套电工牌“建筑一体化分体集成式太阳能热水系统”，是目前南京地区最大的最先进的太阳能热水系统应用工程之一。

(4) 江苏省游泳馆太阳热水工程

该太阳热水系统太阳集热器采光面积 1500 多平方米，9000 多支真空集热管，每天供热水近 200t。采用特殊的结构设计，将全部集热管水平放置在平屋面上，符合了屋面荷载的技术要求。该系统采用强迫循环的办法，用热水泵将集热器晒热的水与保温水箱循环加热，其集热效率比自然循环有所提高。热水工程采用电子控制系统与电脑联网，自动控制水温，水量。这个大型太阳热水装置将会改变游泳馆靠锅炉提供热水的状态，除了一些特殊天气，游泳馆的热水将用太阳能供应。

3. 德州市

自古以来，德州就与太阳有着不解之缘，“后羿射日”这个古老的传说就发端于此。20 世纪 90 年代初，德州再次与太阳结缘，在太阳能产业发展、推广利用等方面取得了令人瞩目的成就。截至 2007 年底，我国太阳能热水器推广总保有量约为 1 亿 m^2，德州市累计达到 1600 万 m^2，占全国保有量的 16%。德州已在太阳能高温发电、采暖、制冷、海水淡化、建筑节能等诸多领域，拥有比较先进的技术。以德州市为代表的中国太阳能热利用产业，自有技术比例达到 95%以上。德州还拥有世界上先进的太阳能检测实验室。

德州的太阳能产业萌芽于 10 年前。德州市政府采取政策拉动、服务推动、典型带动等举措，每年投入 1 亿元以上，每年以 20%以上速度递增，从而催生壮大了太阳能产业。目前德州已发展太阳能以及相关企业 100 余家，从业人员 3 万多人。太阳能热水器产量占到山东省的 70%以上，产值占全国太阳能行业总产值的 10%左右。去年全市生产太阳能热水器 120 多万平方米，实现销售收入 20 亿元、利税突破 2 亿元。2005 年 8 月底，德州市委召开常委扩大会议，提出打造“中国太阳城”、“中国太阳谷”的战略构想。为此，德州市结合编制“十一五”计划，把发展阳光经济、打造“中国太阳城”“中国太阳谷”纳入国民经济和社会发展总体规划，把太阳能推广利用纳入市委市政府重要议事日程。科学制定了“中国太阳城”短期和中长期发展规划、“中国太阳谷”园区规划，确定分阶段推进“中国太阳城”建设，2005 年为策划宣传、规划启动阶段，2006～2007 年为迅速扩张、重点突破阶段，2007～2010 年为全面推进、发展提高阶段。力争在抢抓发展机遇上先人一步，在整合全球资源上先人一步，在打造产业群体上先人一步，扶持一批太阳能企业，壮大一个太阳能产业，把太阳能开发利用培植成全市第一大支柱产业、第一个绿色百亿产业。到2010年，建设太阳能小区500个，太阳能村庄500个，太阳能及相关产业产值达到500亿元，市场份额占到全国的1/3，成为世界范围内太阳能普及率最高、科研水平最强、生产能力最大、市场份额最多的地区。德州市政府成立了实施“中国太阳城”、“中国太阳谷”战略推进委员会，市委市政府主要领导任主任，有关市级领导任副主任，相关部门负责同志任成员。2005年9月16日，“中国太阳城”命名仪式在德州市举行，中国太阳能学会、中国资源综合利用协会、中国农村能源行业协会联合授予德州市“中国太阳城”称号，并获得申办2010年第四届世界太阳城大会资格。德州的太阳能产业链也延伸到真空集热管、太阳能电池组件、光伏发电系统、太阳能照明系统、太阳能交通灯、温屏节能玻璃、太阳能一体化建筑等系列产品，路灯安装到上海、安庆、呼伦贝尔、郑州、西沙永兴岛等几十个城市地区，光伏发电系统即将进入意大利的罗马。

德州市建委结合“中国太阳城”战略实施，采取多种措施大力推广太阳能应用示范工程，把太阳能产品作为建筑构件安装，使其与建筑有机结合，达到建筑节能目的。

该市建委在规划审批、设计审查中，严格把关，全面推进太阳能与建筑一体化。年初，德州市建委下发了《关于在建筑工程中全面推广应用太阳能热水器的通知》和省建设厅《关于批准〈太阳能热水器安装与建筑构造图集〉为山东省标准设计的通知》，要求自2006年1月1日起德州市所有新建、扩建和改建的低层、多层民用建筑，要按《图集》进行太阳能热水器一体化设计和施工。目前，市区已有约15万平方米住宅小区实行了太阳能与建筑一体化设计，其中占地4hm^2（60亩）、建筑面积3万平方米的皇明住宅小区和建筑面积11.5万平方米的东方家园住宅小区等都采用了建筑与太阳能一体化，其他在建项目正按设计实施。

在市区推广的同时，大力实施“百村浴室”工程，把触角延伸到各县市区。目前，试点推广太阳能与建筑一体化工作正在逐步实施，“百村浴室”工程取得明显成效，截至2006年5月，已有30个村庄建成并使用了太阳能浴室，并有几十个村的太阳能浴室正在建设中，2007年有100个村庄建设太阳能浴室。在城市道路、公园广场等方面开展太阳能产品利用试点工作，打造新的太阳城城市景观。占地120hm^{2}的长河公园整个道路的照明系统全部采用太阳能技术，长河公园也成了国内第一个以太阳能为照明光源的公园。104国道十公里安装了太阳能路灯，为大规模推广应用太阳能起到良好的示范带动作用。

据了解，2008年，德州市启动太阳能光热发电项目。2010年，全市太阳能光热产业产值达到80亿元，光热发电规模达到1MW，太阳能光伏产业产值达到10亿元。到2010年，全市太阳能应用面积占新建筑面积比例的50%以上，其中市区占80%以上。建设太阳能综合利用村庄500个，浴室1000个。城市道路、广场、公园、机关单位、住宅小区和道路交通信号等领域推广光电应用。

山东德州市委、市政府出台了《关于加快实施“中国太阳城”战略的意见》。首批20个试点单位将完成太阳能光电应用改造，与此同时，市区交通干道信号灯、主要道路公园景区景观灯逐步安装太阳能灯，山东德州市太阳能应用将进入立体化推广的新阶段。

德州市将加大太阳能推广力度。首批选择20个机关单位进行太阳能应用改造，并于年底完成，其他机关单位2010年9月底前完成；今年年底前，市区主要交通干道、新建道路路口交通信号灯逐步改造安装太阳能信号灯，主要道路、公园、景区照明景观灯逐步更换为太阳能灯，主要道路两旁的广告灯箱逐步安装太阳能灯箱；9月底前，新城区康博大道、广川大道等部分路段安装太阳能灯，其他新建道路也要安装太阳能灯，市区干道支路和小街小巷要有选择地进行路灯改造；新建公共广场、公园、绿地和居民住宅小区院内要推广应用太阳能灯，火车站广场、高铁德州站、中心广场、锦绣川景区等窗口地段，逐步安装太阳能灯。到2010年，建成100个太阳能综合利用小区；新建的酒店、宾馆、写字楼、学校、医院、商场、企事业等单位，要改造安装太阳能热水系统；加快农村太阳能应用，第四届世界太阳能大会前建成500个太阳能综合利用村庄、1000个农村太阳能浴室等。

同时山东德州市积极促进太阳能产业发展，以中国太阳谷五大中心为核心，逐步向周围辐射，形成规模庞大的太阳能产业群；加快太阳谷等基础设施建设，加快2010年世界太阳城大会主场馆及周边广场、绿化等市政基础设施建设，确保2010年世界太阳城大会在德州市成功召开。

建筑面积3万平方米的皇明住宅小区和建筑面积11.5万平方米的东方家园住宅小区等均实施了太阳能与建筑一体化。

示范项目：

（1）太阳能与建筑一体化：

开发了一系列太阳热水器与建筑结合样式，其中皇明宿舍楼、东方家园、德州卫校宿舍楼等一些开发项目已作为样板工程在进行推广。2003年4月，皇明“太阳能热水器与建筑一体化示范项目”被列入国家级第三批“双高一优”重点技术改造导向计划，得到了国家的认可和支持。其中德州皇明小区，占地3万平方米，住宅1.5万平方米，采用光热转换、功能一体化集热器装置，注意解决楼内及室内上下水、安装施工技术落后、应用太阳能与常规能源复合系统经济优化设计、多种热水供应方式设计和控制系统设计等多项应用技术。

（2）农村浴室

2006年年初，德州经济开发区管委会与驻区的全国最大的太阳能热水器制造企业皇明太阳能集团联手实施太阳能“进村入户”工程，通过政府补贴、企业让利、经营者自筹的方式，着力解决广大农民洗澡难的问题。他们计划用3年时间，投资2000多万元，让全区199个村全部用上太阳能浴室，让近20万村民享受低成本、高效率、绿色环保的“阳光沐浴”。“政府补贴”即德州经济开发区全资承担太阳能设备的投资；“企业让利”即皇明太阳能集团以成本价出售产品；“经营者自筹”即由经营者或受益者自己拿出少量资金配备室内和有关辅助设施。这其中，当地集体经济状况较好的村庄，由村集体投资建设浴室，村集体管理；集体财力较差的村，承包给个人建设、管理、获益。村集体投资建设浴室的，一般雇本村村民进行日常管理；集体经济状况好的，就作为村集体福利给每位村民免费发放一定数量的洗澡票；个人承包建设的，由承包人进行收费管理，洗一次澡一般夏季1元，冬季2元。

有些家底较富裕的村民就想自行安装。对此，德州经济开发区管委会决定，农户自己改建浴室，自己负担太阳能热水器采购成本的50%，其余50%由管委会负担，皇明太阳能集团免费安装维护。目前，抬头寺乡216户、袁桥乡350户农户均采用这种方式安装了家庭太阳能设施。

图3-9 庄科村太阳能浴室

山东德州经济开发区袁桥乡庄科村建起了村集体太阳能浴室。“庄科村太阳能浴室”建在一所院子里，屋顶上太阳能集热管在阳光下泛着亮光。浴室占地500多平方米，男、女部各三间，这组太阳能集热管每天能供3t热水，可同时满足20人洗浴。

4. 深圳市

2005年12月2日，深圳被选定为“国家重点十大节能工程”中的可再生能源（太阳能建筑一体化）在建筑中规模化应用备选示范城市，正式成为这一示范城市后，将获得国家大量资金支持，从2006～2010年，将新建200万平方米的光热示范项目、100万平方米光电示范项目，深圳将成为太阳能应用的先进城市，并带动太阳能产业的发展，创造绿色GDP。

深圳市发展“太阳能建筑一体化”有几大优势。首先，深圳市处于北回归线以南，日照条件良好，太阳辐射量丰富，年日照时数1975.0h，年辐射量为5225MJ/m^2，全年约300天具有采集太阳热能的条件。其次，深圳市具有一定的太阳能产业基础，其中太阳能光电产品已成为世界太阳能光电产品的主要产业聚集地，从事太阳能光电产品开发生产的相关企业不少于20家，年产值约20亿元。从目前的市场份额看，全世界72%的太阳能光电小产品生产厂家集中于广东地区，特别是深圳地区，深圳已成为世界太阳能光电产品的主要产业聚集地。创益、嘉普通、能联、先行、珈玮等企业，无论从技术水平，还是产业规模，在国内市场上都占据着举足轻重的位置。2004年深圳市太阳能产品出口总金额为1.663亿美元，其中太阳能电池占72.8%，太阳能灯具达到了26.5%。

根据国家《节能中长期专项规划》，国家发改委启动了“国家十大重点节能工程”，其中“建筑节能工程”是“国家十大重点节能工程”的项目之一。“建筑节能工程”由建设部牵头组织实施，为加快推进节能工程，国家将安排资金补贴支持一批具有示范和带动作用的工程项目及产业化基地建设。据介绍，深圳被评为“建筑节能工程”中的“太阳能建筑一体化”备选示范城市后，目前市建设局正在组织“十一五”期间的“太阳能建筑一体化”示范项目及产业化示范基地建设项目申报，比如深圳万科、招商、中海、振业等地产公司。

示范项目

（1）深圳市宝安区观澜街道田贝东村太阳能样板示范工程

田贝东村是深圳太阳能示范基地之一，也是广东省太阳能样板示范工程。深圳市宝安区观澜街道田贝东村34户居民全部安装了五星太阳能热水器。

（2）招商半山公寓项目

招商半山公寓项目是招商地产继泰格公寓（建设部2005年科技综合示范项目）之后又一高档服务式公寓项目。整个项目定位为精品酒店和高档服务式公寓。项目用地地块呈长方形，南北长约163m，东西宽约81m，总占地面积约13198.1m^2，容积率1.36，总建筑面积18032m^2。太阳能应用试点运用示范建筑面积为18032m^2。总共需集热面积1117m^2。平板型集热器安装采用与坡屋面嵌入式安装，成为屋顶的一部分。

（3）深圳国际园林花卉博览园的太阳能光伏并网发电系统

于2004年正式亮相的位于深圳国际园林花卉博览园的太阳能光伏并网发电系统，其总装机容量达到1MW，是当时亚洲最大的兆瓦级大型太阳能光伏发电系统之一。在满足深圳园博园的电力供应之外，该项目还每年向深圳市电网输送约百万千瓦时的剩余电力。这个项目已成为世界上效率最高的太阳能发电系统之一。

5. 邢台市

邢台市位于河北省南部，辖21个县（市、区），人口685万，总面积1.25万平方千米，日照时数2800h，属太阳能资源较丰富地区之一。20世纪70年代市民就开始安装多种形式的太阳能热水器并渐成时尚。邢台市有太阳能热水器生产企业20余家，年产太阳能集热面积18万平方米，可满足1200万平方米民用建筑的需求。河北晶龙集团是世界最大的单晶硅生产基地，被科技部认定为“国家火炬计划宁晋太阳能硅材料产业基地”。河北光源太阳能公司是省级高新技术企业，拥有13项国家专利，达到了国内外先进水平。河北三环太阳能有限公司被列为河北省太阳能利用科研基地，2006年河北省独家首批通过国家CGC产品质量认证。邢台市委、市政府从实际出发，审时度势，提出了打造“太阳能建筑城”发展战略，实现了太阳能热水器应用由民间自发、无序安装到政府主导、有序管理的根本性转变。目前，市区太阳能热水器推广应用12.2万台，家庭太阳能热水器普及率65.5%，学校、宾馆、浴池等安装集中式太阳能集热器2.7万平方米。

为加快太阳能应用步伐，全市凡新建、扩建和改建的低层、多层住宅，全面推广应用太阳能热水系统建筑一体化技术，并把太阳能热水系统的造价列入建筑工程投资总预算。行政服务中心建设审批窗口在报建时，严把审批关，做到使太阳能与建筑工程同步设计、同步施工、同步验收、同步交付使用。

邢台市政府于2007年印发了《关于实施太阳能建筑一体化打造“太阳能建筑城”的意见》，确定了打造“太阳能建筑城”的指导思想和工作目标。按照“政府主导，市场运作，典型带动，规模应用”的机制和模式，在市区及所属县、市全面推广太阳能在建筑领域中的应用，计划到“十一五”末，太阳能建筑一体化应用面积占新建建筑面积的比例达到60%以上，建成100个太阳能小区和一批太阳能村庄，年节约标煤6万多吨，减少二氧化硫、灰尘等排放物3.9万多吨。

实施太阳能建筑一体化的主要措施。一是组织保障到位。成立了以市政府主要领导为组长，建设、规划、发改委、财政、科技等八个部门为成员的领导小组，办公室设在市建设局，组织实施太阳能建筑一体化工作。二是政策法规保障到位。编制了《邢台市可再生能源建筑应用规划》，并纳入全市“十一五”国民经济和社会发展规划及科学技术发展规划。对2007年开工的太阳能建筑一体化项目，给予城市建设配套费减少50%优惠；对往年开工的太阳能建筑一体化项目，市财政按每户500元标准补贴给建设（开发）单位；对2008年底前市区学校、医院、福利院等公益事业单位，安装太阳能热水（开水）系统的，市财政按总造价的10%给予补贴。据统计，2007年市财政预算减免城市配套费和补贴资金1230万元，为16900多户居民安装了太阳能热水器。三是监督管理到位。市规划、建设等有关部门加强监管，在居住建筑执行65%节能设计标准的基础上，全面推广应用太阳能热水系统和光伏发电技术，做到与建筑工程同步设计、同步施工、同步验收、同步交付使用。四是技术保障到位。联合中国可再生能源学会，举办技术、标准讲座和培训，邀请专家现场指导，开展了太阳能建筑一体化设计方案竞赛，获奖作品辑印成册，在全市宣传推广。

邢台市累计应用太阳能热水器居住建筑面积1038万平方米，占既有居住建筑面积的66.72%。据测算，每年可节约标煤4.75万吨，减少二氧化硫、灰尘等排放物3.23万吨。仅2007年就在市区和6个县城实施太阳能建筑一体化面积217万平方米，多层住宅太阳能建筑一体化率100%；在学校、医院、宾馆等安装集中式太阳能热水（开水）系统4902m^2；筹资3579万元安装太阳能路灯、庭院灯1933盏。2007年市区一级天气49d，比同期增加42d，好于二级以上天气317d，空气质量全省排名第三，促进了经济效益和城市环境的协调发展。

邢台市推进可再生能源在建筑应用中因政府主导特色明显，被建设部科技司推荐，两次在全国性会议上做典型发言；4个项目被建设部、财政部列为可再生能源建筑应用示范项目，《河北省节能减排综合性实施方案》把邢台市打造“太阳能建筑城”列为扶持对象。

6. 保定市

保定市位于北纬38.51°，太阳能资源为二类，冬季室外计算温度为−9℃，冬季日照率为60%，集热器表面平均太阳辐照度可达170W/m^{2}左右，采暖季太阳能保证率可达37%，保定市的太阳能资源是比较丰富的。

古城的小区、街头、公园、广场，许多灯都顶着蓝莹莹的“博士帽”，那是太阳能灯的关键部件——太阳能电池板。新一代小区C区，不仅装了太阳能集中供热水系统，还装了太阳能灯；世家花园小区采用小型太阳能电站集中供电方式，进行了太阳能庭院灯改造；在茗畅园小区，许多路灯、草坪灯都换成了太阳能灯；复兴路、向阳路、朝阳北大街、创业路，装上了太阳能路灯；竞秀公园、植物园、军校广场、人民广场，处处是太阳能灯……目前，保定市已有33个小区安装使用了太阳能集中供热水系统，有30个在建项目采用了太阳能与建筑一体化技术，使用太阳能集中供热水系统，总建筑面积达150多万平方米。另外，该市34个住宅小区已经实现了太阳能光电庭院、道路照明或楼梯间照明，51个在建项目的公共照明采用太阳能光电照明系统，总建筑面积285万平方米。市区各大游园、广场以及十几条道路的照明、造景，用上了太阳能光电系统。其中，“电谷广场”成为国内太阳能发电与建筑一体化的典范，完全建成后发电能力达 1.5MW，被财政部、建设部列为 2007 年度可再生能源建筑应用示范项目。到 2010 年，市区居民太阳能集热器的利用率争取达到 30%，所有建筑及生活小区的路灯、景观灯、庭院灯、灯箱等，实现太阳能供电，全市生产、生活等各个领域基本实现太阳能的综合应用。

截至 2007 年 12 月底，位于朝阳北大街的电谷锦江国际酒店，幕墙上的太阳能光伏电池板已经全部安装完毕。该酒店有关负责人说，这是世界上首次以太阳能全玻组件替代传统的玻璃幕墙的酒店，也是目前我国装机容量最大的太阳能光伏玻璃幕墙并网发电系统。

太阳能交通信号灯是“太阳能之城”建设的又一亮点。据市交警支队提供的资料，交通信号灯系统使用的第三代太阳能智能型交通信号灯独步全省。市区共有 52 个路口通过改造使用了第三代太阳能智能型交通信号灯，约占市区交通路口总数的 51.5%。目前，三期工程 55 个路口正在进行太阳能应用改造，竣工后，市区 90%以上的交通路口将用上太阳能智能型交通信号灯。

为推进“太阳能之城”建设，市发改委编制完成了《太阳能之城整体项目建议书》，会同高新区制定了《保定市太阳能光伏发电应用系统规范要求》(试行)，为太阳能之城建设提供技术、标准保证。保定市“太阳能之城”建设项目还成功纳入《河北省资源综合利用“十一五”专项规划》。

“太阳能之城”建设取得的成绩远不止上文所述，呈现出遍地开花之势。截至 2007 年 11 月底，市区道路照明系统、居民小区、公共场所、旅游景点、学校和医院等方方面面、各行各业的太阳能应用改造工作全面扎实推进。

居民小区方面，市区 78 个居民生活小区完成了太阳能光电、光热应用改造，约占市区生活区总数的 38.2%，其中安装各种太阳能灯 1065 盏，46 个小区和单位安装了太阳能集中供热水系统，日热水供应量达 411t，安装分体式热水器 2086 台。公共场所方面，人民广场、军校广场、竞秀公园、植物园等 8 处园林、绿地共新建、改建各种太阳能灯 1958 盏，占市区园林、绿地面积的 75.98%。旅游景点方面，旅游景区太阳能应用改造已完成 11 处，占 2A 级以上景区的 44%，其中 4A 级以上景区完成了 100%，无论是白洋淀、野三坡，还是清西陵，都进行了太阳能应用改造。在农村，太阳能推广应用工作也在逐步推进，初步确定徐水县麒麟店村、北市区马庄村等为太阳能推广应用示范村，进行重点培育。学校、医院等单位方面，市教育局累计完成 12 所市直属学校（事业单位）的太阳能应用改造，安装各种太阳能灯 105 盏。市卫生局在市直医疗机构累计安装太阳能热水器 864 套，各种太阳能灯 130 盏。

该市建设“太阳能之城”得到科技部的肯定，并被认定为太阳能综合应用科技示范城市。保定市将进一步完善“示范城市”的发展战略和规划研究，制定详尽可行的发展规划，通过突出重点、分步实施，使保定市成为发展太阳能产业和综合应用太阳能的示范区。

示范项目

(1) 中国电谷锦江国际酒店

位于河北保定的中国首座太阳能大厦——中国电谷锦江国际酒店近日即将投入使用。作为光伏发电进入商住园区和光伏发电与建筑融为一体的示范工程，这座太阳能光伏大厦将太阳能玻璃幕墙融入整体设计之中，建筑的外立面采用大规模呼吸式太阳能玻璃幕墙。整座大厦的发电量可达 0.3MW，相当于一个小型发电站，发出来的电直接并入电网。

占地 4.13ha（62 亩）的电谷锦江国际酒店只是“电谷广场——1.5MW 太阳能并网发电系统及污水源热泵可再生能源示范项目”的一期工程。

整个电谷广场建成后的 1.5MW 光伏并网发电系统，年发电量可达 171 万千瓦时，可替代 1400t 标准煤，减少二氧化碳排放 1100t，同时大厦内的空调系统均采用污水源热泵空调采暖、制冷和供给生活热水，成为国内太阳能发电建筑一体化的示范基地。目前，世界上仅有德国、日本建有小面积太阳能光伏大厦。

整个立面体现出线路板的设计理念，不锈钢板代表着线路板上的电气元件，太阳能玻璃组件代表导体，导体将元件连接起来就把线路板的理念体现得淋漓尽致，成为中国电谷的一道靓丽风景线。由于采用了不同的结构方式实现太阳能全玻组件与建筑一体化完美结合，它将成为世界上把不同太阳能组件应用方式与建筑结合的标志性建筑。

在外围护结构方面，大厦屋顶采用了 5cm 挤塑聚苯板保温，外墙采用 5cm 厚挤塑聚苯板抹灰系统，外窗则采用低能耗中空玻璃铝合金窗。在太阳能并网发电技术应用上，大厦主楼南立面 5～24 层采用的是呼吸式太阳能玻璃幕墙，大规模、多角度采用了光伏发电技术，安装并网容量为 0.3MW。太阳能发电将并入地方电网，是国内光伏发电的样板工程。光电幕墙与建筑一体化的尝试、创新在国内外尚属首例，不仅解决了制造、安装、技术等难题，而且突破了多项科研成果并取得国家专利。

（2）新一代小区太阳能集中供热水系统

采用太阳能集中供热水系统，为住户提供 24 小时热水，已经成为新一代小区的一大亮点。由于开发商思路超前，新一代 C 区是保定市首个在施工设计之初即将太阳能集中供热水系统纳入工程设计的试验小区。采用太阳能集中供热水系统，便于维修，减少了因一家一户分散安装太阳能热水器导致的破坏楼顶等问题的发生概率。开发商投资对新一代 A 区、B 区楼房进行改造，安装太阳能集中供热水系统，让更多住户用上太阳能热水。

7. 无锡市

无锡尚德是 2001 年 5 月由留学澳大利亚回国创业的施正荣博士在无锡市所创立，主要从事晶体硅太阳电池、组件以及光伏发电系统的研究、制造和销售。2002 年 9 月，第一条 10MW 太阳电池生产线投产，2005 年 12 月 14 日，无锡尚德直接登陆纽约证券交易所，成为中国第一家在纽交所上市的民营高科技企业，2006 年，太阳能电池产能达到 300MW，产量 160MW；2007 年，太阳能电池产能达到 500MW，产量 350MW，销售收入超过 100 亿元，跻身全球光伏产业前三强，成为国内最大的太阳能电池生产基地。无锡尚德仅用了不到 5 年时间，就创造了一个高科技资本造富的奇迹，被太阳电池之父马丁格林教授称之为“世界光伏产业的中国超越者”。尚德规划到 2010 年，太阳能电池生产规模将达到 2600MW，成为世界最大的太阳能电池生产基地。占地 12ha（180 亩），设计产能 600MW 的尚德光伏产业园一期，占地 33.33ha（500 亩），设计产能 1500MW 光伏产业园二期和尚德研发中心正在建设和筹建中，建成后尚德将向更高的目标迈进。

8. 上海市

上海市为太阳能可利用地区，太阳能资源比较丰富，其条件与江苏、浙江、北京等地接近，年平均日照时间约达2000h，每平方米年太阳辐照量约4700MJ，利用潜力巨大。

上海能源消费总量位居全国城市前列，如何做好绿色环保能源的开发和利用，尤其是加快对太阳能热水器应用的推进工作，至关重要。太阳能热水器是太阳能利用中技术最成熟、应用最广泛、产业发展最快的项目。在上海，太阳能集中供热系统已开始为一些单位所重视，像交通大学、曲阳医院等10多个企事业单位，用上太阳能集中供热系统后，可为学生、职工提供24小时热水。实际使用后，由于能源的节省，其成本3至5年即可收回。据统计，目前上海家庭热水系统的能耗占总使用能耗的30%左右。作为国际城市的上海，以2010年世博会为契机，把太阳能科研硕果广泛应用到与人民生产、生活息息相关的各个领域，让太阳能利用进入更多寻常百姓家。上海在2005年9月出台了《2005～2007年上海市开发利用太阳能行动计划》。该计划提出了上海发展太阳能的具体目标，到2007年共安装与建筑结合的太阳能热水系统10万平方米集热器，光伏发电示范项目达到5MW以上，光伏电池组件生产能力达到150～200MW，光伏电池单片生产能力达到100～150MW，总产值达到100亿元，使光伏产业成为上海先进制造业的新增长点。同时，将以有条件的医院、学校、办公楼、低层住宅小区等为重点，陆续建立一批太阳能综合利用示范项目。目前，太阳能光伏电池的研制和产业化已被列入上海科教兴市重大产业科技攻关项目，政府将从科研攻关经费等方面给予支持。

示范项目：

(1) 新江湾城体育中心

最大规模的非晶硅太阳能发电系统在新江湾城体育中心开始发电。整套系统供电功率为50kW，全晴天时每天可发电400多度，可基本满足体育中心的用电要求。上海城市建设投资开发公司总共投资了600多万元。

(2) 世博会园区太阳能发电能力将达5000kW

将于2010年5月4日正式建成启用的中国2010年上海世界博览会园区，太阳能发电能力将达5000kW，从而成为中国太阳能集中应用规模最大的城区之一。

在新能源领域，规划用地面积达5.28km^{2}的世博会园区将大面积应用太阳能，主题馆、中国馆、和谐塔等主要场馆设施以及部分国家的自建馆，都将安装太阳能设施，进而与上海主电网并网发电，为城市大规模开发利用太阳能摸索经验。

(3) 宝山区杨北中心村规模太阳能利用住宅项目

在上海首个成规模太阳能利用住宅项目取得了成功，宝山区杨北中心村119户居民成为这项试点首批受惠者。据悉，这项节能新技术将在奉贤、青浦、金山等多个节地型农民新村和别墅项目中推行。

太阳能利用目前在上海郊县推广已经具备一定的条件。从集热板式太阳能热水系统在郊县的试点情况来看，采用这项技术的住宅一年可以从太阳能中获得相当于1000多元电费支出的热能。以安装费用4000元计算，用户对新技术的投入5年可以收回成本。目前杨北中心村在试点过程中采取由村委会统一组织和出资，待农民入住后再向住户收取部分成本的方式，这种方式受到住户的普遍欢迎，杨北去年开发建造的二期119栋排屋全部安装了这一系统。

(4) 三湘四季花城（高层建筑推广太阳能热水器与建筑“一体化”的试点）

由上海三湘（集团）有限公司开发的“三湘四季花城”，率先采用“高层住宅太阳能建筑一体化”高新技术。这一新技术采用承压分体式太阳能集热器与建筑完美结合。打破了传统集热器争抢屋顶的局面，持续高效的使用太阳能这一可再生资源，节能环保，实用美观。据统计，每年每户可节约电能约1389kwh，减排二氧化碳约315.07kg。

9. 海南省

海南地处热带和亚热带，太阳能资源丰富，年均日照225d，年均日照时数在2400h以上，西部沿海最多达2650h；光照时间长，太阳辐射强度大，阳光穿透性强、空气清洁度好，是名符其实的“太阳岛”，十分适宜集中开发与大规模利用太阳能。

以一家拥有200间客房的宾馆为例，使用太阳能热水器，一年可少用12万度电，节约电费10万元，如果以海口市的200家酒店计算，一年可节约电费2000万元。进行太阳能示范推广，辐射效应良好。

海南省不但具有先天的自然优势，同时随着海南经济的快速发展，大企业、大项目纷纷抢滩海南，海南电力资源频频告急，人们生活工作对太阳能的需求不断提高，城建、照明等对太阳能的需求潜力巨大。来海南省的中外游客数量庞大，并呈稳步递增趋势，太阳能在海南推广利用有很好的经济和生态效益，对保护海南生态环境十分重要。

近年来海南省政府高度重视，决定从2008年起开始加快推进海南省太阳能热水系统推广应用工作，确定海口、三亚、东方三市为海南省太阳能热水系统规模化应用的试点城市，试点中选择有代表性的建筑小区和全省大中型酒店、宾馆、度假村、洗浴等公共建筑进行太阳能热水系统应用的示范；对原有热水系统尚未使用太阳能热水系统的，要求结合节能更新改造优先采用太阳能热水系统；政府系统的宾馆、招待所，政府投资的公共建筑工程，结合节能更新改造采用太阳能热水系统。重点实施技术先进适用，运行稳定可靠，经济合理，推广价值大的太阳能热水系统与建筑一体化的项目。通过试点，总结经验，摸索适合海南省太阳能资源、地理气候条件的集成技术体系和相关技术标准，建立配套的政策措施体系，带动产业发展，稳步推广扩散，形成政府引导、市场推进的机制和模式。

目前海南省太阳能热水系统使用情况，全省生产、组装太阳能热水器的厂家有20多家，在太阳能光热利用上，越来越多的酒店、宾馆、度假村和一些学校、部队、机关、科研机构和城镇家庭使用太阳能热水器，太阳能热水器集热面积已超过40万平方米。海南省城镇居民住宅太阳能普及率正逐步提高，太阳热水器在旅游接待的星级酒店、宾馆、度假村以及招待所、家庭旅馆的普及率较高，数量已超过200家。在太阳能建筑一体化系统、太阳能公共路灯照明、太阳能候车亭照明、屋顶太阳能发电系统、LED节能灯和风光互补路灯等方面得到初步应用（如海口、三亚、文昌、西沙永兴岛等的道路、城市公园和高档酒店、居住小区中得到应用）。2007年由海南省建设厅组织申报，并入选国家《建设部2007年科学技术项目计划》4项建筑节能与太阳能建筑一体化示范项目分别是：海南大学、文昌市白金海岸度假酒店公寓、三亚市国光滨海花园酒店公寓、海南华侨中学。但总体上看，太阳能利用率比较低，太阳能热水器保有量，仅占全国保有量的0.026%，太阳能热水器住宅普及率不到1%。

为全面引导和推广海南省太阳能在建筑中的应用，由海南省建设厅委托有关科研机构制定太阳能应用规划，作为海南省太阳能在建设领域应用的纲领性文件，从总体上推动海南省太阳能应用产业的发展。按照规划，到2010年，海南全省新建建筑应用太阳能技术的建筑面积占新建建筑面积比例达到30%，其中海口、三亚分别达到50%和70%。在建和改建十二层及以下住宅建筑（含别墅）和宾馆、酒店、洗浴场所应用太阳能的比例达到90%以上，十二层以上住宅建设及其他公共建筑应用太阳能的比例达到50%以上，全省太阳能热水器集热总面积达到50万平方米以上。

海南省建设厅出版《海南省太阳能热水系统和建筑一体化应用设计施工及验收规程》，作为海南太阳能在建筑中应用的强制性规范标准，和实施太阳能热水系统与建筑一体化应用技术，确保太阳能热水系统在建筑中的应用质量。

切实抓好宣传引导工作。充分利用电视、广播、报刊等新闻媒体和现代网络技术，开展形式多样的建筑节能与可再生能源宣传活动，加大建筑节能与可再生能源新技术宣传力度，提高社会对建筑节能与可再生能源新技术的认识。2007年，在宜欣广场举办推广建筑节能与太阳能建筑一体化技术活动，包括现场解答市民提问、节能科技产品展示、展览等，有近万人参加，参展新技术新产品60项，印发各类宣传资料10000册，同时，在新闻媒体宣传以及邀请国家有关专家来琼举办太阳能应用讲座等，较好地宣传和引导了海南省建筑节能与可再生能源技术应用工作。

10. 西部地区

我国幅员辽阔，太阳能资源丰富，太阳能利用较好的地区占我国国土面积的2/3以上，主要集中在西部地区，尤其是西北和青藏高原更是得天独厚，年平均日照时间在2200小时以上，我国陆地每年接收的太阳辐射量约合24000亿吨标准煤。太阳能对于解决西部人口密度低、离骨干电网远、交通不便和高寒山区的用电难问题无疑是最佳的方案。

太阳能的利用在我国农村节能中取得了显著的成效，除太阳能热水器以外，太阳能温室、塑料大棚已经在广大农村普及和发展，种植业、水产养殖业、畜禽饲养业等都应用了太阳能技术。太阳灶推广使用15万台，大部分集中在西北地区，仅甘肃省就有6万多台，一个太阳灶可为一家农户节约15%的燃料，每年保护植物3.5～7亩。

据悉，中国科学院在启动的西部行动计划中，计划在两年内投入2.5亿元开展一系列基础性、战略性、前瞻性的课题研究，包括建立若干太阳能发电、太阳能空调、太阳能供热、风光互补电站、地热利用等示范工程，并适时开展区域性推广工作。

（1）西藏

西藏，这块离太阳最近的地方，也是我国太阳辐射最强的地区，有着得天独厚的太阳能资源优势。西藏的常规能源如石油、天然气等极其缺乏，这在一定程度上严重制约了西藏经济的发展，使得西藏工农业生产长期以来维持在较低水平，而燃料的缺乏，使得群众大部分的生活燃料取自树木、草皮、牲畜粪便，在一定程度上加剧了西藏生态环境的进一步恶化，导致西藏绿地面积逐年减少，山体滑坡、泥石流等时有发生。因此，开发利用太阳能是解决西藏能源问题、保护生态环境和提高农牧民群众生活水平的有效途径和必然选择。

地理、政策、国际援助三大优势促进西藏太阳能产业发展。

一是西藏得天独厚的地理优势。太阳能资源按日照时间和太阳能辐射量的大小，大致上可分为五类地区。西藏大部分地区属一类地区，是我国太阳能辐射最多的地区，年平均日照在3000小时以上，年均太阳辐射总量为6000～8000MJ/m^2，直接辐射占总辐射的56%～78%，是世界上太阳能资源最丰富的地区之一。

二是国家和自治区能源开发政策的有力支持。近年来，国家将开发利用新能源和可再生资源放到国家能源建设开发战略的优先地位，西藏也把开发利用太阳能作为经济社会发展的重要内容，先后出台了一系列特殊优惠政策，如对新能源与可再生能源科学研究机构和重点科技攻关项目及示范项目和培训提供支持，实行补贴政策；减免可再生能源所得税及增值税；对农村能源使用方面提供低息贷款；加速可再生能源技术的国产化等，这为西藏发展太阳能产业提供了巨大的政策支持。

三是国际和国内有关机构在资金技术上的支持。近年来，西藏太阳能研究机构加强了与国际、国内有关科研机构和院校的合作，积极引进国内外先进技术，开展太阳能科技创新。由原国家经贸委、GEF（全球环境基金）、世界银行支持的中国可再生能源商业化发展促进项目于2001年12月正式启动，这为我国的中小光伏企业提供了一个良好的发展机遇，也由此带动了西藏光伏产业的发展。由意大利投资1000万元的可再生能源检测培训技术中心将于近期在西藏兴建，这对西藏太阳能产业的发展将起到积极的推动和促进作用。

照明、通信、取暖、提水灌溉……“阳光”沐浴下的高原生机勃勃，作为西藏的优势能源之一，为了开展对太阳能的研究利用工作，早在20世纪60年代中期，区建筑设计院就已经研制出了利用太阳能的开水器，为进一步研究利用太阳能奠定了基础。1979年自治区科委成立太阳能研究室以后，先后研制出太阳灶、太阳能烤箱、太阳能开水器等，并开展了太阳能浴室试验安装工作。1981年以后，还进行了太阳能采暖房和引进太阳能电池等工作。1986年，“西藏太阳能资源的综合开发利用”项目列入全区“星火计划”。到2003年底，全区累计推广太阳灶10余万台，建设被动式太阳房、阳光温室、太阳能热水器12万平方米，推广太阳能光电设施共700千瓦，建太阳能游泳池1座，太阳能卫星单收站330多个，推广太阳能户用发电系统10万余套。还在拉萨附近建立了两个太阳能示范村，在日喀则建成了一座现代化综合性太阳能试验站。全区综合利用太阳能年综合经济效益达上亿元人民币。

近年来，在国家有关部委和区党委、政府的高度重视和支持下，西藏又先后落实和实施了“阳光计划”、“科学之光计划”、“西藏阿里地区光电计划”、“西部省区无电乡通电工程”等一批具有较高社会、经济效益的太阳能推广示范工程。现在，太阳能资源已被广泛应用在照明、通信、广播电视、提水灌溉、烧水做饭、取暖等诸多领域。太阳灶、太阳能热水器等已深入到千家万户，不仅提高了群众的生活质量，而且减少了对森林、草原的破坏。在西藏大部分地区，一台采光面积为2m^2的太阳灶，其功率相当于一个2000W的电炉，它不仅具有烧水的功能，而且还具有煮、蒸、炖、炒等多种炊事功能。据测算，一台太阳灶一年可使一户农牧民少用牛羊粪3t，柴草2.5t，近1000m^2草原免遭砍伐。

由于西藏地广人稀，农牧民居住分散，电网难以达到，不断富裕起来的农牧民渴望着能早日结束用酥油灯、蜡烛照明的历史，希望用上电灯，听上收音机，看上电视，太阳能光伏发电的推广应用使他们的梦想变成了现实。目前全区已累计建立3～15kW的光伏电站300余座，推广各类小型独立光伏发电系统约5400kW。其中功率为20～100kW不等的县级小型独立光伏电站7座，消灭了6个无电县，总容量为420kW。目前全区已有20余万农牧民依靠光伏发电圆了几代人梦寐以求的电灯梦。每当夜幕降临，街市上华灯初放，家家户户灯火通明，山村户落灯火也如繁星点点，使整个西藏融入了一片温馨和谐的气氛之中。

太阳能源的开发，使日光温室技术得以应用推广，使得城镇一年四季瓜果飘香，而不再像以前要靠汽车或空运从内地运进来时令蔬菜和瓜果，极大地丰富了群众的菜篮子。如今，西藏人的餐桌已日益丰富起来，新鲜的肉、蛋、蔬菜等日常可以随时吃到，人们已经由讲究吃饱到讲究吃好、讲究既要营养又要保健的食品上来。

此外，太阳能资源还广泛应用于其他领域。目前全区广播电视系统共安装了320多座太阳能电视收转站，总容量为250kW；全区邮电部门安装各类通信电源总容量为380kW；各种户用光伏系统从10W的太阳灯到300W的卫星电视接收站上万套，总容量430kW；加上太阳能公路道班、太阳能学校、太阳能边防哨所、太阳能气象站、太阳能光伏水泵等约250kW。西藏太阳能资源的开发利用已日益向产业化道路迈进，高原人民在"阳光"的沐浴下正迈向新的希望。截至目前，累计总投资40多亿元人民币，中国可再生能源计划和国家送电到乡工程，已利用太阳能发电为我国内蒙古、甘肃、新疆、西藏、青海和四川等地共16万无电户解决了用电问题。目前，我国已安装光伏电站约5万千瓦，主要为边远地区居民供电。西藏自治区充分利用得天独厚的自然资源，把高原阳光变为清洁能源，用太阳灶烧水、用太阳能热水器产生的热水洗澡，成为该区的一大特色。截至目前，西藏共推广太阳灶约25万台，太阳能热水器约40万平方米，被动式太阳房约300万平方米，让广大老百姓充分享受到科技带来的实惠。从20世纪80年代初，西藏就已开始了太阳能开发利用，包括太阳能热利用和太阳能光伏发电。到目前，西藏的太阳灶技术基本成熟，产品有了一定数量的应用，在缓解该区常规能源短缺和防止生态环境恶化等方面收到一定实效。西藏地区的太阳能热水器经过近20年的研究和开发，成功解决了热水器的防冻、炸管、老化和漏水等问题，其技术已趋成熟，并具有获利能力和相应的市场，太阳能热水器使用范围也逐步由提供生活热水向供暖等方向发展。2007年，在拉萨的一些小区、宾馆采用了与建筑物相结合的集中供热，进行大面积热水供应，这种热水系统操作更方便，便于管理，成本低廉，使用安全可靠，已与电热水器和燃气热水器形成三足鼎立之势。另外，西藏在被动式太阳房、太阳能供暖技术、太阳能光伏发电开发应用方面也取得了明显成果。

太阳能这个永不衰竭的清洁能源，给西藏人民带来了新的希望。然而，西藏目前还有近5000个村庄、100多万农牧民至今还没有用上电，相当一部分地区已出现燃料短缺现象；太阳能取暖（太阳房）技术尚未推广至居民家中；全区目前尚没有一家大型太阳能产品生产企业，来满足广大群众的需求，人们使用的热水器等全部是区外品牌……可以说，作为可再生的清洁能源，太阳能资源在西藏尚有很大发展空间。而成本、市场和群众观念则成为制约太阳能产业发展的三大障碍。

（2）青海

有着"世界屋脊"之称的青藏高原，地广人稀，在许多农牧区，电网无法延伸、水利资源紧缺，过去牧民们大多靠"酥油灯"照明。近年来，青海省积极开发新能源，他们利用高原上日照时间长，辐射强度大，太阳能资源丰富的优势，开发太阳能资源，在偏远地区建成多个太阳能光伏电站和风光互补电站，成为我国开发太阳能资源的排头兵。目前，青海农牧区的112个无电乡全部建成太阳能光伏电站，解决了908个无电村农牧民的生活用电，覆盖农牧民人口50多万。青海全省人口550万，如今七分之一的人口靠太阳能告

图 3-10　农村和边远地区的户用系统

别无电时代。在推进太阳能光伏电站建设的同时，青海省政府制作太阳能灶 66000 台，全部免费发放给干旱山区的农牧民，使 30 万农牧民用上了太阳能灶。

示范项目：

① 青海太阳能光伏电站二期项目

青海省财政和德国财政部门合作的青海太阳能光伏电站二期项目从去年开始建设，总投资 9240 万元，其中，德国提供赠款 800 万欧元，折合人民币 6440 万元。项目分两期实施，项目一期在青海省海西、海北、海南等地已建成了 12 座村落太阳能光伏电站，已投入运行；项目二期将在海南、黄南、玉树等地建成 44 座村落太阳能光伏电站。届时，青海省 56 个无电村、2800 多户村民的基本生产生活用电问题将得以解决。

② MW 级并网光伏电站系统

2008 年 5 月 13 日，大唐甘肃武威并网光伏科技示范电站在武威市城东科技示范园区内正式开工。该项目是北京市计科能源新技术开发公司、甘肃省科学院自然能源研究所和合肥阳光电源有限公司联合申报的“十一五”国家高技术研究发展计划（863 计划）先进能源领域“MW 级并网光伏电站系统”重点项目，由这 3 家单位作为国家 863 计划攻关联合体与武威市政府、大唐甘肃公司共同联合开发。项目规划 1MW，一期建设 0.5MW，二期建设 0.5MW，长远规划 5MW。

③ 拉萨火车站太阳能供暖系统

拉萨火车站由中国建筑设计研究院承担主体设计，总建筑面积 19504m^2，2006 年 7 月正式使用。室内以地板辐射采暖为主的方式，热源采用太阳能，集热器布置在建筑的屋面上，大部分集热器按照 18 度角度布置。按照典型设计日全天热平衡的思路，在白天，利用太阳能直接供热，同时将白天多余的集热量以热水形式蓄存，用于不同时刻（如夜间）的供暖需要。集热系统的水温要求是：供水温度 40℃、出水温度 50℃。

11. 辽宁省

（1） 太阳能资源情况

《可再生能源中长期发展规划》指出全国三分之二的国土面积年日照小时数在 2200h 以上，年太阳辐射总量大于每平方米 5000MJ，属于太阳能利用条件较好的地区。辽宁和西藏、青海、新疆、甘肃、内蒙古、山西、陕西、河北、山东、吉林、云南、广东、福建、海南一样属于太阳辐射能量较大地区。

（2）太阳能应用情况

目前，大连、沈阳、锦州、鞍山等市在城市工程建设中大力推广太阳能光热光电利用技术，全省太阳能光热利用技术应用面积达到2149万平方米，其中大连市应用面积达到1807万平方米。

① 太阳能热水器

太阳能的利用在辽宁省城乡已经日渐普及。在沈阳、大连、营口等城市，节能建筑中用于调节温度的太阳能装置愈来愈多。很多楼房顶部安装了太阳能热水器，有的还是整个楼顶全部安装了太阳能热水器。沈阳市测绘花苑住宅小区在楼顶集中安装了太阳能热水器，总建筑面积为59625m^2。2003年交付使用，集中安装了太阳能热水器，采用太阳能专用PEX管材；至今已经正常运行5年。太阳能热水器输水管线施工一体化设计，采用独立进户管道井。大连市的大有恬园小区在2000年集中安装了太阳能热水器，使用效果一直较好。

② 太阳房

辽宁省还是全国被动式太阳房发展最好的省份之一。辽宁省农村自20世纪80年代初开始进行被动式太阳房设计推广，到2007年末，已推广415.8万平方米，居全国首位。辽宁省有400所中小学校建造了被动式太阳房，总面积达50万平方米 。抚顺市第一座利用太阳能冬季取暖的教学楼在抚顺县下哈达中学建成。这座投资75万元，建筑面积为2000m^2，可满足18个班上课需要的大楼，是在市县政府大力支持下，由哈达乡投资建成的，它的建成不仅改善了学校的办学条件，而且也为今后抚顺市农村中、小学建校舍闯出一条节能的新路子。

本溪怀仁县在一些生产型企业和服务性行业中，利用太阳能进行采暖、干燥、蒸馏的已相当多，许多乡镇也开始把日光节能温室、塑料移动大棚等广泛应用在种植业和育种业上。仅2007年上半年，该县9个乡镇建起了日光节能温室1000个、塑料移动大棚150个及现代化联栋智能温室1座，为该县农民增收和实现可持续发展夯实了基础。

③ 太阳能光伏发电

辽宁省的太阳能光伏产业近几年发展加快。2007年11月9日，国家光伏中心在东北唯一设立的产业化基地正式落户大连，先期3.4亿元资金签约长兴岛。光伏产业落户大连，开启了大连地区的替代能源时代。锦州市提出将建东北最大光伏产业基地，计划到2010年，全市形成完整的光伏产业链，锦州市硅材料及太阳能电池产业将实现产值100亿元；2015年，实现产值300亿元，为辽宁省太阳能的发展带来巨大的潜力和空间。锦州市在光伏产业发展上走在全省的前列，2007年锦州市开发区光伏产业园区一期工程完工，凌海多晶硅、凌南单晶硅、汤河子四氯化硅生产基地建设快速推进，光伏产业“一园三基地”格局已经形成；锦州光伏特色产业基地获得科技部认证并列入国家火炬计划。目前，锦州市光伏产业基地已涵盖锦州地区规模以上企业29家、省级高新技术企业17家，形成了以阳光能源、华昌硅、新日硅、新世纪石英玻璃、金华冶炼等为骨干的光伏企业产业群，成功构建了从金属硅、多晶硅、单晶硅、硅片到太阳能电池以及后续系列产品等紧密关联的产业链条。全市光伏产业单晶硅年生产能力已达1800t，生产规模和产量居全国第二位；单晶硅切片生产能力达1600万片；工业硅年生产能力达1.7万吨；光纤及半导体用石英玻璃管等年生产能力达600t。

光伏产业的发展也带动了辽宁省光伏发电的应用。

大连市首个6kVA太阳能光伏发电系统刚刚建成，标志着沙河口区政府大力推进节能减排工程，探索利用太阳能光伏发电亮化公共绿地取得重大突破，也为大连市城市亮化建设闯出了一条新路。马栏山北坡太阳能照明系统是目前大连市最大的光伏电池3640W，最大蓄电能力4万伏安，最大输出功率6kVA的太阳能光伏发电系统，由一个建造在山顶的太阳能光伏发电站和320个LED内控真六段数码管组成，具有清洁、安全、成本低、效率高、独立性强和零消耗、零排放等特点，使用寿命在15～20年。按照设计能力，照亮马栏北坡绿地中“沙河口区”四个字的太阳能光伏发电系统，每天工作10h，一年可节省耗电约7万度，使用期限内可节省耗电约100万～140万度。同时，可以对马栏山北坡的山林防护和马栏河道线缆起到监控、报警作用。在使用期内，相对于煤炭发电，可节约煤炭50t，节约净水520t，减少粉尘排放36t，减少二氧化碳排放120t，减少二氧化硫排放3.75t，减少二氧化氮排放0.4t，减少一氧化碳排放0.2t，减少碳氢化合物排放0.02t。它的建成使用为城市亮化建设开创了一种新模式。

沈阳市世博园（见图3-11）及长白公园（见图3-12）太阳能光伏照明项目为沈阳市亮化工程开辟了新的发展方向。世博园内太阳能路灯位于环保园里。和园子的名字一样，太阳能路灯充分体现环保的理念。这些路灯的“电源”来自于一座木房房顶上

(a)

(b)

图3-11 沈阳市世博园光伏照明工程

的26块太阳能板。白天，太阳能被转化后存到蓄电池里，到了晚上，就会源源不断地支持这些路灯和一些草坪灯进行照明。另外长白公园是由沈阳市和平区人民政府投入资金8000万元兴建的，是继“世博园”之后沈城又一“人与自然和谐共生”的现代森林公园。该项目属太阳能光伏照明项目，有太阳能小型电站15座，总装机容量38kWp，为园区内景观灯、地埋灯、草坪灯等共980余盏供电。光伏照明工程总投资为420万元，于2007年9月竣工。

北票市也开展了太阳能光伏照明示范项目。2007年共投资2284万元，采取分期付款的方式，在市区内的三个矿区居民区、三条城市出口路、三个工业园区、两个广场和一个

(a)

(b)

图 3-12　沈阳市长白公园光伏照明工程

公园内安装太阳能灯 2037 盏路灯，350 栋楼道亮化工程。太阳能光伏发电系统同电力供应系统相比，可节电 1 亿千瓦时，节煤 3.8 万吨，间接减少排放二氧化碳 7.3 万吨、二氧化硫 510t、二氧化氮 430t、粉尘 500t。同时北票市委、市政府又制定了今后一个时期太阳能资源利用的长期规划，主要着眼于两大目标：一是太阳能路灯继续向小街小巷延伸，向农村乡镇延伸，在安装 2000 盏，同时发展彩虹灯，美化环境，提高生活品位。二是安装 350 栋太阳能楼道照明系统，共涵盖 180 万平方米的居民区，惠及 9 万居民。

④ 在社会主义新农村建设中太阳能应用

辽宁省在社会主义新农村建设中，也充分利用太阳能。

在 2005 年 10 月末，在辽宁省建设社会主义新农村试点工作的一期工程中，鞍山市千山区东鞍山镇中所屯村等 5 个村新建太阳房 5800m²，新安太阳能路灯 55 盏。截至目前鞍山市共有 20 个村庄安装上太阳能路灯，太阳能的利用让农民的生活质量得到提高，同时减轻了农民的用电负担，鞍山市太阳能热水器、太阳能路灯、太阳能采暖房入户累计 2.12 万户。

盘锦市大洼县结合全面推进新农村建设，把农村能源生态建设作为一项战略性工作来抓，并结合实际情况进行长期规划和部署，积极推广太阳能房、太阳能热水器和秸秆气化技术，让更多农民受益。如今，建设太阳能房已经成为大洼县一大亮点。田家镇中心小学、大堡子小学、清水镇中学、平安乡中学和平安乡西房村西安镇高坎村等都建起了太阳能房，总面积达 9.8 万平方米。

本溪市农村推广太阳能热水器 1.2 万平方米。经过 10 年的艰苦建设，全市用上太阳能、节能炕灶等新能源的农民正在不断增加。如今，本溪市农村已建成太阳能校舍、敬老院、办公室、民宅、商、医院等总面积达 21 万平方米，太阳热水器 1.2 万平方米。

法库县农村太阳能热水器应用已达 4000 户。

⑤ 太阳能与建筑一体化应用

随着太阳能推广应用的不断深入，太阳能与建筑一体化要求也在不断增加。沈阳测绘华苑小区住宅就采用了太阳能与建筑一体化同步设计同步施工的方法（见图 3-13）。2007 年 11 月 1 日，沈阳市首个小高层太阳能与建筑一体化项目“世纪荣城”在苏家屯区竣工并交付使用，同时被省、市建设部门确定为示范项目（见图 3-14）。

一栋建筑物只有一个屋顶，要在多层或高层建筑物大量应用太阳能，将受到房屋自身条件的限制。位于沈阳市苏家屯区桂花街的“世纪荣城”两栋住宅楼（楼高 11 层）在设计施工时，使太阳能与住宅建筑有机结合，在南阳台增设“受热室”，外部为像百叶窗一样集热管，并且能将住户原来裸露在墙面上的空调风机盘管全部置于受热室内，避免太阳能应用带来小区景观的负效应。

12. 沈阳市

（1）太阳能应用情况

沈阳位于中国东北地区南部，辽宁省中部，沈阳市属于太阳能源三类地区，太阳能年平均辐射总量为 4876MJ/m^2，1986～2006 年，沈阳市年平均日照时数为 2367h。

(a)

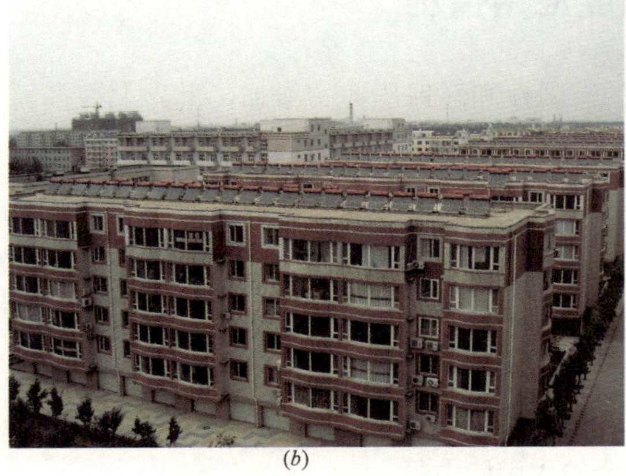

(b)

图 3-13　测绘华苑太阳能与建筑一体化工程

图 3-14　世纪荣城嘉园小高层太阳能与建筑一体化

目前沈阳市太阳能热水系统的经营品牌有 80 余种，主要经营太阳能热水器。截止 2008 年 6 月，全市范围内销售太阳能热水器 21.3 万台，折合太阳能集热器采光面积约 51.4 万平方米，太阳能热水器的户占有率约为 8.9%。沈阳市集中安装太阳能热水系统的工程共有 143 个，这些项目总的太阳能集热器采光面积为 1.92 万平方米。沈阳市的太阳能光伏系统工程利用主要包括公共场所照明和交通信号警示灯。应用的主要工程项目有沈阳世博园和长白公园等，总装机容量 51kWp，共计 1651 盏灯。交通方面主要是在外接电源较少的地点应用，一是黄闪信号灯、二是警示标志。在沈阳市 101、102、203 国道，建设大路、二环路、小北关街、沈辽路、毛旺路等56条街路设置了约630处黄闪信号灯。警示标志主要用在桥涵限高、提醒注意等地方，这些标志在全市覆盖范围较广，约有1300块标志。太阳能采暖系统的工程较少，多数用于别墅或家庭单独使用，目前，应用的项目有8个，建筑面积约5000m²，集热器采光面积179m²，其中较大的项目建筑面积1600m²，集热器采光面积77m²。太阳能空调工程沈阳目前还没有。从现有情况看，沈阳市太阳能应用还处于初级阶段，太阳能热水器主要以家庭自行购买安装为主，整体安装工程较少，不适于城市环境的美化，光伏发电和太阳能采暖才刚刚开始，仅处于示范阶段。

(2) 沈阳市为太阳能推广做了许多基础性工作

① 2007年6月，市建委组织成立了太阳能技术应用推广小组，对全国重点太阳能技术应用城市进行了调研。同时，对沈阳市太阳能技术应用的基本情况做了较详细的了解，掌握了全国乃至我市推广太阳能技术应用基本数据。

② 2007年7月，沈阳市为推进太阳能技术应用的推广工作，市建委出台了《关于进一步加强在建筑工程中推广应用太阳能技术的通知》，进一步加大了推广应用太阳能技术的工作力度。

③ 组织编制了《沈阳市太阳能建筑应用发展规划》(2007～2015年) 并已通过了专家评审，现已上报市政府。沈阳市太阳能发展目标基本接近建设部《建筑节能"十五"计划和2010年规划》提出的到2015年，全国家庭太阳能热水器普及率要达到20％～30％的上限。

四、国外太阳能应用情况

20世纪70年代以来，鉴于常规能源供给的有限性和环保压力的增加，世界上许多国家掀起了开发利用太阳能和可再生能源的热潮。世界各国纷纷推出各种发展太阳能光伏发电系统的国家计划。20世纪90年代以来联合国召开了一系列有各国领导人参加的高峰会议，讨论和制定世界太阳能战略规划、国际太阳能公约，设立国际太阳能基金等，推动全球太阳能和可再生能源的开发利用。开发利用太阳能和可再生能源成为国际社会的一大主题和共同行动，成为各国制订可持续发展战略的重要内容。其中包括美国的"光伏建筑计划"、欧洲的"百万屋顶光伏计划"、日本的"朝日计划"以及我国已开展的"光明工程"。并采取措施鼓励居民安装太阳能发电系统，比如部分赠款、无息贷款和"种子基金"等，并以高出普通电价几倍的价格购买居民家中多余的太阳能电量。

截至现在，太阳能仍是利用最少的能源和成本最高的能源之一。根据欧洲、日本等能源机构预测，2020年，光伏发电将占到全球发电量的1％，2040年将占到全球发电量的21％，2050年左右，太阳能将成为全球主力替代能源。

在国外，近年来太阳能光伏电源已开始由补充能源向替代能源过渡，并从偏远无电地区中小功率的独立发电系统向并网发电系统的方向发展。20多年前，日本三洋电器公司研制出了瓦片形状的非晶硅太阳电池组件每块能输出2.7W的电能，到1997年就已经安装了数兆瓦。日本计划到2010年光伏系统的装机容量要达到5GW。世界上规模最大的屋顶光伏系统建在德国慕尼黑展览中心，第一期安装的光伏系统容量为1MW，现在已达到了 2MW。法国、印度也陆续推出了“1～5kW 级百万屋顶光伏计划”。

1. 美国

据美国能源部（DOE）能源情报署（EIA）的统计，提供美国能源消费量约 100×10^{15}BTU 的仅 0.063×10^{15}BTU 为太阳能。2004 年，在美国夏季供电能力 970000MW 中太阳能仅占约 400MW。但太阳能发电方兴未艾。

1973 年，美国制定了政府级的阳光发电计划，1979 年，美国太阳联合设计公司在能源部的支持下，研制出了面积为 0.9×1.8M 的大型光伏组件，建造了户用屋顶光伏试验系统。1980 年在 MIT 建造了有名的“Carlisle House”，屋顶安装了 7.5kW 光伏方阵，并结合被动式太阳房和太阳集热器，给建筑供电、提供热水和制冷。1980 年又正式将光伏发电列入公共电力规划，累计投入达 8 亿多美元。1992 年，美国政府颁布了新的光伏发电计划，制定了宏伟的发展目标。1994 年度的财政预算中，光伏发电的预算达 7800 多万美元，比 1993 年增加了 23.4%；美国于 1997 年宣布“克林顿总统百万屋顶光伏计划”启动，预计 2010 年完成，见表 3-1，到 2010 年将安装 3025MW 太阳能电池。

美国“克林顿总统百万屋顶光伏计划”实施方案 表 3-1

年份（年）	合作单位（个）	太阳能屋顶（万个）	系统容量（kW）	每年增加容量（MW）	累计安装容量（MW）	系统安装成本（$/W）	电价（美分/kW·h）	每年减产 CO_2 排放（kt）	就业人数（万人）
1999	25	2.35	1	15	25	4.9	16.9	39	0.38
2000	52	5.1	2	55	80	4.3	14.8	11.1	1.10
2005	200	37.6	3	270	820	2.9	10.6	103.7	4.00
2010	325	101.4	4	610	3025	2.0	7.7	3510	1.75

随着屋顶光伏计划实施，美国“接近零能源消费”的家庭正在增多。截至 2006 年，美国加州拥有超过 2.3 万个光伏系统设施，其中 1500 个设置在新的家庭中。自 2011 年起，将有 50%以上的新家庭执行太阳能利用新标准。据加州能源委员会（CEC）规划，新的家庭能效标准至少比现有标准高出 15%。新的太阳能家庭将是加州太阳能启动计划的组成部分，要求有三点：到 2017 年新增太阳能发电 3000MW，在 10 年内实现太阳能利用自给自足，在 13 年内设置的太阳能系统占新家庭的 50%。

美国新的太阳能启动计划对太阳能项目研究的资助 2006 年达到 6500 万美元，2007 年达到 1.48 亿美元。对美国国家可再生能源实验室（NREL）的太阳能研发资助为 4500 万美元。研究目标是到 2015 年使光伏能量可与其他电源相竞争。

据 SEIA 的统计，2005 年美国太阳能光伏市场增长 72%。表 3-2 列出美国光伏电池和模块的年增长情况，由表可见，自 2003 年起太阳能光伏发电加快发展。2006 年全球太阳能光伏市场增长放慢到约为 15%。增长放慢的原因是由于用于光伏电池的多晶硅短缺的缘故。但 2006 年光伏市场超过硅用量最大的半导体生产。

美国光伏电池和模块的年增长情况 表 3-2

年份	1996	1997	1998	1999	2000	2001	2002	2003	2004	2005
容量(kW)	17000	16000	18000	20000	20500	38000	42000	43000	79000	137000

美国利用太阳能光电转换技术，应用太阳能电池已经从备用电力系统扩大到照明、安全系统、长途通信等更大范围。在俄亥俄州利用太阳能热水系统生产热水，为该州带来了

可观的经济效益。福特汽车公司利用太阳能为车间取暖，每年创造经济效益达数十万美元。

美国预测到2020年电力需求总量的15%可能将由现代太阳能光电转换生产的电力来保证。大量的太阳能光伏正在投向商业化应用。美国加利福尼亚州现是世界上第三大太阳能市场，截至2007年10月已设置了30000个家用和业务用小型系统，在未来10年内，投资33亿美元，实施“百万屋顶太阳能”计划，将使太阳能发电达4000～10000MW。

2. 欧洲

(1) 德国

德国是一个能源紧缺的国家，能源供应在很大程度上依赖进口。为摆脱对进口和传统能源的依赖，德国近年把能源政策重点放在节约传统能源和发展新型能源两个方面，以期实现能源生产和消费的可持续发展。德国对可再生能源的利用通过立法、政府大量补贴等措施，使德国成为继日本之后世界光伏发电发展最快的国家。由于投资回报率高达10%，远高于其他产业，因此光伏产业快速发展。从1999年到2005年德国光伏市场增加了14倍，成本下降30%。2005年新安装的并网发电系统大约300MW，总销售额超过15亿欧元，就业人数约1.7万人。

生产可再生能源的现代科学技术在德国一直广受欢迎。根据太阳能协会BSW的数据，德国在该领域领先，59万人享受太阳能电力。在2006年前3年中，德国太阳能相关产品的产量增加了5倍，增速比其他国家平均水平高一倍。全球最大的太阳能发电厂于2006年9月在德国南部巴伐利亚州投入使用。这家太阳能发电厂投资7000万欧元，占地77ha，发电总容量达12MW，能够为3500多个家庭供电。该发电厂拥有1400多个可移动太阳能吸热发电板，这些发电板能够随着太阳的移动而自动旋转，从而最大限度吸收太阳热能。这项技术使这家发电厂的发电能力比普通太阳能发电厂高出35%。德国2005年在太阳能领域投资37亿欧元。虽然目前太阳能占德国的能源供给不到1%，但德国太阳能协会表示，这一比例到2020年将超过5%。德国政府为每一度太阳能电力提供高达0.64欧元的补贴，这一额度几乎相当于一般火力发电价格的10倍。

随着可再生能源的快速发展，德国实施的“绿电计划”——10万家庭屋顶光伏发电计划自1999年开始实施，2003年，该计划顺利完成。目前，光伏发电已向德国普通家庭推广。

德国在住宅上广泛利用太阳能。居家生活用能主要有三个方面，即照明、取暖、热水供应。德国在建筑节能上的最大手笔是开发太阳能住宅。目前在德国，不仅单体住宅，即一家一户的小型楼房或别墅可以使用太阳能供暖和保证热水的供应，而且集体住宅或多户型的公寓住房也可使用太阳能。德国慕尼黑的一家城市居民住房公司已经开始用太阳能技术改造传统住房，这意味着无力自建住房或无力购买住房的租房群体和低收入家庭，也开始逐步享受免费的热水供应和暖气供应。慕尼黑市政府的做法是，改造先从廉租房开始，那里的住户是享受国家福利补贴的人群。对这部分人住房改造的投资，实际上也是在减轻国家的负担，否则国家也要拿出相当大的开支对他们的取暖和供热予以补贴。

(2) 法国

总体来说，法国在太阳能利用方面滞后于其他欧洲邻国。2006年法国太阳能利用装置的总安装面积为27.4万平方米，远远落后于德国（560万平方米）、希腊（280万平方米）和奥地利（200万平方米）等国。尽管2005年法国在太阳能利用方面有了长足进展，法国市场太阳能装置的销售额同比翻了一番，共销售了1.4万台（套）家庭太阳能热水器，同比增加了70%，但其年度太阳能利用设备新增面积依然只位居欧盟第四。

正是意识到了存在的差距，而且也是为了更好地推动法国绿色能源的运用，实现可持续发展，法国准备切实推动和推广太阳能利用，以缩短与邻国的差距。法国能源利用发展署可再生能源办公室的负责人表示，目前，和德国相比，法国在太阳能利用领域有10年的差距，但法国计划从现在起，通过各界的宣传、推广和政府部门提供的各种配套鼓励措施（提高太阳能和生物发电装置的电力上网收购费用标准，同时，对安装太阳能装置给予财政补贴），鼓励消费者安装使用太阳能装置。

从2006年到2007年，法国的太阳能光伏产业市场增长了将近3倍，2006年法国的太阳能发电的发电量为10.3MW，2007的发电量跃升为30MW，足以可见太阳能发电对法国的影响如此巨大。虽然30MW的发电量对于德国或者欧洲其他一些城市来说还是微不足道，但是如此巨大的增长率，无疑给了法国太阳能电池行业打了一针活力剂！

法国政府2008年已经通过法国国会的批准，对该国光伏发电法规进行有史以来最大的一次修改，经过修改以后的太阳能光伏政策是，在未来的20年间，新能源的开发重心偏向于太阳能发电产业，包括太阳能发电技术的研究，太阳能发电站的建设以及太阳能电池的日常生活一些应用。预计在2028年，在全法国境内，太阳能发电量可以达到7GW。

（3）西班牙

经多年研发，西班牙在世界太阳能发电领域已位居前列，成为光伏太阳能电池板工业的中心。西班牙不仅拥有制造和出口光伏电池和太阳能板的基地，而且拥有生产和出口换流器和太阳能发电设备部件的基地。欧洲最大的将太阳能应用于工业技术的实验中心一空间能源研究中心“ALMERIA太阳能平台”就建在西班牙。负责认证在太空中使用的光伏太阳能电池的欧洲实验室也设在西班牙的国家航空航天技术研究院。

在太阳能利用方面，西班牙埃索菲通（ISOFOTON）有限公司的研发能力处于国际领先地位，其生产规模世界排名第七。该公司成立于1981年，创始人是西班牙马德里科技大学光伏能源研究所教授安东尼奥·洛佩斯。目前该公司在世界50多个国家设立了自己的分支机构，年销售额超过2.5亿欧元。其设在马拉加市的工厂在2005年发电量为100MW，到2010年发电量将达到250MW。主要产品包括高性能太阳能单晶硅电池片、各类光伏电池组件和光辐设施产品等。该公司在巴塞罗那建成光伏太阳能电池板棚，由2686块单晶体组成，面积达3600m^2，是当今世界上最大的太阳能发电厂之一，未来装机总量将扩增到1.3MW。

西班牙其他重要太阳能企业有：西班牙Guascar公司与Amomix公司，两家公司联手建造年产10MW的太阳能板组装厂；Solúcar Energía能源公司有两个在建项目，一个是太阳能塔和一座11MW的太阳能发电站，内装一台饱和蒸汽中央接收器；另一个是带双轴追踪系统和2X双聚能系统的1.2MW的光伏太阳能板厂。

西班牙目前总装机已经达到1500MW，2008年全年新增装机超过1000MW，是近两年增长最快的市场；目前西班牙国内在建的地面电站的规模就有300～400MW。

2008年9月23日西班牙能源部长Pedro Marin宣布政府将2009年度补贴规模从之前的300MW上调至500MW。由于西班牙将上网电价下调，从目前的0.45欧元/kWh大幅下调，屋顶系统下降至0.33欧元/kWh，地面系统则降至0.29欧元/kWh。为缓冲由于电价的变动给太阳能行业带来的冲击，提高的200MW配额将给予地面系统。

离西班牙东南部迷人的海滩不远，一个太阳能光伏发电系统于2006年9月开建。该项目位于西班牙的旅游胜地穆尔西亚市。大片平整的土地之上，架起600个太阳能光伏方阵，每个方阵使用500多块1平方米左右的太阳能电池板，总计使用量大约在35万块左右。上海电气环保集团旗下的上海交大泰阳绿色能源公司负责提供约占总量2/3的太阳能电池板，这一项目的总装机容量达到6万千瓦。

西班牙塞维利亚附近的大桑卢卡尔太阳能电站于2006年底投入使用，它成为欧洲最大的太阳能电站，能产生11MW的电能。

3. 亚太地区

（1）日本

自20世纪90年代初以来，日本在太阳能光伏发电方面取得了巨大的成功，通过推行可再生能源配额法和实行强补贴等政策，日本已经成为世界光伏发电的先导。日本自1992年启动了“新阳光计划”，同时颁布了新的净电计量法，要求电力部门以商品价格购买多余的光伏电量，并实行补贴政策。日本居民光伏屋顶系统最近5年平均年增长率为96.7%，日本政府计划2010年总计安装4820MW。日本15%的家庭安装了太阳能热水器。

（2）印度

从20世纪80年代起，印度政府就为可再生能源开发计划提供资金，最初的工作重点是太阳能和风能的生产与商品化，同时对一些可能的未来能源展开研究。印度是世界上最大的太阳能电池模板制造国之一。在印度，太阳能发电应用于不同领域，总容量达到62MW约105万个光伏太阳能系统和电站；此外，还出口了总容量为48MW的光伏太阳能产品。在非常规能源的光伏太阳能项目中，印度共安装了价值约82万卢比的系统——总容量约29MW，其中包括509894万个太阳能路灯、256673个家庭照明系统、47969万个街道照明系统。全国约有3600个偏远的村庄和部落已经通过光伏太阳能系统和电站获得供电。

全球非常看好印度太阳能市场潜力，纷纷加码投资，目前预估潜在投资规模已达3000MW，为保留这些商机，可再生能源部门日前提出新的能源补助企划案，将提升印度原仅50MW的补助范围，来应对市场变化。

（3）以色列

众所周知，以色列是一个日照充足、太阳能资源条件较好的国家，在太阳能利用技术的研究与开发方面，不但受到政府主管部门、研究机构和企业的高度重视，同时，还与美国、欧洲、澳洲等国家和地区有广泛的合作关系，从而使以色列在此领域一直处于世界领先行列。长期以来，以色列一直重视对太阳能技术的研究与开发，国内著名的研究机构在太阳能开发技术领域取得了许多重要成果，使以色列在开发和利用太阳能技术方面保持世界领先水平。但由于太阳能发电成本居高不下，极大地制约着以色列太阳能的开发和利用。一座占地1000英亩、发电功率为50万千瓦的世界最大的太阳能发电厂，将在以色列南部内盖夫沙漠中建设。该太阳能电厂一期发电能力将达10万千瓦，到2012年工程全部完工时，发电能力将达到50万千瓦，发电量约占以全国电力生产的5%。这座电站是以色列的第一座太阳能电站。缺乏常规能源的以色列是惟一在法律上规定民用建筑必须安装太阳能热水器的国家，因此，以色列太阳能热水器的普及率高达 90%，人均使用太阳能热水器面积居世界首位。

（4）澳洲

当今几乎所有的太阳能电池模块都未使太阳光聚集，而仅使用自然产生的太阳光，太阳光日照的效率为 12%～18%。然而，采用光聚集器，太阳光强度可得以提高，从而使单一太阳能电池可获得更多的电力。澳洲参与建造全球最大太阳能发电厂计划，以对抗全球气温上升的问题。总投资达 5 亿澳元（3.75 亿美元）。该发电厂将建于南部维多利亚省的米尔迪拉市附近，澳洲政府在其中一座价值 4.2 亿澳元的太阳能收集器，资助其中 7500 万澳元。计划的目的是建造全球最大的光电设施，利用镜子将太阳光收集到发电厂中，其间不会释出气体。计划项目于 2007 年展开，估计 2013 年可全面投入运行。

（5）菲律宾

菲律宾早在 1999 年，政府已推出了首个太阳能计划，在澳洲政府“海外援助计划”的协助下，在全国 263 个社区安装 1000 个太阳能系统。目前菲政府正在推行全球最大太阳能应用计划，整个计划耗资 4800 万美元，是目前为止世界上最庞大的太阳能计划。太阳能发电计划共分两期，受惠的除了民居外，还包括 25 个灌溉系统、97 个净水及分配系统、68 所学校和社区中心、及 35 间诊所。

4. 非洲

非洲太阳能资源非常丰富，塞内加尔、马里等撒哈拉以南非洲国家已经开始在农村地区利用太阳能集热器烧水做饭，取得了较好的经济效果。光伏太阳能电池板可将太阳能的 10%～15%转化成电力，尤其适用于分散的乡村电气化。德国道达尔公司利用光伏太阳能电池板在非洲实施三项大规模计划，提供维护、保养和售后支持服务：（1）在南非应用于 8200 户，到 2007 年中期将达 15000 户；（2）在摩洛哥应用于 19400 户，到 2008 年底将达 58000 户；（3）在马里应用于 500 户，计划达到 5500 户。

5. 典型太阳能应用项目

（1）法国奥德约太阳能发电站

它是世界上第一个实现太阳能发电的太阳能电站。虽然当时发电功率才 64kW，但它为后来的太阳能电站的研究与设计奠定了基础。

（2）日本九州电力公司将在福冈县大牟田市建设大规模的太阳能电站，发电规模约 3000kW，为九州最大，国内排名第 5 的太阳能电站。

该电站将建在大牟田市新港町原火电站旧址，占地面积约 7 公顷。九州电力公司投资 20 亿～30 亿日元，预计 2009 年开工，2010 年建成运营。年发电量达 315 万千瓦时，可满足约 2200 户普通家庭的电力供应。据称，每年可抑制相当于约 600 辆汽车排放的约 1300 吨的二氧化碳（CO_2）。

（3）日本关西电力公司和夏普公司共同在堺市建设中的发电规模约 1.8 万千瓦的太阳能电站为日本国内最大的太阳能电站。九州现有最大的太阳能电站为再春馆制药厂（熊本县益城町）所有，发电规模约 1650kW。

（4）韩国西江大学建设的营运性太阳能电站-闻庆太阳能发电站

该电站建在韩国庆尚北道的闻庆市。闻庆太阳能发电站占地约 1 万平方米，拥有 2 套太阳能发电设备，发电规模约为1000kW，可供1500户普通家庭用电。电站建设共投资80亿韩元。校方每年可因此获益10亿韩元。作为一项鼓励发展清洁能源和节约原油的政略，政府今后将连续15年向该太阳能电站购买电力。

(5) 欧洲太阳能首都弗莱堡

图3-15 德国弗莱堡

油价不断飙涨，各国民众苦不堪言，不过德国的弗莱堡几乎没有受到高油价波及，这是因为被称为“欧洲太阳能首都”的弗莱堡对石油的依赖度相当低。位于德国南方的弗莱堡，被称为“欧洲太阳能首都”，顾名思义这个城市上上下下全部铺满了太阳能板，不管是当地的房屋、当地的足球场，还是当地的工厂，通通利用太阳能发电；有的社区生产的能源还超过家户使用量，这使得弗莱堡成为德国节能先驱。

迪斯的家是自己设计并建造，4层电池板及发电装置。最别具一格的是，该住房可以随着太阳的朝向旋转起来，当然，转速非常慢，如同人们常见的电视塔上的旋转餐厅一样。这样一来，无论阳光跑向哪儿，太阳能电池板都能“逮住”它。

从空中俯瞰，这是一座拥有15栋顶部楼房的大型建筑，3排，每排5座顶楼，依山而建，置身于一片翠绿之中，仿佛“林中之船”，它是欧洲最先进的太阳能住宅小区之一，设计者将此命名为“太阳船”。它位于弗莱堡城市的南部。

图3-16 迪斯家的“向日葵房屋”

图3-17 “太阳船”住宅小区

2004 年竣工的“太阳船”住宅小区共 1.1 万平方米，其中商业用 1200m²，位于“太阳船”的一层，配备超市；办公用 3600m²，位于二层和三层。地下两层，可停放 110 多辆汽车。60 套住宅，大到 168m²，小到 91m²，均分布在整个“太阳船”的顶部，而顶部一律安装太阳能电池板，住家前则是花园草坪。生态意义早已不言而喻，而从城市建筑的美学角度出发，“太阳船”犹如一幅美丽的图画：顶部太阳能电池板在阳光的照耀下熠熠生辉，绿色的花园草坪点缀其间，建筑外墙色彩缤纷，有橘红色、白色、黄色等镶嵌其中，错落有致。

（6）德国 Waldpolenz 太阳能电厂

该太阳能电厂位于德国 LeiPzig 东部，占地有 200 个足球场大小，是目前世界上最大的薄膜太阳能发电站。2009 年该厂全面投运与电网连接，其装机为 4 万千瓦。电站首期工程装机为 2.4 万千瓦，电厂总耗资为 2.01 亿美元。该厂在莱比锡东边，技术上使用最先进的薄膜技术。据悉该厂将用 55 万个模块，其中 35 万个已经安装完毕。光电子太阳能模块发生的直流电被转换成交流电，全部进入电网。一年之后该电厂所发电力能抵消建设费用。德国东部是该国太阳能开发先驱。全世界最大的 50 座太阳能电厂有三座在德国莱比锡附近。

（7）2004 年 8 月 22 日，在德国北部城市罗斯托克附近，新安装的太阳能发电照明装置成为栈桥上的一道美丽风景。

（8）太阳能家庭住宅

在德国巴伐利亚州兰茨胡特地区居住的洛伦茨一家就是这样的典型。这是一个三口之家，三年多来一直住在新颖别致的两层太阳能小楼里。小楼的使用面积为 170m²，四周是

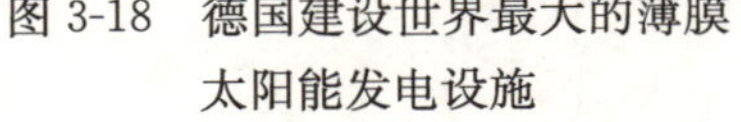

图 3-18　德国建设世界最大的薄膜太阳能发电设施

图 3-19　德国北部城市罗斯托克栈桥上新安装的太阳能发电照明装置

一个花园，花园里有游泳池，楼房的屋顶呈 45 度角，上面覆盖着 68m² 的太阳能接收板。接收板采集的热量将一个 6m 高、容积为 11m³ 的金属罐里的水加热，加热的水经过管道供应给厨房、洗澡间及隐藏在墙体内的暖气片。此外，游泳池的水还可加热到 30℃，储水罐的水可以加热到 97℃，以不烧开为目的。经过技术处理，水罐可以分成两三个区域，上面的水温度较高，可以用作厨房用水，下面的水温度较低，可以设置为 30℃区或 40℃区，用于洗澡或暖气用水。水罐有一个加压装置，不必担心用水时压力不足导致流速过慢。

在楼内空间的设计上，水罐紧挨着楼里的楼梯，它的位置正好在楼梯的拐角处，而楼梯则位于楼房的一侧，所以基本上不占有用的空间。据住户反映，蓄水罐吸收的热能，即使连续几个星期阴雨，也能保证热水的供应。一般情况下，德国连续几周阴天下雨的情景并不多见，只要中间有一天是晴天或有阳光，储水罐里的热能就能得到补充。

图 3-20 Fetzer Vineyards 公司酒业灌注厂厂房顶部设置的光伏太阳能电池板

(9) 美国加州 Fetzer Vineyards 公司酒业灌注厂厂房顶部于 2007 年 1 月初设置 901kW 光伏太阳能电池板。新的太阳能电池板成本比公用工程常规电力成本低 10%。也可使该工厂峰值电力需求减少 70%。Fetzer 太阳能系统得到 MMA 可再生能源企业的太阳能资金资助。该光伏太阳能电池板作为清洁能源项目年发电可达 110 万千瓦时，将供应灌注厂能量需求约 80%，占 Fetzer Vineyards 公司总电力需求的约 1/3。

第四章　国内外太阳能推广政策

一、国外太阳能推广政策

国外许多国家对新能源大力扶持。美国将已有的税收优惠政策延期8年，而且尽力争取减免份额更大，占目前商业可再生能源项目总成本的30%。法国为鼓励使用太阳能热水器，2000年出台了每年4000万法郎的补助政策，根据太阳能热水器的容量，对购买售价为1.2～3.5万法郎太阳能设备的用户，给予售价的37.5%，即4500～7500法郎的补助，而且规定后买者的补助将逐步降低。瑞士政府目前正在采取增加不可再生燃料的环保税等措施，促进对太阳能等可再生能源的利用，减少二氧化碳的排放。印度2008年1月宣布，为太阳能发电提供补贴，光伏电价为12卢比/kWh，入网太阳能集热发电电价10卢比/kWh。德国削减2009年、2010年购电补贴8%，未来每年减少9%。美国、等国家相继出台了有关太阳能热水系统强制安装和免税政策以及光伏并网发电的相关政策措施。

1. 美国

1996年，美国加州创立5.4亿美元的公共收益基金以支持可更新能源（renewables）的发展。这一更新能源最低成本计划（Renewables Buy-Down Program）为具有安装能力的太阳能系统提供每瓦3美元的资金补贴，这样每半年，折扣水平下降20美分/瓦。加州太阳能产业协会（CalSEIA）最近已提议扩展此项计划，而其他的州也在仿效加州的做法并尝试新的计划：20个州已有政府或公共事业部门支持的折扣；其他17州，包括加州在内，已经建立可更新能源资产标准（renewable portfolio standards）以提高可更新能源的使用量；美国西南部的亚利桑那州、西部内陆的内华达州等还保留一部分资产标准用于太阳能能源。

作为世界上GDP最高的超级大国，也是全世界耗能最高的国家。由于美国的能源和资源储备比较丰富，而且，以美国目前在世界上的扩张实力，在世界各地取得廉价的能源并不是很困难的事。但即便如此，美国颁布一系列优惠政策，如2005年能源政策法规定，对光伏系统的投入可以用来抵扣税收的措施；其中，对商用光伏系统，30%税收抵扣2年，之后为10%；而对居民用光伏系统，30%税收抵扣2年，但$2000封顶。

加州公共公用设施委员会于2006年10月拨款32亿美元用于在今后11年内鼓励设置太阳能光伏板。这些鼓励政策有助于一些使用者更经济地利用太阳能。如在旧金山，工业用户的电力费用在午后用电最高时约为33美分/kWh，而太阳能电力费用可从高于30美分/kWh降低到13～19美分/kWh。

2006年，美国通过了〈总统太阳能美国计划〉（“President's Solar America Initiative”），由美国总统下令增加研发费用至1.48亿美金，该项目目的在于培养美国在太阳能光伏技术的竞争力。而早在2001年，美国加利福尼亚州政府就提出了世界著名的〈加州太阳能计划〉（“California Solar Initiative”），计划由州政府作出总预算32亿美金，在10年内安装一百万个太阳能发电系统。

2. 德国

德国的政策核心是优惠贷款、津贴以及可再生能源生产者给予较高标准的固定补贴的方式相结合。1990年制定的《电力输送法》，规定中型到大型电力用户按居民电价的90%支付风能、太阳能、水力以及生物质能生产的电力。投资可再生能源的企业，国家还以低于市场利率1～2个百分点的优惠利率，提供相当于设备投资成本75%的优惠贷款。

在推广太阳能方面，电力输送法也起了明显的作用，1991～1997年太阳能电池的设备能力增加了450%，价格下降了37%。在太阳能电池方面的投资，使得德国的太阳能电池在国际市场居领导地位。根据电力输送法提供的优惠政策，德国从1999年推行“10万屋顶”计划，在以后6年中资助10万户家庭装备太阳能电池设备，主要手段是由商业银行向消费者直接提供优惠贷款。德国制定了一套比较健全的税收补助政策，根据每个家庭的装载量，大于100kW的，给予不同的补助，跟建筑结合非常紧密的，最终可以得到6角钱/度的补助，如果要占用耕地面积的，补助费用就会相对少些。

2000年4月，德国政府引入“税收返还”（Feed-In Tariff）政策。太阳能产品提供商承诺一价格执行20年，并将太阳能能源并入公用电力网格后，每千瓦时电力的输出将获得政府约50欧分的回报；对那些新订立合约，每年此承诺价格将减少5%，以鼓励太阳能生产厂商缩减技术成本。这项由适用于十万屋顶计划（100000 Roofs Program）低息贷款组成的“税收返还”政策，对德国太阳能市场形成积极而强大的促进，使其市场规模从每年低于20MW一跃扩张到每年130MW，吸引投资者的参与，保持市场持续发展。成本全部由电力用户分担，因而公用事业部门也没有受到消极的冲击，政府也无须每年拨出款项。

3. 意大利

意大利位于欧洲南部，太阳能资源同样比较充沛，该国提出的可再生能源计划“Conto Energia”于2005年开始实施。同样，意大利也提出了购电补偿法的方案，对小于20kW的光伏系统，政府回购电的价格为0.445EU/kWh（约为平均电价的6倍），20年有效，每年递减5%，对20～50kW的光伏系统，回购电价为0.46EU/kWh，而对50kW～1MW的系统，电价为49EU/kWh。与西班牙和德国不同的是，意大利的补贴，是功率越大，补贴越高。意大利提出的光伏发展目标是到2015年，总安装量达到1000MW。

4. 西班牙

西班牙是个太阳能资源十分丰富的国家。西班牙1999～2006年，制定《城市太阳能法令》、《国家建筑技术法令》；1999年，巴塞罗那市率先实行城市太阳能法令，要求新建建筑必须安装太阳能热水器。2006年9月，西班牙全国开始实施《国家建筑技术法令》，该法令是强制实施的国家技术标准和法令，适用范围是所有新建建筑和既有建筑的改造。

在强制政策实施的基础上，该国政府2004年开始实施“Real Decreto”（皇家太阳能计划），2006年进行了修改，该计划也提出了购电补偿法，对发电量小于100kWp的光伏系统，实行0.44EUD/kWh的价格（为平均电价的5.75倍），有效期为25年，25年后购电价格变为平均电价的4.6倍。对大于100kWp的光伏发电系统，则采用：0.23EU/kWh

的价格（平均电价的 3 倍）。

西班牙提出了光伏系统的发展目标，计划到 2010 年总装机量达到 400 MW，目前看来很可能往上修改目标。

5. 荷兰

荷兰政府在企业配合下，实现一种兼顾各方面利益的可再生能源政策，既实现了环境保护目标，又增强国家出口能力，有利于外贸平衡。政府的目标是。到 2010 年使可再生能源占全部能源消耗的 10%，目前水平是 1%。荷兰的促进可再生能源发展政策手段主要包括：

提供一系列财政、税收和金融优惠，促进可再生能源开发利用，主要有加速企业折旧、税收抵扣、对可再生能源项目提供低于市场利率的优惠贷款，以及利用可再生能源等有利于环境的家庭给以低息贷款等；对按国家要求购买了新能源电力的，采取按比例分配方式销售给有关用户，以收回因此投入的燃料和设备成本；对制造了污染但无法在循环利用的企业，征收能源税；建立绿色定价计划，消费者可以在购买可再生能源电力时，得到奖励性津贴；制定可再生能源为基础的电力国家标准，以此支持企业的市场化努力。荷兰政府 2008 年初宣布，对太阳能发电引入政府津贴制，津贴额度为 33 欧分/kWh。

6. 日本

截止到 1997 年，日本的可再生能源政策核心集中在国家和私人企业共同研究开发项目，开发的重点是太阳能电池和风能。比较突出的项目是 1997 年之前推行的“万户屋顶”计划。该计划是通过对电力消耗征收附加税的方式筹资，对所有装备太阳能的家庭，予以相当于设备成本三分之一的津贴，同时电力部门承诺以市场价格回购太阳能装置生产的超出家庭消耗需求的电力。1997 年通过的新能源法，重点集中在技术发展方面，计划到 2010 年使日本可再生能源占全部能耗的 3.1%。计划的主要政策手段是，政府动员各大能源供应商积极购买通过可再生能源方式生产的电力。电力公司要对用可再生能源设备生产的电力支付零售电价。购电合同期为 15 年，合同期内购电价格水平依市场电价随时调整。

日本着重开发太阳能电池，计划到 2010 年全国太阳能发电装机总容量达 5000MW，计划期间要推进万户家庭住宅屋顶装备太阳能设备，为此国家的财政投入从 1994 年的 2000 万美元增加到 1.47 亿美元。计划还有一个重要的目标是发展大规模生产太阳能电池能力，这也是日本制造业能够在 1997 年就实现出口 35MW 太阳能电池装置的主要原因。

在日本，受到七万屋顶计划（70000 Roofs Program）的利好刺激，最近几年太阳能市场迅速发展。这项包括了针对 3～4kW 栅极联结民用系统项目（3to 4kW grid-connected residential systems）的最初 50%的现金补助的计划，全部由日本政府资助。计划的实施使得太阳能产品价格降低幅度超过 50%，并在过去仅 10 年时间内，新增系统安装数量从 500 个上升为 10 万个，还逐步消除了原先存在的折扣现象。政府的投资还为该国培育了具有国际竞争力的太阳能大规模制造能力。

7. 韩国

韩国是亚洲第一个提出购电补偿法的国家，于 2002 年开始实施。该法规定为光伏系统的安装者提供 15 年固定购电补偿，同时，韩国提出了“10 万屋顶计划”，于 2004 年开始实施，该计划由政府对光伏系统的安装费用提供补贴，安装补贴最高可达系统价格的 70%，或者最高现价 10000～15000 $。在发展目标方面，韩国提出到 2012 年，光伏系统总装机量达到1300MW。

二、国内太阳能推广政策

中国政府于2006年通过了《可再生能源法》，在2007年9月公布了《中国可再生能源中长期发展规划》，而且政府对节能减排的重视程度前所未有地增加，带动全国各城市在太阳能应用方面关注更高，且相继出台太阳能推广政策。

1. 国家级政策

(1)《中华人民共和国可再生能源法》

我国在2006年1月1日起实行的《中华人民共和国可再生能源法》第十七条明确规定：国家鼓励单位和个人安装和使用太阳能热水系统、太阳能供热采暖和制冷系统、太阳能光伏发电系统等太阳能利用系统。国务院建设行政主管部门会同国务院有关部门制定太阳能利用系统与建筑结合的技术经济政策和技术规范。房地产开发企业应当根据前款规定的技术规范，在建筑物的设计和施工中，为太阳能利用提供必备条件。对已建成的建筑物，住户可以在不影响其质量与安全的前提下安装符合技术规范和产品标准的太阳能利用系统；但是，当事人另有约定的除外。

(2)《可再生能源中长期发展规划》

在《可再生能源中长期发展规划》中明确太阳能发展目标。

太阳能发电：发挥太阳能光伏发电适宜分散供电的优势，在偏远地区推广使用户用光伏发电系统或建设小型光伏电站，解决无电人口的供电问题。在城市的建筑物和公共设施配套安装太阳能光伏发电装置，扩大城市可再生能源的利用量，并为太阳能光伏发电提供必要的市场规模。为促进我国太阳能发电技术的发展，做好太阳能技术的战略储备，建设若干个太阳能光伏发电示范电站和太阳能热发电示范电站。到2010年，太阳能发电总容量达到30万千瓦，到2020年达到180万千瓦。建设重点如下：

采用户用光伏发电系统或建设小型光伏电站，解决偏远地区无电村和无电户的供电问题，重点地区是西藏、青海、内蒙古、新疆、宁夏、甘肃、云南等省（区、市）。建设太阳能光伏发电约10万千瓦，解决约100万户偏远地区农牧民生活用电问题。到2010年，偏远农村地区光伏发电总容量达到15万千瓦，到2020年达到30万千瓦。

在经济较发达、现代化水平较高的大中城市，建设与建筑物一体化的屋顶太阳能并网光伏发电设施，首先在公益性建筑物上应用，然后逐渐推广到其他建筑物，同时在道路、公园、车站等公共设施照明中推广使用光伏电源。“十一五”时期，重点在北京、上海、江苏、广东、山东等地区开展城市建筑屋顶光伏发电试点。到2010年，全国建成1000个屋顶光伏发电项目，总容量5万千瓦。到2020年，全国建成2万个屋顶光伏发电项目，总容量100万千瓦。

建设较大规模的太阳能光伏电站和太阳能热发电电站。“十一五”时期，在甘肃敦煌和西藏拉萨（或阿里）建设大型并网型太阳能光伏电站示范项目；在内蒙古、甘肃、新疆等地选择荒漠、戈壁、荒滩等空闲土地，建设太阳能热发电示范项目。到2010年，建成大型并网光伏电站总容量2万千瓦、太阳能热发电总容量5万千瓦。到2020年，全国太阳能光伏电站总容量达到20万千瓦，太阳能热发电总容量达到20万千瓦。

另外，光伏发电在通信、气象、长距离管线、铁路、公路等领域有良好的应用前景，预计到2010年，这些商业领域的光伏应用将累计达到3万千瓦，到2020年将达到10万千瓦。

太阳能热利用方面

在城市推广普及太阳能一体化建筑、太阳能集中供热水工程，并建设太阳能采暖和制冷示范工程。在农村和小城镇推广户用太阳能热水器、太阳房和太阳灶。到2010年，全国太阳能热水器总集热面积达到1.5亿平方米，加上其他太阳能热利用，年替代能源量达到3000万吨标准煤。到2020年，全国太阳能热水器总集热面积达到约3亿平方米，加上其他太阳能热利用，年替代能源量达到6000万吨标准煤。

(3)《民用建筑节能条例》

为了鼓励和扶持可再生能源的利用，《条例》主要在以下三方面做了规定：

一是国家鼓励和扶持在新建建筑和既有建筑节能改造中使用太阳能、地热能等可再生能源。在具备太阳能利用条件的地区，有关地方人民政府及其部门应当采取有效措施，鼓励和扶持单位、个人安装使用太阳能热水系统、照明系统、供热系统、采暖制冷系统等太阳能利用系统。

二是明确有关政府应当安排民用建筑节能资金，用于支持可再生能源的应用，引导金融机构对既有建筑节能改造、可再生能源的应用，以及民用建筑节能示范工程等项目提供支持。

三是要求对具备可再生能源利用条件的建筑，建设单位应当选择合适的可再生能源，用于采暖、制冷、照明和热水供应等；设计单位应当按照有关可再生能源利用的标准进行设计。建设可再生能源设施，应当与建筑主体工程同步设计、同步施工、同步验收。

(4)《关于加快太阳能热水系统推广应用工作通知》

2007年4月，国家发改委和建设部在山东济南召开了全国太阳能热利用工作会议，并下发了《关于加快太阳能热水系统推广应用工作通知》，加速了我国太阳能热水器推广的步伐。近两年来，科技部、财政部、建设部等有关部委及不少地方政府也设立了一些太阳能热水器开发和推广项目，并制定了相关优惠政策，如太阳能热水器出口退税由13%提高到17%；太阳能热水器的广告费由税前的2%扩展到全部摊入成本。

2. 省级政策

在国家出台有关可再生能源政策后，许多省市也相继出台了有关推广太阳能的强制性政策。目前，全国已经有近半的省份出台了强制安装政策，有信息表明其他省份也正在酝酿中。其政策主要针对新建、改建、扩建项目，尤其是政府投资兴建的项目，进行同步设计、施工和竣工验收。

(1) 海南省

2006年，海南省建设厅印发了《海南省建设厅关于推广应用太阳能热水系统与建筑一体化技术的通知》(琼建设［2006］243号)。在全国范围内率先提出从2007年1月1日起，凡新建、改建的十二层及以下住宅建筑（含别墅）和宾馆酒店，应推广应用太阳能热水系统与建筑一体化技术。在进行建筑设计时，进行太阳能热水系统与建筑一体化设计，做到太阳能热水系统与建筑工程同步设计、同步施工、同步验收，同步交付使用。2008年1月，为加大力度，进一步推广太阳能热水系统在建筑和各领域中应用，省发改厅、省建设厅联合印发了《关于加快太阳能热水系统推广应用工作指导意见的通知》（琼发改交能［2008］5号），进一步明确和提出海南省“十一五”新建建筑太阳能应用目标和工作内容。

（2）江苏省

江苏省建设厅《关于加强太阳能热水系统推广应用和管理的通知》：自2008年1月1日起，全省城镇区域内新建12层及以下住宅和新建、改建和扩建的宾馆、酒店、商住楼等有热水需求的公共建筑，应统一设计和安装太阳能热水系统。拟不采用太阳能热水系统的，由建设单位和建筑设计单位共同提出书面原因，经建设行政主管部门召集专家对原因进行分析论证后作出决定。城镇区域内12层以下新建居住建筑应用太阳能热水系统的，必须进行统一设计、安装。鼓励农村集中建设的居住点统一设计、安装太阳能热水系统。

（3）河北省

河北省建设厅发出通知，要求自2008年1月1日起，全省范围内新建和改建民用建筑要积极采用太阳能光热、光电与浅层地能等可再生能源应用技术。小高层及以下居住建筑与医院、学校、饭店、游泳池、公共浴室等热水消耗大户要采用太阳能集中热水系统，并进行一体化设计、安装；具备条件的民用建筑要积极采用土壤源、浅层水源和污水源等热泵技术供热制冷；居住建筑楼梯间与民用建筑的庭院应积极采用太阳能光伏技术照明。

通知要求，各地要做到可再生能源技术与建筑工程同步设计、同步施工、同步验收、同步交付使用。对应采用而不采用可再生能源技术的民用建筑，原则上不得通过施工图审查。对擅自取消可再生能源技术应用的工程项目，不予通过建筑节能专项验收。对已建成的民用建筑，鼓励业主单位在不影响建筑物质量、安全和建筑环境景观的前提下安装符合技术规范和产品标准的太阳能利用系统。整幢建筑物加装太阳能热水系统的，要征得小区业主委员会同意，物业服务公司要积极支持并指导安装应用太阳能热水系统。

（4）辽宁省

辽宁省建设厅出台了《关于在建筑工程中大力推广太阳能利用和建筑一体化技术的通知》，通知要求：

各建设单位在新建住宅工程中要大力使用太阳能热水器和太阳能集热板，做到与住宅主体工程三同步：即同步设计、同步施工、同步验收。

各设计单位在进行太阳能热水器、太阳能集热板与建筑一体化设计时要结合工程具体特点，把太阳能热水器、太阳能集热板的规格尺寸、管道竖井、固定预埋件、系统布置、电气管线敷设、节点做法等列入施工图纸设计内容，确保建筑立面整齐美观，结构合理、维修方便、使用安全。

各施工单位要严格按照审查合格的设计文件要求，精心组织，精心施工，确保施工质量。

各监理单位要依照设计文件，认真做好对太阳能热水器、太阳能集热板与建筑一体化技术工程的监理，确保工程质量和功能质量。

（5）黑龙江省

黑龙江省建设厅《关于在全省建筑工程中加快太阳能热水系统推广应用工作的通知》：从2007年10月1日起，凡新建、改建的多层住宅建筑（含别墅），应首先推广应用一年热水系统；小高层、高层以及其他公共建筑鼓励推广应用太阳能热水系统；有条件的城市可逐步推行太阳能采暖、照明等其他太阳能利用技术；对具备条件的既有建筑，也要支持安装太阳能热水系统；政府机构的建筑和政府投资的建设要带头使用太阳能热水系统。在进行建筑设计、施工、验收时，要做到太阳能系统与建筑工程同步设计、同步施工、同步验收、同步交付使用。要把太阳能热水系统的造价列入建筑工程投资总预算。

3. 市级政策

（1）赣州市

赣州市加快太阳能热水系统推广应用工作实施方案：凡是具备条件的医院、学校、宾馆等热水消耗大户要优先采用太阳能集中热水系统；政府组织实施或投资新建的建筑如廉租房、安居工程等项目在设计时要预设安装太阳能热水系统的位置和管道构件；新农村建设示范点安装使用太阳能热水器比例达到20%以上。到2010年，全市太阳能热水系统运行保有量达到10万平方米；到2020年，全市太阳能热水系统运行保有量达到20万平方米。

（2）济南市

济南市建委下发通知，济南市规划区范围内新建、扩建、改建的民用建筑，将全面推广应用太阳能热水系统。凡新建的实施集中供应热水的公共建筑（如医院、学校、游泳池、公共浴室等），必须采用太阳能集中供应热水技术和产品，已建成的鼓励增设太阳能热水系统。济南市的通知还要求，低层、多层住宅必须应用太阳能热水系统，实现太阳能热水系统与建筑一体化设计与施工；中高层、高层住宅建筑采取试点形式逐步推进；没有纳入试点范围的中高层、高层住宅建筑，要设计适合本工程特点的太阳能热水系统，暂不具备一体化应用条件的，设计与施工时应当进行必要的管路及固定件的预设、预埋，确保后期的安装与使用。

（3）武汉市

武汉市建委关于在新建建筑工程中推广使用太阳能热水系统的指导意见：自2008年4月1日起，武汉市具备太阳能集热条件的新建12层及以下住宅、医院病房楼、学校住宅楼、宾馆饭店、健身中心游泳馆（池）等热水需求较大的建筑，以及政府机构的建筑和政府投资建设的民用建筑、新农村建设中的农民居住用房等建筑工程，应与太阳能热水系统同步设计、施工、验收和投入使用；同时鼓励超过12层的住宅建筑和其他公共建筑运用太阳能热水系统。

（4）杭州市

新建12层以下住宅用太阳能热水系统：从2007年开始，杭州市新建的12层以下居住建筑必须实施太阳能利用与建筑一体化的设计。今年杭州市建筑领域“节能工作”的重点是可再生能源应用的示范。据悉杭州市已安排10万平方米的九栋经济适用房进行了太阳能热水系统在高层建筑中的应用试点。

（5）深圳市

深圳市对民用建筑应用太阳能光热系统的规定：新建12层以下民用建筑必须为每户配备太阳能光热系统，没有配备的不予通过竣工验收。政府投资的工程项目，应进行太阳能光电应用示范。

到2010年，深圳市新建建筑将全面实现节能50%的标准，建立节能65%的标准体系，其中，发展太阳能建筑是实现这一目标的重要手段。深圳市建设局目前正在根据国家

《中长期节能规划》，组织编制《深圳市太阳能建筑一体化发展专项规划》。除了编制太阳能建筑专项规划外，深圳市还制定太阳能建筑政策法规。一是制定相关地方法规。在即将颁布实施的《深圳经济特区建筑节能条例》中，太阳能建筑应用将作为一项强制制度。该《条例》规定，新建多层民用建筑，如没有安装设置太阳能热水系统，建设主管部门将不予办理施工许可证，不予办理专项验收手续；既有建筑在不影响安全、外观的情况下，住户可以安装太阳能系统。该规定将解决目前用户想用太阳能，而物业管理部门不同意安装的政策障碍。此外深圳市建设局将完善相关配套政策及相关技术标准。这些标准的出台，一方面将解决目前太阳能建筑无技术标准可依的现状，另一方面，将把太阳能的推广应用纳入工程建设的过程管理，实现同步设计、同步施工，同步监督验收。

（6）德州市

德州市政府日前出台《关于推进建筑领域应用太阳能的实施意见》。

意见指出：在市区建设规划范围内，新建、改建和扩建的低层、多层以及 12 层以下居住建筑，按照国家、省有关技术规范、标准图集进行建筑与太阳能热水器结合设计与施工，高层住宅建筑采用试点形式推广。各县市规划区范围内新建住宅积极开展建筑与太阳能热水器设计和施工推广工作。医院、学校、饭店等热水消耗大户，要优先采用太阳能集中热水系统。鼓励新城市公共绿地、广场等采用太阳能方式。同时，在农村大力实施“百村浴室”工程，村民民居示范推广太阳能热水器。

意见要求，今后的建筑安装过程中，安装太阳能光热系统、光伏系统要统一规划、同步设计、同步施工，与建筑工程同时投入使用。建设的居住建筑工程都要按照文件规定来进行设计施工。规划部门要对新建工程的建筑和太阳能结合实施情况严格进行规划审核把关。施工图审查机构在审查建筑施工图设计文件时，要对太阳能热水系统的设计内容严格审查，保证施工图与规划设计方案一致。对不符合相关要求的居住建设工程项目，不予通过设计审查。

（7）日照市

日照市建委关于在住宅建设中推广使用太阳能热水器及成套技术的意见的通知：2007 年 7 月 1 日起全面推广太阳能热水器与建筑一体化的设计和施工；小高层、高层住宅建筑，采取试点形式逐步推广，试点工程建筑面积每年达到新开工同类型住宅建筑面积的 30％以上，到“十一五”末要达到年内新开工同类型住宅建筑面积的 70％以上。对没有纳入试点范围的小高层、高层住宅建筑，项目开发单位在组织设计、施工时应进行必要的管路预留，以方便太阳能热水器的后期安装和使用。

（8）珠海市

珠海市将强制安装太阳能热水系统。目前，珠海市人大常委会召开环保条例征求意见座谈会。住房和城乡建设部门建议借鉴深圳经验，在条例中加入强制安装太阳能热水系统的规定。预示着施行近十年的《珠海市环境保护条例》的修订工作被纳入市人大常委会立法计划。会上，住房和城乡建设部门建议借鉴深圳经验，在条款中增加“新建多层民用建筑，要预留管道位置，统一安装管理，如没有安装设置太阳能热水系统，住房和城乡建设主管部门将不予办理施工许可证”。

同时与太阳能利用相关的建议还包括：城市管理行政主管部门要在公共照明中积极推广使用太阳能路灯；新建学校、工厂等公共建筑要强制使用太阳能热水系统；新建住宅小区推广安装太阳能公共照明系统。

(9) 保定市

保定市政府《关于建设保定“太阳能之城”的实施意见》。

目前，保定市财政局正在研究制定《“太阳能之城”建设专项资金管理暂行办法》，通过财政补助、企业出资或优惠的方式，筹措专项资金，用于“太阳能之城”的建设。对企业生产的太阳能光伏产品，给予政府采购支持，在行政性单位使用财政性资金实施政府采购时，引导和支持使用太阳能产品。

据介绍，到今年年底前，保定市将对市区道路实行太阳能应用改造，市区公共场所太阳能应用改造完成50%，生活小区完成40%；新建生活小区和新改（扩）建的小街巷则全部使用太阳能，推广阳光屋顶工程，并推进农村太阳能利用。而作为负责保定市太阳能应用技术推广的墙改办则计划今年在保定既有小区中改造一万盏太阳能庭院照明灯。

(10) 秦皇岛市

秦皇岛市政府出台了《关于全面推广太阳能与建筑一体化的意见》，并成立了专门的领导小组，全面推进太阳能在秦市建筑领域中的应用，《意见》强调按照统一规划、先易后难、分步实施、全面开展的要求，大力推进太阳能在建筑中的广泛利用。城市区新建和改扩建的低层（别墅）、多层、中高层住宅建筑，以及政府直接投资或补贴需要热水供应的各种新建公共建筑，如学校、工厂、医院等，一律按《民用建筑太阳能热水系统应用技术规范》进行太阳能热水系统与建筑一体化设计和施工。新建建筑太阳能热水系统应与建筑同步设计，同步施工，同步验收，同步交付使用。对擅自取消太阳能工程的，建设行政主管部门不予施工许可，不予竣工验收。

《意见》同时要求积极推广太阳能光伏技术，在城市和住宅小区，组织实施太阳能路灯照明、交通灯指示及公共照明示范项目。“十一五”期间，组织实施新建大型建筑作为太阳能光伏系统示范项目。

(11) 青岛市

2001年4月，青岛市建委出台的《关于新建工程同时设计安装太阳能热水器的意见》中提出，有条件安装太阳能热水器的建筑，在建设规划中要同时考虑设计、安装太阳能热水器，暂时无条件的在设计时应预留管线和安装位置。

(12) 南京市

2008年2月20日起，“新建12层及以下住宅和新、改、扩建的宾馆、酒店、商住楼等有热水需求的公共建筑，应统一设计和安装太阳能热水系统。”

(13) 昆明市

昆明市政府已原则通过《加快以太阳能和生物质能为重点的可再生能源综合开发利用的若干意见》。今后，昆明市将把太阳能产业培育成为新的优势产业，把昆明市打造成为国内太阳能应用示范城市及太阳能特色产业基地。

该《意见》是昆明市对可再生能源综合利用的战略性规划，着重于推动全市太阳能、生物质能、水能、风能等可再生能源开发利用及产业发展。《意见》强调，到2010年，全市将实现居民太阳能光热利用普及率在滇池流域2920平方公里达50%、示范先行区普及率达70%；城市太阳能与建筑一体化应用占新建筑比例达90%。力争到“十一五”末，在生物质能利用上实现燃料乙醇脱水加工年产量达15万吨，生物柴油年产量达20万吨。

风能在国家试点布局的基础上，争取形成开发利用试点基地，注重发展设备制造业。据此推算，全市到2010年可节约电35亿度，新增发电量3.9亿度，实现产值179亿元。为让目标落到实处，《若干意见》提出要实施以太阳能综合开发利用为重点，抓好示范试点工程；以太阳能光伏光热一体化应用为重点，抓好推广普及工程；以燃料乙醇和生物柴油市场应用为重点，抓好燃油替代工程等6大工程，促进产业发展。

《加快以太阳能和生物质能为重点的可再生能源综合开发利用的若干意见》已经昆明市政府第79次常务会议讨论通过，到2015年，城市太阳能与建筑一体化应用比率达95％，城镇太阳能普及率将达70％。

（14）邢台市

邢台为进一步加快全市太阳能建筑城建设步伐，所有县城规划区新建、改建、扩建的12层以下居住建筑，全部推广应用太阳能热水系统和光伏发电技术。同时，在学校、医院、洗浴等热水消耗大户中推广太阳能集中热水系统；在道路和游园安装太阳能照明灯和景观灯，有条件的县市争取做好一批太阳能村庄建设。

邢台市规定，凡安装太阳能热水系统的建筑减免50％的城市配套费……。

（15）沈阳市

沈阳市为进一步加强在建筑工程中推广应用太阳能技术，提出从2007年8月1日起，在全市范围内，所有新建和改建的低层（别墅）和多层住宅建筑，均应进行太阳能热水系统一体化同步设计、施工和验收；对小高层、高层住宅及其他公共建筑，应根据建设单位和使用者的要求，确定是否进行太阳能热水系统的一体化应用。

同时提出由政府投资建设和使用的集中热水供应系统的公共建筑，要带头实施太阳能热水系统的一体化应用。有安装条件的医院、学校、宾馆、饭店、游泳池、洗浴场所要根据使用情况，逐步改装使用太阳能热水系统。

第五章　太阳能发展经验

一、国外太阳能发展经验

清洁、环保、可再生是新能源的突出特点。上世纪 70 年代以来，新能源开发利用受到世界各国的普遍重视，许多国家都将开发利用新能源作为提高能源安全、应对气候变化和实施可持续发展战略的重要途径。

最近几年，随着国际石油价格的大幅攀升以及《京都议定书》的生效，新能源发展愈加成为国际能源领域的热点。太阳能以其储量的“无限性”、存在的普遍性、开发利用的清洁性以及逐渐显露出的经济性等优势，其开发利用是最终解决常规能源特别是化石能源带来的能源短缺、环境污染和温室效应等问题的有效途径，是人类理想的替代能源。

各国对太阳能的开发利用给予了极大关注，突出表现在各国政府推出的光伏计划，如德国的“千顶计划”，日本的“朝日七年计划”以及美国的“百万屋顶计划”等。以色列在其房屋太阳能热水器安装率达 80%的情况下，更是明文规定，凡新建房屋必须配置太阳能热水器。目前全球已有 40 多个国家和地区制定了不同的太阳能产业发展鼓励政策。在光伏发电的推广方面，德国、日本的光伏推广模式都非常成功，值得借鉴。这两个国家发展的基本思路是将晶体硅太阳电池作为主导产品，并采用屋顶计划和并网发电的基本形式，发展的主要推动力是政府的光伏发电补贴政策和银行贷款的激励机制。德国政府带头利用太阳能，像柏林的议会大厦、柏林火车站等许多公共设施与场所，都大量采用光伏发电设备。国际市场通行的规则是，当太阳能发电量达到整个发电量的 1%时，就可以进入规模发展，成本也将大幅下降。太阳能发电的高额成本是无法回避的现实，但是通过适当的政策倾斜和政策引导，太阳能光伏发展也未必是发展中国家无法承担的。一些发达国家均有《上网电价法》，并列出具体措施以鼓励社会发展太阳能电池的应用。

依据 Solarbuzz 数据显示，目前德国、日本被视为全球第 1 及第 2 大太阳光电市场，美国及西班牙同被视为第 3 大市场，但德、日、美市场 2007 年均受到政府策略改变而影响其发展潜力，全球初萌芽的太阳光电产业一旦没有各国政府的补助，就像缺乏奶水的婴儿，增长随即受到影响。

美国国会打算将太阳能投资抵减税额相关规定，自能源法案中去除，这种降低或去除太阳能补助办法的做法并不是首例，全球前两大太阳能市场德国及日本，政府策略也是朝这个方向前进，这些政府的策略方针改变，亦是未来几年最需担忧的市场变量之一。

在国外，太阳能补助方案一直存在争议性，为了能源及环境保护，支持派鼓励各国政府大举立法补助，一直到太阳光电能顺利增长到独立运作的境界，政府才可放手；但反对派认为，租税减免其实是图利太阳能生产厂商，消费者未必因而受惠，况且电价买回补贴亦被质疑是用纳税人的钱，图利仅占少部分安装太阳能系统的住户，这些议题常在选举前发酵，美国恐怕也是面临相同压力。

以德国来说，德国政府倾向于提升每年补助的租税降幅，从以往规定每年降5%提升到降7%，市场臆测该政策急转弯，主要是为不落入图利少数生产厂商的争议，预估该项法案一旦实施，德国太阳能市场增长将受到冲击。

再以日本为例，日本2007年开始停止住户太阳能奖励方案，该方案去除主要是为公平起见，因为安装太阳能发电系统的住户所取得补贴，正是全国纳税人的钱。2007年日本太阳能市场已出现萎缩情况，2007年4～6月总产出190兆瓦（MW），仅为2006年的86%，其中，日本内需为43MW，为2006年的62%。

尽管国外有些国家自2007年开始削减了太阳能发展的补贴及优惠，但其近几年的发展速度非常快，并积累了丰富的经验，国外发展太阳能的主要经验总结如下：

（1）在政策上加以积极引导，加大政策优惠程度，制定经济激励政策。这些政策概括起来有财政补贴、税收减免、电力加价和低息贷款等。

政府支持是发展绿色能源的关键。国际上不论是发达国家还是发展中国家，绿色能源的发展离不开激励、税收、补助、低息贷款、加速折旧、帮助开拓市场等一系列政府方面的优惠政策。英国政府实施百万太阳能“绿色住宅”建筑计划，通过税收优惠，计划建设100万栋“绿色住宅”，对传统方式新建住宅则不享受此优惠。缺乏常规能源的以色列，有着丰富的太阳能资源，是世界上利用太阳能最普及的国家，也是唯一采取强制安装的国家。在德国，太阳能集热器的应用上，充分考虑与建筑完美的结合，既保证了供暖供热水，又美化了建筑外形，使用太阳能的用户还能得到政府的退税优惠。

不论全球太阳能类股如何飙涨，把太阳能的梦想规划得多么远大瑰丽，太阳能终究是个初萌芽产业，仅仅依赖市场的力量是无法实现太阳能产业的快速、健康发展的，况且目前太阳能市场条件还很不完善，需要各国政府补助才得以存活是不争的事实。太阳能无法与传统电价抗衡，目前为止也仍无法独立运作。太阳能产业发展在很大程度上受政府策略影响，一旦没有各国政府的扶持和补助，其增长随即受到制约。政府通过制定相关的激励政策来鼓励使用太阳能，采取财政和税收的优惠政策，包括建立专项基金给予补助，也包括减免税收。实施政府补贴是国际社会发展光伏发电技术和产业的惯例。目前世界光伏发电市场是各国政府采购形成的市场。通过实施市场化的补贴策略，即依靠市场的手段和机制完成补贴是世界各国保证光伏发电产业和市场健康发展的经验。通过一定的政府干预来促进太阳能的开发利用，协调宏观调控与市场机制的关系，促进太阳能产业的发展。这是十分重要的经验。

例如美国，2005年8月公布的能源新法案（EPACT，2005）包含了《能源政策与节约法案》（CPCA）的修正案。对消费者，新法案推出了13亿美元的个人节能消费优惠预算方案，鼓励使用太阳能等。消费者购买家用太阳能设施开支的30%可以用来抵税。

日本是建立节能体制最完善的国家，相应的节能政策措施全面而细致。日本的新能源政策规定，电力公司有义务扩大太阳能发电规模。如果不切实履行义务，经济产业大臣将向电力公司提出警告，如果违反规定将处以100万日元以下的罚款。通过实施这些对策，太阳能领域的市场规模急剧增加，就业规模大幅提升。

荷兰家庭如果在建筑中使用太阳能、风能、余热利用等设备，可以享受政府10%的优惠补贴。

以色列政府制定了法规，要求新建住宅必须安装有太阳能热能利用装置，目前已有90%的住宅装有太阳能热能利用装置。

(2) 制订规划，明确目标。

(3) 培育市场。首先要把市场培育起来，通过政策的扶持吸引大量资本投入，进而促进技术的发展和提升。市场是十分关键的，市场的培育也包括对市场份额的强制和对市场环境的改善。发挥资源优势，并转化为产业优势。

(4) 加大投资力度，促进太阳能开发的能力建设，主要是指科研的投入、教育的投入以及人才的培养，从根本上解决技术滞后问题。

(5) 高度重视太阳能开发利用，加强对可再生能源的意义和利用方法、途径的宣传，提高全社会公民的意识，提高所有人民参与的程度。

二、国外可再生能源政策及其借鉴

基于常规能源的有限性和环境保护及经济持续发展的需要，世界许多国家都制定了优惠政策和开发利用可再生能源的发展计划，以促进可再生能源的研究和市场开拓。

(一) 发达国家可再生能源强制性政策对中国的启示

制定一定的法律、法规或条例，从法律上保证可再生能源的发展，这是美、德、英等国共同的做法，也是发达国家共同的特点。事实证明这是十分必要的。例如美国所以能在风能、太阳能方面取得世界公认的成就并在生物质能发电技术上进入世界的先进行列，一个重要原因是可再生能源技术的发展很久以来就得到国家法律和政策的支持和保护。同时规定对可再生资源的开发利用给予投资税额减免，并授权能源部资助可再生能源的示范和商业化项目。德国的《可再生能源促进法》规定，开发可再生能源的公司可获得补贴。其中电力运营商有义务以一定价格向用户提供可再生能源发电，政府根据运营成本的不同对运营商提供金额不等的补助。这在全球开创了促进可再生能源开发的先河，现已成为各国竞相效仿的对象。英国推出了“可再生能源计划”，取代了20世纪70、80年代制定的“非矿物燃料计划”，那时的计划是为了鼓励使用核能。根据“可再生能源计划”，英国在能源方面的政府研发资金开始转向投入开发多种新型清洁能源。

但是，相比较而言，中国与发达国家在强制性政策的规定方面却显示了不同的特点，而且，中国的强制政策有许多的不足之处，是需要借鉴他人的。中国的特点是：注重政策的宏观性、重要性和必要性的论述，它的优点是有较大的灵活性，可以有多种选择。缺点是如果没有与之相配合的实施细则（例如就政策如何支持，怎样鼓励，支持到什么程度，鼓励维持到什么时候等问题做出相应的具体规定）。否则这些条文和要求将无法变为现实，所以，在实施方面美、德、英等国的做法是值得我们借鉴的。

(二) 发达国家可再生能源经济激励政策借鉴

尽管经济激励政策多种多样，但从美、德、英等国使用的频率和广泛性来看，主要有以下两种：

1. 补贴政策。这种方法德国运用普遍，美国、英国则使用不多。一般而言，补贴有三种形式：一是投资补贴，即对投资者进行补贴。二是产出补贴，即根据可再生能源设备的产品生产时进行补贴。三是对消费者（即用户）进行补贴。从总结经验角度来看，补贴政策的实施应解决好以下两个问题：(1) 补贴资金来源问题。(2) 补贴资金的管理问题。

2. 价格政策。由于可再生能源产品成本一般高于常规能源产品，所以世界上许多国家都采取了对可再生能源价格实行优惠的政策。价格优惠是一项非常有效的激励措施，只要应用得当，可以起到促进技术进步和降低成本的作用。其关键性的问题是差价补贴的资金来源问题。

（三）发达国家可再生能源研究开发政策借鉴

重视可再生能源的研究开发工作是中国与美、德、英等国共同的特点。美、德、英、中等国家实施了一大批科学研究与开发计划，国家政府投入巨额资金用以支持可再生能源的研究和发展，建立并形成了一批国家级的试验室和研究队伍。但是相比较而言，中国与发达国家在这方面政策的差别也是明显的：

1. 资金投入强度相差悬殊。以“十五”（2001～2005 年）为例，中国政府用于“十五”国家科技攻关项目的经费不足 1.0 亿元人民币，而美国政府投入可再生能源研究和开发项目却高达 14.56 亿美元。两者的差距不言而喻。尽管中国与美国经济基础不同，实力不在一个档次上，不能简单地直接相比较，但是从中国可再生能源及研究开发的实际需要和实际上已得到的支持来看，政府的投入是严重不足的。

2. 在可再生能源的研究开发方面中国缺少积极性。中国只有一个积极性，即中央政府的积极性，地方和工业界基本还没有介入或介入甚少，近年来虽然有所改善，但实际投入可再生能源的人力、物力和财力则屈指可数。美国不仅有联邦政府的投入，还有工业界、企业家和个人的投资，一些州政府还设立了专门的研究开发项目和计划。应当特别指出的是，目前美国的可再生能源技术整体上已处于世界领先地位并拥有世界最大规模的风电场，太阳能热发电站和生物质能发电系统，在这种情况下，美国依然对其研究和开发给予极大的关注和支持，提出并实施了一批新的规模宏大的开发计划，这不是偶然的，这和该国宏伟的社会经济目标、环境目标和可再生能源技术的发展现状以及对研究、开发的巨大作用的认识有着深刻的关系。

三、我国太阳能发展经验

目前，我国在太阳能利用方面得到较快的发展，逐步形成了较为完整的产业。但产业的发展与政策的制度保障方面存在一定的差距，相关的政策相对滞后。我国制订了《1996～2010 年新能源和可再生能源发展纲要》等战略规划，2006 年通过了《可再生能源法》，2007 年公布了《中国可再生能源中长期发展规划》；但要使得这些战略和法规得以有效地实施，必须进一步促进管理体系的发展。

（一）推广太阳能技术应用中存在的问题

1. 政策及激励措施力度不够。在现有技术水平和政策环境条件下，由于太阳能产品开发利用成本高，在现行市场规则下缺乏竞争力，需要政策扶持和激励。目前，国家支持太阳能等可再生能源发展的政策体系还不够完整，经济激励力度弱，相关政策之间缺乏协调，政策的稳定性差，没有形成支持太阳能发展的长效机制，国家的资金支持只停留在示范项目上。

2. 市场监管及市场保障机制还不够完善。尽管国家可再生能源中长期发展规划已经公布，但还没有形成连续稳定的市场需求，没有建立起强制性的市场保障政策，太阳能发展缺少持续的市场拉动。应建立完整健全的设备厂家、施工单位、项目设计、运行管理等单位的市场准入制度。加强对太阳能建筑应用相关产品的认证力度是提高建设工程质量、减少工程质量事故、保护应用太阳能积极性的有效手段，通过产品认证，为社会提供信得过的产品，为建设工程质量把好第一关。（2005 年国家认定出皇明、力诺、太阳雨、清华阳光、华扬、亿家能、辉煌 7 个国家名牌产品和 12 个免检产品，除名牌产品外，还有天普、桑乐、桑夏、群升和盼盼。2007 年通过工商认可中国驰名商标有江苏华扬、四季沐歌二家，通过司法认可的中国驰名商标有浙江美大、浙江同济阳光、浙江现代、浙江高得乐、江苏桑夏、江苏元升、江苏日利达、江苏奥斯特、山东桑乐共九家，加上原有的山东皇明总共有十个驰名商标）

3. 技术开发能力和产业体系薄弱。国内太阳能生产技术水平和生产能力与国外先进水平差距较大，致使产品生产成本较高；同时，技术标准、产品检测和认证等体系不完善，人才培养不能满足市场快速发展的要求，没有形成支撑太阳能发展的技术服务体系。

4. 太阳能建筑应用人才缺乏。太阳能建筑应用工程涉及气象、环境、暖通空调及电器等多方面的专业知识，需要勘察、设计、施工、运行管理等环节的共同配合，需要大量的设计、施工、运行管理等方面的专业技术人才。

（二）发展经验

1. 建立示范工程

国家设立可再生能源专项资金，财政部、建设部关于印发《可再生能源建筑应用示范专项资金管理暂行办法》的通知（财建［2006］），每年组织各省市申报可再生能源建筑应用示范推广项目，重点支持与建筑一体化的太阳能供应热水（高层建筑）及太阳能供热制冷技术，与建筑一体化的太阳能光电转换技术，利用太阳能公共区域照明技术等。对国家级示范项目应用专项资金给予一定的补助。以此来激励推广应用太阳能技术。

政府通过投资建设示范项目，以点带面，对关键技术和整体系统进行示范，已得到正确可靠的技术数据，进一步指导工程设计、安装和运行，发挥示范窗口的作用。

我国的香港、深圳等城市在公共建筑上安装光伏示范系统，如香港科技园、深圳园博园等。其中深圳园博园的光伏功率达到 1MW 规模，是目前我国最大的光伏并网发电系统。2008 北京奥运会、2010 年上海世博会及 2010 年广州亚运会等，都成为我国太阳能利用的理想场所。通过若干工程示范，可为大规模利用太阳能积累实际经验和技术数据，这对我国太阳能企业的发展是非常重要的。从发展观念和经济实力分析来看，在太阳能光伏示范推广方面，上海、江苏和广东有望像发展经济和高技术产业一样走在国内的前面。

2. 把太阳能应用纳入国家中长期发展规划

我国发展、环境和人口的压力很重，因此我国发展可再生能源就更有必要性。但发展可再生能源是离不开国家的政策支持的，因此把可再生能源开发纳入国家中长期发展计划，引进先进技术，根据我国自然和资源条件，重点研究、建设太阳能发电。国家已经公布了可再生能源中长期发展规划，对太阳能等可再生能源提出了明确的发展目标。

3. 国家对光伏发电系统采取经济激励政策

国家通过税收优惠、补贴等政策，促进太阳能的推广应用。其经济激励政策见表5-1。

中国西北地区太阳能光伏户用系统经济激励政策一览表　　表 5-1

地　区	补贴政策	税收优惠政策	其他政策
内蒙 小风机，太阳能光伏户用系统	对用户进行补贴：每购进一套16W光伏系统或100W小风机补贴200元，资金来源于财政	—光伏系统增值税附加征收：10.69～14.43元/16WP～20WP	
新疆 太阳能光伏户用系统(以20WP，50WP为主)	对用户补助300元或价格的10%/套	—增值税及其附加，按月征收，税率分别为17%和10% —所得税按季征收，税率为15%～33%	
甘肃 太阳能光伏户用系统(以20WP为主)	对光伏系统推广进行补贴：建立阳光照明基金，每套补贴300元	—税收政策与新疆基本相同。不同的是对非捐赠光伏系统征收的月增值税为25%	县政府提供担保，贷款利率为3%。贴息资金来源电费加价：3元/kWh，财政提供20%的贴息
青海 太阳能光伏户用系统(以20WP，50WP为主)	对光伏系统推广项目补贴：300元/套		电费加价：2元/kWh，其中一部分资金(约90万元)资助用户安装光伏系统

4. 开展对应用太阳能热水系统、太阳能采暖系统和太阳能光伏发电系统的研究

随着太阳能建筑应用一体化的推广和应用，将会产生运行维护等一系列问题。为此需要在科学计算、合理设计的前提下，对建成的系统进行科学、严密的跟踪测试，推进太阳能建筑应用相关产品和技术的创新和研究，推广先进实用技术，加强关键领域的基础研究和科技公关，提高技术设计水平。围绕共性技术、关键技术和配套技术的开发应用，配置技术创新成果源，加速城市图文信息更新机制，编写工程应用具体操作指南，编写推荐产品目录。通过示范工程，对此系统各种不同应用方法加以研究对比，对示范项目和落成项目进行后评审和世纪检测，得出有效数据，指导技术进一步发展。

5. 严格资质管理和认证制度

加强政府对太阳能建筑应用设计、施工资质的管理，防止一哄而起、假冒伪劣，使得太阳能建筑应用健康发展。建立完整健全的设备厂家、施工单位、项目设计、运行管理等单位的市场准入制度。加强对太阳能建筑应用相关产品的认证力度是提高建设工程质量、减少工程质量事故、保护应用太阳能积极性的有效手段，通过产品认证，为社会提供信得过的产品，为建设工程质量把好第一道关。

6. 开放市场，创造良好的市场环境

吸引国内外资金，鼓励投资可再生能源市场。组织开展可再生能源建筑应用产品的研发，逐步形成太阳能产业的集群，使之成为具有强大竞争力的新型支柱产业。

7. 认真贯彻《可再生能源法》，大力开展群众性太阳能建筑应用宣传推广工作

编制通俗易懂的太阳能建筑应用科普读物，通过报纸、广播、电视等媒体公益性广告活动，开展太阳能应用宣传推广活动，让太阳能建筑应用的宣传深入社区、走向街头，进一步增强全民使用可再生能源的法律意识，自觉培养节能减排习惯，树立科学发展与自然和谐发展的理念。

附录　太阳能推广政策

附录一　中华人民共和国可再生能源法

中华人民共和国主席令第三十三号

《中华人民共和国可再生能源法》已由中华人民共和国第十届全国人民代表大会常务委员会第十四次会议于2005年2月28日通过，现予公布，自2006年1月1日起施行。

中华人民共和国主席　胡锦涛

2005年2月28日

中华人民共和国可再生能源法

(2005年2月28日第十届全国人民代表大会常务委员会第十四次会议通过)

目录

第一章　总　　则

第一条　为了促进可再生能源的开发利用，增加能源供应，改善能源结构，保障能源安全，保护环境，实现经济社会的可持续发展，制定本法。

第二条　本法所称可再生能源，是指风能、太阳能、水能、生物质能、地热能、海洋能等非化石能源。

水力发电对本法的适用，由国务院能源主管部门规定，报国务院批准。

通过低效率炉灶直接燃烧方式利用秸秆、薪柴、粪便等，不适用本法。

第三条　本法适用于中华人民共和国领域和管辖的其他海域。

第四条　国家将可再生能源的开发利用列为能源发展的优先领域，通过制定可再生能源开发利用总量目标和采取相应措施，推动可再生能源市场的建立和发展。

国家鼓励各种所有制经济主体参与可再生能源的开发利用，依法保护可再生能源开发利用者的合法权益。

第五条　国务院能源主管部门对全国可再生能源的开发利用实施统一管理。国务院有关部门在各自的职责范围内负责有关的可再生能源开发利用管理工作。

县级以上地方人民政府管理能源工作的部门负责本行政区域内可再生能源开发利用的管理工作。县级以上地方人民政府有关部门在各自的职责范围内负责有关的可再生能源开发利用管理工作。

第二章　资源调查与发展规划

第六条　国务院能源主管部门负责组织和协调全国可再生能源资源的调查，并会同国务院有关部门组织制定资源调查的技术规范。

国务院有关部门在各自的职责范围内负责相关可再生能源资源的调查，调查结果报国务院能源主管部门汇总。

可再生能源资源的调查结果应当公布；但是，国家规定需要保密的内容除外。

第七条　国务院能源主管部门根据全国能源需求与可再生能源资源实际状况，制定全国可再生能源开发利用中长期总量目标，报国务院批准后执行，并予公布。

国务院能源主管部门根据前款规定的总量目标和省、自治区、直辖市经济发展与可再生能源资源实际状况，会同省、自治区、直辖市人民政府确定各行政区域可再生能源开发利用中长期目标，并予公布。

第八条　国务院能源主管部门根据全国可再生能源开发利用中长期总量目标，会同国务院有关部门，编制全国可再生能源开发利用规划，报国务院批准后实施。

省、自治区、直辖市人民政府管理能源工作的部门根据本行政区域可再生能源开发利用中长期目标，会同本级人民政府有关部门编制本行政区域可再生能源开发利用规划，报本级人民政府批准后实施。

经批准的规划应当公布；但是，国家规定需要保密的内容除外。

经批准的规划需要修改的，须经原批准机关批准。

第九条　编制可再生能源开发利用规划，应当征求有关单位、专家和公众的意见，进行科学论证。

第三章　产业指导与技术支持

第十条　国务院能源主管部门根据全国可再生能源开发利用规划，制定、公布可再生能源产业发展指导目录。

第十一条　国务院标准化行政主管部门应当制定、公布国家可再生能源电力的并网技术标准和其他需要在全国范围内统一技术要求的有关可再生能源技术和产品的国家标准。

对前款规定的国家标准中未作规定的技术要求，国务院有关部门可以制定相关的行业标准，并报国务院标准化行政主管部门备案。

第十二条　国家将可再生能源开发利用的科学技术研究和产业化发展列为科技发展与高技术产业发展的优先领域，纳入国家科技发展规划和高技术产业发展规划，并安排资金支持可再生能源开发利用的科学技术研究、应用示范和产业化发展，促进可再生能源开发利用的技术进步，降低可再生能源产品的生产成本，提高产品质量。

国务院教育行政部门应当将可再生能源知识和技术纳入普通教育、职业教育等课程。

第四章　推广与应用

第十三条　国家鼓励和支持可再生能源并网发电。

建设可再生能源并网发电项目，应当依照法律和国务院的规定取得行政许可或者报送备案。

建设应当取得行政许可的可再生能源并网发电项目，有多人申请同一项目许可的，应当依法通过招标确定被许可人。

第十四条 电网企业应当与依法取得行政许可或者报送备案的可再生能源发电企业签订并网协议，全额收购其电网覆盖范围内可再生能源并网发电项目的上网电量，并为可再生能源发电提供上网服务。

第十五条 国家扶持在电网未覆盖的地区建设可再生能源独立电力系统，为当地生产和生活提供电力服务。

第十六条 国家鼓励清洁、高效地开发利用生物质燃料，鼓励发展能源作物。

利用生物质资源生产的燃气和热力，符合城市燃气管网、热力管网的入网技术标准的，经营燃气管网、热力管网的企业应当接收其入网。

国家鼓励生产和利用生物液体燃料。石油销售企业应当按照国务院能源主管部门或者省级人民政府的规定，将符合国家标准的生物液体燃料纳入其燃料销售体系。

第十七条 国家鼓励单位和个人安装和使用太阳能热水系统、太阳能供热采暖和制冷系统、太阳能光伏发电系统等太阳能利用系统。

国务院建设行政主管部门会同国务院有关部门制定太阳能利用系统与建筑结合的技术经济政策和技术规范。

房地产开发企业应当根据前款规定的技术规范，在建筑物的设计和施工中，为太阳能利用提供必备条件。

对已建成的建筑物，住户可以在不影响其质量与安全的前提下安装符合技术规范和产品标准的太阳能利用系统；但是，当事人另有约定的除外。

第十八条 国家鼓励和支持农村地区的可再生能源开发利用。

县级以上地方人民政府管理能源工作的部门会同有关部门，根据当地经济社会发展、生态保护和卫生综合治理需要等实际情况，制定农村地区可再生能源发展规划，因地制宜地推广应用沼气等生物质资源转化、户用太阳能、小型风能、小型水能等技术。

县级以上人民政府应当对农村地区的可再生能源利用项目提供财政支持。

第五章 价格管理与费用分摊

第十九条 可再生能源发电项目的上网电价，由国务院价格主管部门根据不同类型可再生能源发电的特点和不同地区的情况，按照有利于促进可再生能源开发利用和经济合理的原则确定，并根据可再生能源开发利用技术的发展适时调整。上网电价应当公布。

依照本法第十三条第三款规定实行招标的可再生能源发电项目的上网电价，按照中标确定的价格执行；但是，不得高于依照前款规定确定的同类可再生能源发电项目的上网电价水平。

第二十条 电网企业依照本法第十九条规定确定的上网电价收购可再生能源电量所发生的费用，高于按照常规能源发电平均上网电价计算所发生费用之间的差额，附加在销售电价中分摊。具体办法由国务院价格主管部门制定。

第二十一条 电网企业为收购可再生能源电量而支付的合理的接网费用以及其他合理的相关费用，可以计入电网企业输电成本，并从销售电价中回收。

第二十二条 国家投资或者补贴建设的公共可再生能源独立电力系统的销售电价，执行同一地区分类销售电价，其合理的运行和管理费用超出销售电价的部分，依照本法第二十条规定的办法分摊。

第二十三条　进入城市管网的可再生能源热力和燃气的价格，按照有利于促进可再生能源开发利用和经济合理的原则，根据价格管理权限确定。

第六章　经济激励与监督措施

第二十四条　国家财政设立可再生能源发展专项资金，用于支持以下活动：

（一）可再生能源开发利用的科学技术研究、标准制定和示范工程；

（二）农村、牧区生活用能的可再生能源利用项目；

（三）偏远地区和海岛可再生能源独立电力系统建设；

（四）可再生能源的资源勘查、评价和相关信息系统建设；

（五）促进可再生能源开发利用设备的本地化生产。

第二十五条　对列入国家可再生能源产业发展指导目录、符合信贷条件的可再生能源开发利用项目，金融机构可以提供有财政贴息的优惠贷款。

第二十六条　国家对列入可再生能源产业发展指导目录的项目给予税收优惠。具体办法由国务院规定。

第二十七条　电力企业应当真实、完整地记载和保存可再生能源发电的有关资料，并接受电力监管机构的检查和监督。

电力监管机构进行检查时，应当依照规定程序进行，并为被检查单位保守商业秘密和其他秘密。

第七章　法 律 责 任

第二十八条　国务院能源主管部门和县级以上地方人民政府管理能源工作的部门和其他有关部门在可再生能源开发利用监督管理工作中，违反本法规定，有下列行为之一的，由本级人民政府或者上级人民政府有关部门责令改正，对负有责任的主管人员和其他直接责任人员依法给予行政处分；构成犯罪的，依法追究刑事责任：

（一）不依法作出行政许可决定的；

（二）发现违法行为不予查处的；

（三）有不依法履行监督管理职责的其他行为的。

第二十九条　违反本法第十四条规定，电网企业未全额收购可再生能源电量，造成可再生能源发电企业经济损失的，应当承担赔偿责任，并由国家电力监管机构责令限期改正；拒不改正的，处以可再生能源发电企业经济损失额一倍以下的罚款。

第三十条　违反本法第十六条第二款规定，经营燃气管网、热力管网的企业不准许符合入网技术标准的燃气、热力入网，造成燃气、热力生产企业经济损失的，应当承担赔偿责任，并由省级人民政府管理能源工作的部门责令限期改正；拒不改正的，处以燃气、热力生产企业经济损失额一倍以下的罚款。

第三十一条　违反本法第十六条第三款规定，石油销售企业未按照规定将符合国家标准的生物液体燃料纳入其燃料销售体系，造成生物液体燃料生产企业经济损失的，应当承担赔偿责任，并由国务院能源主管部门或者省级人民政府管理能源工作的部门责令限期改正；拒不改正的，处以生物液体燃料生产企业经济损失额一倍以下的罚款。

第八章　附　　则

第三十二条　本法中下列用语的含义：

（一）生物质能，是指利用自然界的植物、粪便以及城乡有机废物转化成的能源。

（二）可再生能源独立电力系统，是指不与电网连接的单独运行的可再生能源电力系统。

（三）能源作物，是指经专门种植，用以提供能源原料的草本和木本植物。

（四）生物液体燃料，是指利用生物质资源生产的甲醇、乙醇和生物柴油等液体燃料。

第三十三条 本法自2006年1月1日起施行。

附录二

国家发改委《可再生能源中长期发展规划》

2007年9月10日

目录

能源是经济和社会发展的重要物质基础。工业革命以来，世界能源消费剧增，煤炭、石油、天然气等化石能源资源消耗迅速，生态环境不断恶化，特别是温室气体排放导致日益严峻的全球气候变化，人类社会的可持续发展受到严重威胁。目前，我国已成为世界能源生产和消费大国，但人均能源消费水平还很低。随着经济和社会的不断发展，我国能源需求将持续增长。增加能源供应、保障能源安全、保护生态环境、促进经济和社会的可持续发展，是我国经济和社会发展的一项重大战略任务。

可再生能源包括水能、生物质能、风能、太阳能、地热能和海洋能等，资源潜力大，环境污染低，可永续利用，是有利于人与自然和谐发展的重要能源。上世纪 70 年代以来，可持续发展思想逐步成为国际社会共识，可再生能源开发利用受到世界各国高度重视，许多国家将开发利用可再生能源作为能源战略的重要组成部分，提出了明确的可再生能源发展目标，制定了鼓励可再生能源发展的法律和政策，可再生能源得到迅速发展。

可再生能源是我国重要的能源资源，在满足能源需求、改善能源结构、减少环境污染、促进经济发展等方面已发挥了重要作用。但可再生能源消费占我国能源消费总量的比重还很低，技术进步缓慢，产业基础薄弱，不能适应可持续发展的需要。我国《国民经济和社会发展第十一个五年规划纲要》明确提出："实行优惠的财税、投资政策和强制性市场份额政策，鼓励生产与消费可再生能源，提高在一次能源消费中的比重。"为了加快可再生能源发展，促进节能减排，积极应对气候变化，更好地满足经济和社会可持续发展的需要，在总结我国可再生能源资源、技术及产业发展状况，借鉴国际可再生能源发展经验基础上，研究制定了《可再生能源中长期发展规划》，提出了从现在到 2020 年期间我国可再生能源发展的指导思想、主要任务、发展目标、重点领域和保障措施，以指导我国可再生能源发展和项目建设。

一、国际可再生能源发展状况

（一）发展现状

近年来，受石油价格上涨和全球气候变化的影响，可再生能源开发利用日益受到国际社会的重视，许多国家提出了明确的发展目标，制定了支持可再生能源发展的法规和政策，使可再生能源技术水平不断提高，产业规模逐渐扩大，成为促进能源多样化和实现可持续发展的重要能源。

1. 水电

水力发电是目前最成熟的可再生能源发电技术，在世界各地得到广泛应用。到 2005 年底，全世界水电总装机容量约为 8.5 亿千瓦。目前，经济发达国家水能资源已基本开发完毕，水电建设主要集中在发展中国家。

2. 生物质能

现代生物质能的发展方向是高效清洁利用，将生物质转换为优质能源，包括电力、燃气、液体燃料和固体成型燃料等。生物质发电包括农林生物质发电、垃圾发电和沼气发电等。到 2005 年底，全世界生物质发电总装机容量约为 5000 万千瓦，主要集中在北欧和美国；生物燃料乙醇年产量约 3000 万吨，主要集中在巴西、美国；生物柴油年产量约 200 万吨，主要集中在德国。沼气已是成熟的生物质能利用技术，在欧洲、中国和印度等地已建设了大量沼气工程和分散的户用沼气池。

3. 风电

风电包括离网运行的小型风力发电机组和大型并网风力发电机组，技术已基本成熟。近年来，并网风电机组的单机容量不断增大，2005 年新增风电机组的平均单机容量超过 1000 千瓦，单机容量 4000 千瓦的风电机组已投入运行，风电场建设已从陆地向海上发展。到 2005 年底，全世界风电装机容量已达 6000 万千瓦，最近 5 年来平均年增长率达 30%。随着风电的技术进步和应用规模的扩大，风电成本持续下降，经济性与常规能源已十分接近。

4. 太阳能

太阳能利用包括太阳能光伏发电、太阳能热发电，以及太阳能热水器和太阳房等热利用方式。光伏发电最初作为独立的分散电源使用，近年来并网光伏发电的发展速度加快，市场容量已超过独立使用的分散光伏电源。2005 年，全世界光伏电池产量为 120 万千瓦，累计已安装了 600 万千瓦。太阳能热发电已经历了较长时间的试验运行，基本上可达到商业运行要求，目前总装机容量约为 40 万千瓦。太阳能热利用技术成熟，经济性好，可大规模应用，2005 年全世界太阳能热水器的总集热面积已达到约 1.4 亿平方米。

5. 地热能

地热能利用包括发电和热利用两种方式，技术均比较成熟。到 2005 年底，全世界地热发电总装机容量约 900 万千瓦，主要在美国、冰岛、意大利等国家。地热能热利用包括地热水的直接利用和地源热泵供热、制冷，在发达国家已得到广泛应用，近 5 年来全世界地热能热利用年均增长约 13%。

6. 海洋能

潮汐发电、波浪发电和洋流发电等海洋能的开发利用也取得了较大进展，初步形成规模的主要是潮汐发电，全世界潮汐发电总装机容量约 30 万千瓦。

（二）发展趋势

随着经济的发展和社会的进步，世界各国将会更加重视环境保护和全球气候变化问题，通过制定新的能源发展战略、法规和政策，进一步加快可再生能源的发展。

从目前可再生能源的资源状况和技术发展水平看，今后发展较快的可再生能源除水能外，主要是生物质能、风能和太阳能。生物质能利用方式包括发电、制气、供热和生产液体燃料，将成为应用最广泛的可再生能源技术。风力发电技术已基本成熟，经济性已接近常规能源，在今后相当长时间内将会保持较快发展。太阳能发展的主要方向是光伏发电和热利用，近期光伏发电的主要市场是发达国家的并网发电和发展中国家偏远地区的独立供电。太阳能热利用的发展方向是太阳能一体化建筑，并以常规能源为补充手段，实现全天候供热，提高太阳能供热的可靠性，在此基础上进一步向太阳能供暖和制冷的方向发展。

总体来看，最近 20 多年来，大多数可再生能源技术快速发展，产业规模、经济性和市场化程度逐年提高，预计在 2010 至 2020 年间，大多数可再生能源技术可具有市场竞争力，在 2020 年以后将会有更快的发展，并逐步成为主导能源。

（三）发展经验

多年来，世界各国为了促进可持续发展，应对全球气候变化，积极推动可再生能源发展，已积累了丰富的经验，主要是：

1. 目标引导

为了促进可再生能源发展，许多国家制定了相应的发展战略和规划，明确了可再生能源发展目标。1997年，欧盟提出可再生能源在一次能源消费中的比例将从1996年的6%提高到2010年的12%，可再生能源发电量占总发电量的比例从1997年的14%提高到2010年的22%。2007年初，欧盟又提出了新的发展目标，要求到2020年，可再生能源消费占到全部能源消费的20%，可再生能源发电量占到全部发电量的30%。美国、日本、澳大利亚、印度、巴西等国也制定了明确的可再生能源发展目标，引导可再生能源的发展。

2. 政策激励

为了确保可再生能源发展目标的实现，许多国家制定了支持可再生能源发展的法规和政策。德国、丹麦、法国、西班牙等国采取优惠的固定电价收购可再生能源发电量，英国、澳大利亚、日本等国实行可再生能源强制性市场配额政策，美国、巴西、印度等国对可再生能源实行投资补贴和税收优惠等政策。

3. 产业扶持

为了促进可再生能源技术进步和产业化发展，许多国家十分重视可再生能源人才培养、研究开发、产业体系建设，建立了专门的研发机构，支持开展可再生能源科学研究、技术开发和产业服务等工作。发达国家不仅支持可再生能源技术研究和开发活动，而且特别重视新技术的试验、示范和推广，经过多年的发展，产业体系已经形成，有力地支持了可再生能源的发展。

4. 资金支持

为了加快可再生能源的发展，许多国家为可再生能源发展提供了强有力的资金支持，对技术研发、项目建设、产品销售和最终用户提供补贴。美国2005年的能源法令明确规定了支持可再生能源技术研发及其产业化发展的年度财政预算资金。德国对用户安装太阳能热水器提供40%的补贴。许多国家还采取了产品补贴和用户补助方式扩大可再生能源市场，引导社会资金投向可再生能源，有力地推动了可再生能源的规模化发展。

二、我国可再生能源发展现状

（一）资源潜力

根据初步资源评价，我国资源潜力大、发展前景好的可再生能源主要包括水能、生物质能、风能和太阳能。

1. 水能

水能资源是我国重要的可再生能源资源。根据2003年全国水力资源复查成果，全国水能资源技术可开发装机容量为5.4亿千瓦，年发电量2.47万亿千瓦时；经济可开发装机容量为4亿千瓦，年发电量1.75万亿千瓦时。水能资源主要分布在西部地区，约70%在西南地区。长江、金沙江、雅砻江、大渡河、乌江、红水河、澜沧江、黄河和怒江等大江大河的干流水能资源丰富，总装机容量约占全国经济可开发量的60%，具有集中开发和规模外送的良好条件。

2. 生物质能

我国生物质能资源主要有农作物秸秆、树木枝丫、畜禽粪便、能源作物（植物）、工业有机废水、城市生活污水和垃圾等。全国农作物秸秆年产生量约6亿吨，除部分作为造纸原料和畜牧饲料外，大约3亿吨可作为燃料使用，折合约1.5亿吨标准煤。林木枝桠和林业废弃物年可获得量约9亿吨，大约3亿吨可作为能源利用，折合约2亿吨标准煤。甜高粱、小桐籽、黄连木、油桐等能源作物（植物）可种植面积达2000多万公顷，可满足年产量约5000万吨生物液体燃料的原料需求。畜禽养殖和工业有机废水理论上可年产沼气约800亿立方米，全国城市生活垃圾年产生量约1.2亿吨。目前，我国生物质资源可转换为能源的潜力约5亿吨标准煤，今后随着造林面积的扩大和经济社会的发展，生物质资源转换为能源的潜力可达10亿吨标准煤。

3. 风能

根据最新风能资源评价，全国陆地可利用风能资源3亿千瓦，加上近岸海域可利用风能资源，共计约10亿千瓦。主要分布在两大风带：一是“三北地区”（东北、华北北部和西北地区）；二是东部沿海陆地、岛屿及近岸海域。另外，内陆地区还有一些局部风能资源丰富区。

4. 太阳能

全国三分之二的国土面积年日照小时数在2200小时以上，年太阳辐射总量大于每平方米5000兆焦，属于太阳能利用条件较好的地区。西藏、青海、新疆、甘肃、内蒙古、山西、陕西、河北、山东、辽宁、吉林、云南、广东、福建、海南等地区的太阳辐射能量较大，尤其是青藏高原地区太阳能资源最为丰富。

5. 地热能

据初步勘探，我国地热资源以中低温为主，适用于工业加热、建筑采暖、保健疗养和种植养殖等，资源遍布全国各地。适用于发电的高温地热资源较少，主要分布在藏南、川西、滇西地区，可装机潜力约为600万千瓦。初步估算，全国可采地热资源量约为33亿吨标准煤。

（二）发展现状

经过多年发展，我国可再生能源取得了很大的成绩，水电已成为电力工业的重要组成部分，结合农村能源和生态建设，户用沼气得到了大规模推广应用。近年来，风电、光伏发电、太阳能热利用和生物质能高效利用也取得了明显进展，为调整能源结构、保护环境、促进经济和社会发展做出了重大贡献。

2005年，可再生能源开发利用总量（不包括传统方式利用生物质能）约1.66亿吨标准煤，约为2005年全国一次能源消费总量的7.5%。

1. 水电

到2005年底，全国水电总装机容量达1.17亿千瓦（包括约700万千瓦抽水蓄能电站），占全国总发电装机容量的23%，水电年发电量为3952亿千瓦时，占全国总发电量的16%。其中小水电为3800万千瓦，年发电量约1300亿千瓦时，担负着全国近二分之一国土面积、三分之一的县、四分之一人口的供电任务。全国已建成653个农村水电初级电气化县，并正在建设400个适应小康水平的以小水电为主的电气化县。我国水电勘测、设计、施工、安装和设备制造均达到国际水平，已形成完备的产业体系。

2. 生物质能

(1) 沼气。到2005年底，全国户用沼气池已达到1800万户，年产沼气约70亿立方米；建成大型畜禽养殖场沼气工程和工业有机废水沼气工程约1500处，年产沼气约10亿立方米。沼气技术已从单纯的能源利用发展成废弃物处理和生物质多层次综合利用，并广泛地同养殖业、种植业相结合，成为发展绿色生态农业和巩固生态建设成果的一个重要途径。沼气工程的零部件已实现了标准化生产，沼气技术服务体系已比较完善。

（2）生物质发电。到2005年底，全国生物质发电装机容量约为200万千瓦，其中蔗渣发电约170万千瓦、垃圾发电约20万千瓦，其余为稻壳等农林废弃物气化发电和沼气发电等。在引进国外垃圾焚烧发电技术和设备的基础上，经过消化吸收，现已基本具备制造垃圾焚烧发电设备的能力。引进国外设备和技术建设了一些垃圾填埋气发电示范项目。但总体来看，我国在生物质发电的原料收集、净化处理、燃烧设备制造等方面与国际先进水平还有一定差距。

（3）生物液体燃料。我国已开始在交通燃料中使用燃料乙醇。以粮食为原料的燃料乙醇年生产能力为102万吨；以非粮原料生产燃料乙醇的技术已初步具备商业化发展条件。以餐饮业废油、榨油厂油渣、油料作物为原料的生物柴油生产能力达到年产5万吨。

3. 风电

到2005年底，全国已建成并网风电场60多个，总装机容量为126万千瓦。此外，在偏远地区还有约25万台小型独立运行的风力发电机（总容量约5万千瓦）。我国单机容量750千瓦及以下风电设备已批量生产，正在研制兆瓦级（1000千瓦）以上风力发电设备。与国际先进水平相比，国产风电机组单机容量较小，关键技术依赖进口，零部件的质量还有待提高。

4. 太阳能

（1）太阳能发电。到2005年底，全国光伏发电的总容量约为7万千瓦，主要为偏远地区居民供电。2002～2003年实施的“送电到乡”工程安装了光伏电池约1.9万千瓦，对光伏发电的应用和光伏电池制造起到了较大的推动作用。除利用光伏发电为偏远地区和特殊领域（通信、导航和交通）供电外，已开始建设屋顶并网光伏发电示范项目。光伏电池及组装厂已有十多家，制造能力达10万千瓦以上。但总体来看，我国光伏发电产业的整体水平与发达国家尚有较大差距，特别是光伏电池生产所需的硅材料主要依靠进口，对我国光伏发电的产业发展形成重大制约。

（2）太阳能热水器。到2005年底，全国在用太阳能热水器的总集热面积达8000万平方米，年生产能力1500万平方米。全国有1000多家太阳能热水器生产企业，年总产值近120亿元，已形成较完整的产业体系，从业人数达20多万人。总体来看，我国太阳能热水器应用技术与发达国家还有差距。目前，发达国家的太阳能热水器已实现与建筑的较好结合，向太阳能建筑一体化方向发展，而我国在这方面才开始起步。

5. 地热能

地热发电技术分为地热水蒸汽发电和低沸点有机工质发电。我国适合发电的地热资源集中在西藏和云南地区，由于当地水能资源丰富，地热发电竞争力不强，近期难以大规模发展。近年来，地热能的热利用发展较快，主要是热水供应及供暖、水源热泵和地源热泵供热、制冷等。随着地下水资源保护的不断加强，地热水的直接利用将受到更多的限制，地源热泵将是未来的主要发展方向。

（三）存在问题

虽然我国可再生能源开发利用取得了很大成绩，法规和政策体系不断完善，但可再生能源发展仍不能满足可持续发展的需要，存在的主要问题是：

（1）政策及激励措施力度不够。在现有技术水平和政策环境条件下，除了水电和太阳能热水器有能力参与市场竞争外，大多数可再生能源开发利用成本高，再加上资源分散、规模小、生产不连续等特点，在现行市场规则下缺乏竞争力，需要政策扶持和激励。目前，国家支持风电、生物质能、太阳能等可再生能源发展的政策体系还不够完整，经济激励力度弱，相关政策之间缺乏协调，政策的稳定性差，没有形成支持可再生能源持续发展的长效机制。

（2）市场保障机制还不够完善。长期以来，我国可再生能源发展缺乏明确的发展目标，没有形成连续稳定的市场需求。虽然国家逐步加大了对可再生能源发展的支持力度，但由于没有建立起强制性的市场保障政策，无法形成稳定的市场需求，可再生能源发展缺少持续的市场拉动，致使我国可再生能源新技术发展缓慢。

（3）技术开发能力和产业体系薄弱。除水力发电、太阳能热利用和沼气外，其他可再生能源的技术水平较低，缺乏技术研发能力，设备制造能力弱，技术和设备生产较多依靠进口，技术水平和生产能力与国外先进水平差距较大。同时，可再生能源资源评价、技术标准、产品检测和认证等体系不完善，人才培养不能满足市场快速发展的要求，没有形成支撑可再生能源产业发展的技术服务体系。

三、发展可再生能源的意义

可再生能源是重要的能源资源，开发利用可再生能源具有以下重要意义：

1. 开发利用可再生能源是落实科学发展观、建设资源节约型社会、实现可持续发展的基本要求。充足、安全、清洁的能源供应是经济发展和社会进步的基本保障。我国人口众多，人均能源消费水平低，能源需求增长压力大，能源供应与经济发展的矛盾十分突出。从根本上解决我国的能源问题，不断满足经济和社会发展的需要，保护环境，实现可持续发展，除大力提高能源效率外，加快开发利用可再生能源是重要的战略选择，也是落实科学发展观、建设资源节约型社会的基本要求。

2. 开发利用可再生能源是保护环境、应对气候变化的重要措施。目前，我国环境污染问题突出，生态系统脆弱，大量开采和使用化石能源对环境影响很大，特别是我国能源消费结构中煤炭比例偏高，二氧化碳排放增长较快，对气候变化影响较大。可再生能源清洁环保，开发利用过程不增加温室气体排放。开发利用可再生能源，对优化能源结构、保护环境、减排温室气体、应对气候变化具有十分重要的作用。

3. 开发利用可再生能源是建设社会主义新农村的重要措施。农村是目前我国经济和社会发展最薄弱的地区，能源基础设施落后，全国还有约1150万人没有电力供应，许多农村生活能源仍主要依靠秸秆、薪柴等生物质低效直接燃烧的传统利用方式提供。农村地区可再生能源资源丰富，加快可再生能源开发利用，一方面可以利用当地资源，因地制宜解决偏远地区电力供应和农村居民生活用能问题，另一方面可以将农村地区的生物质资源转换为商品能源，使可再生能源成为农村特色产业，有效延长农业产业链，提高农业效益，增加农民收入，改善农村环境，促进农村地区经济和社会的可持续发展。

4. 开发利用可再生能源是开拓新的经济增长领域、促进经济转型、扩大就业的重要选择。可再生能源资源分布广泛，各地区都具有一定的可再生能源开发利用条件。可再生能源的开发利用主要是利用当地自然资源和人力资源，对促进地区经济发展具有重要意义。同时，可再生能源也是高新技术和新兴产业，快速发展的可再生能源已成为一个新的经济增长点，可以有效拉动装备制造等相关产业的发展，对调整产业结构，促进经济增长方式转变，扩大就业，推进经济和社会的可持续发展意义重大。

四、指导思想和原则

（一）指导思想

以邓小平理论、“三个代表”重要思想为指导，全面落实科学发展观，促进资源节约型、环境友好型社会和社会主义新农村建设，认真贯彻《可再生能源法》，把发展可再生能源作为全面建设小康社会和实现可持续发展的重大战略举措，加快水能、风能、太阳能和生物质能的开发利用，促进技术进步，增强市场竞争力，不断提高可再生能源在能源消费中的比重。

（二）基本原则

1. 坚持开发利用与经济、社会和环境相协调。可再生能源的发展既要重视规模化开发利用，不断提高可再生能源在能源供应中的比重，也要重视可再生能源对解决农村能源问题、发展循环经济和建设资源节约型、环境友好型社会的作用，更要重视与环境和生态保护的协调。要根据资源条件和经济社会发展需要，在保护环境和生态系统的前提下，科学规划，因地制宜，合理布局，有序开发。特别是要高度重视生物质能开发与粮食和生态环境的关系，不得违法占用耕地，不得大量消耗粮食，不得破坏生态环境。

2. 坚持市场开发与产业发展互相促进。对资源潜力大、商业化发展前景好的风电和生物质发电等新兴可再生能源，在加大技术开发投入力度的同时，采取必要措施扩大市场需求，以持续稳定的市场需求为可再生能源产业的发展创造有利条件。建立以自我创新为主的可再生能源技术开发和产业发展体系，加快可再生能源技术进步，提高设备制造能力，并通过持续的规模化发展提高可再生能源的市场竞争力，为可再生能源的大规模发展奠定基础。

3. 坚持近期开发利用与长期技术储备相结合。积极发展未来具有巨大潜力、近期又有一定市场需求的可再生能源技术。既要重视近期适宜应用的水电、生物质发电、沼气、生物质固体成型燃料、风电和太阳能热利用，也要重视未来发展前景良好的太阳能光伏发电、生物液体燃料等可再生能源技术。

4. 坚持政策激励与市场机制相结合。国家通过经济激励政策支持采用可再生能源技术解决农村能源短缺和无电问题，发展循环经济。同时，国家建立促进可再生能源发展的市场机制，运用市场化手段调动投资者的积极性，提高可再生能源的技术水平，推进可再生能源产业化发展，不断提高可再生能源的竞争力，使可再生能源在国家政策的支持下得到更大规模的发展。

五、发展目标

（一）总体目标

今后十五年我国可再生能源发展的总目标是：提高可再生能源在能源消费中的比重，解决偏远地区无电人口用电问题和农村生活燃料短缺问题，推行有机废弃物的能源化利用，推进可再生能源技术的产业化发展。

1. 提高可再生能源比重，促进能源结构调整。我国探明的石油、天然气资源贫乏，单纯依靠化石能源难以实现经济、社会和环境的协调发展。水电、生物质能、风电和太阳能资源潜力大，技术已经成熟或接近成熟，具有大规模开发利用的良好前景。加快发展水电、生物质能、风电和太阳能，大力推广太阳能和地热能在建筑中的规模化应用，降低煤炭在能源消费中的比重，是我国可再生能源发展的首要目标。

2. 解决无电人口的供电问题，改善农村生产、生活用能条件。无电人口地处偏远地区，人口分散，缺乏常规能源资源，而且许多地区不适合采用常规方式建设能源基础设施，采用可再生能源技术是解决这些无电人口供电问题的有效手段。农村人口众多，生活用能方式落后，影响农村居民生活水平的提高，特别是过度利用薪柴作为生活燃料对生态破坏严重。在农村就地利用可再生能源资源，可以实现多能互补，显著改善农村居民的生产、生活条件，对农村小康社会建设将起到积极的推动作用。

3. 清洁利用有机废弃物，推进循环经济发展。在农作物生产及粮食加工、林业生产和木材加工、畜禽养殖、工业生产、城市生活污水、垃圾处理等过程中，会产生大量有机废弃物。如果这些废弃物不能得到合理利用和妥善处理，将会成为环境污染源，对自然生态、大气环境和人体健康造成危害。利用可再生能源技术，将这些有机废弃物转换为电力、燃气、固体成型燃料等清洁能源，既是保护环境的重要措施，也是充分利用废弃物、变废为宝的重要手段，符合发展循环经济的要求。

4. 规模化建设带动可再生能源新技术的产业化发展。目前，除了水电、太阳能热利用、沼气等少数可再生能源技术，大部分可再生能源产业基础仍很薄弱，还不具备直接参与市场竞争的能力，因此，现阶段可再生能源发展的一项重要任务是提高技术水平和建立完善的产业体系。2010 年之前，在加快可再生能源技术发展，扩大可再生能源开发利用的同时，重点完善支持可再生能源发展的政策体系和机构能力建设，初步建立适应可再生能源规模化发展的产业基础。从 2010 年到 2020 年期间，要建立起完备的可再生能源产业体系，大幅降低可再生能源开发利用成本，为大规模开发利用打好基础。2020 年以后，要使可再生能源技术具有明显的市场竞争力，使可再生能源成为重要能源。

（二）具体发展目标

1. 充分利用水电、沼气、太阳能热利用和地热能等技术成熟、经济性好的可再生能源，加快推进风力发电、生物质发电、太阳能发电的产业化发展，逐步提高优质清洁可再生能源在能源结构中的比例，力争到 2010 年使可再生能源消费量达到能源消费总量的 10%左右，到 2020 年达到 15%左右。

2. 因地制宜利用可再生能源解决偏远地区无电人口的供电问题和农村生活燃料短缺问题，并使生态环境得到有效保护。按循环经济模式推行有机废弃物的能源化利用，基本消除有机废弃物造成的环境污染。

3. 积极推进可再生能源新技术的产业化发展，建立可再生能源技术创新体系，形成较完善的可再生能源产业体系。到 2010 年，基本实现以国内制造设备为主的装备能力。到 2020 年，形成以自有知识产权为主的国内可再生能源装备能力。

六、重点发展领域

根据各类可再生能源的资源潜力、技术状况和市场需求情况，2010 年和 2020 年可再生能源发展重点领域如下：

（一）水电

考虑到资源分布特点、开发利用条件、经济发展水平和电力市场需求等因素，今后水电建设的重点是金沙江、雅砻江、大渡河、澜沧江、黄河上游和怒江等重点流域，同时，在水能资源丰富地区，结合农村电气化县建设和实施“小水电代燃料”工程需要，加快开发小水电资源。到2010年，全国水电装机容量达到1.9亿千瓦，其中大中型水电1.2亿千瓦，小水电5000万千瓦，抽水蓄能电站2000万千瓦；到2020年，全国水电装机容量达到3亿千瓦，其中大中型水电2.25亿千瓦，小水电7500万千瓦。

开展西藏自治区东部水电外送方案研究，以及金沙江、澜沧江、怒江“三江”上游和雅鲁藏布江水能资源的勘查和开发利用规划，做好水电开发的战略接替准备工作。

（二）生物质能

根据我国经济社会发展需要和生物质能利用技术状况，重点发展生物质发电、沼气、生物质固体成型燃料和生物液体燃料。到2010年，生物质发电总装机容量达到550万千瓦，生物质固体成型燃料年利用量达到100万吨，沼气年利用量达到190亿立方米，增加非粮原料燃料乙醇年利用量200万吨，生物柴油年利用量达到20万吨。到2020年，生物质发电总装机容量达到3000万千瓦，生物质固体成型燃料年利用量达到5000万吨，沼气年利用量达到440亿立方米，生物燃料乙醇年利用量达到1000万吨，生物柴油年利用量达到200万吨。

1. 生物质发电

生物质发电包括农林生物质发电、垃圾发电和沼气发电，建设重点为：

（1）在粮食主产区建设以秸秆为燃料的生物质发电厂，或将已有燃煤小火电机组改造为燃用秸秆的生物质发电机组。在大中型农产品加工企业、部分林区和灌木集中分布区、木材加工厂，建设以稻壳、灌木林和木材加工剩余物为原料的生物质发电厂。在“十一五”前3年，建设农业生物质发电（主要以秸秆为燃料）和林业生物质发电示范项目各20万千瓦。到2010年，农林生物质发电（包括蔗渣发电）总装机容量达到400万千瓦，到2020年达到2400万千瓦。在宜林荒山、荒地、沙地开展能源林建设，为农林生物质发电提供燃料。

（2）在规模化畜禽养殖场、工业有机废水处理和城市污水处理厂建设沼气工程，合理配套安装沼气发电设施。在“十一五”前3年，建设100个沼气工程及发电示范项目，总装机容量5万千瓦。到2010年，建成规模化畜禽养殖场沼气工程4700座、工业有机废水沼气工程1600座，大中型沼气工程年产沼气约40亿立方米，沼气发电达到100万千瓦。到2020年，建成大型畜禽养殖场沼气工程10000座、工业有机废水沼气工程6000座，年产沼气约140亿立方米，沼气发电达到300万千瓦。

（3）在经济较发达、土地资源稀缺地区建设垃圾焚烧发电厂，重点地区为直辖市、省级城市、沿海城市、旅游风景名胜城市、主要江河和湖泊附近城市。积极推广垃圾卫生填埋技术，在大中型垃圾填埋场建设沼气回收和发电装置。到2010年，垃圾发电总装机容量达到50万千瓦，到2020年达到300万千瓦。

2. 生物质固体成型燃料

生物质固体成型燃料是指通过专门设备将生物质压缩成型的燃料，储存、运输、使用方便，清洁环保，燃烧效率高，既可作为农村居民的炊事和取暖燃料，也可作为城市分散供热的燃料。生物质固体成型燃料的发展目标和建设重点为：

（1）2010年前，结合解决农村基本能源需要和改变农村用能方式，开展500个生物质固体成型燃料应用示范点建设。在示范点建设生物质固体成型燃料加工厂，就近为当地农村居民提供燃料，富余量出售给城镇居民和工业用户。到2010年，全国生物质固体成型燃料年利用量达到 100 万吨。

（2）到 2020 年，使生物质固体成型燃料成为普遍使用的一种优质燃料。生物质固体成型燃料的生产包括两种方式：一种是分散方式，在广大农村地区采用分散的小型化加工方式，就近利用农作物秸秆，主要用于解决农民自身用能需要，剩余量作为商品燃料出售；另一种是集中方式，在有条件的地区，建设大型生物质固体成型燃料加工厂，实行规模化生产，为大工业用户或城乡居民提供生物质商品燃料。全国生物质固体成型燃料年利用量达到 5000 万吨。

3. 生物质燃气

充分利用沼气和农林废弃物气化技术提高农村地区生活用能的燃气比例，并把生物质气化技术作为解决农村废弃物和工业有机废弃物环境治理的重要措施。

在农村地区主要推广户用沼气、特别是与农业生产结合的沼气技术；在中小城镇发展以大型畜禽养殖场沼气工程和工业废水沼气工程为气源的集中供气。到 2010 年，约 4000 万户（约 1.6 亿人）农村居民生活燃料主要使用沼气，年沼气利用量约 150 亿立方米。到 2020 年，约 8000 万户（约 3 亿人）农村居民生活燃气主要使用沼气，年沼气利用量约 300 亿立方米。

4. 生物液体燃料

生物液体燃料是重要的石油替代产品，主要包括燃料乙醇和生物柴油。根据我国土地资源和农业生产的特点，合理选育和科学种植能源植物，建设规模化原料供应基地和大型生物液体燃料加工企业。不再增加以粮食为原料的燃料乙醇生产能力，合理利用非粮生物质原料生产燃料乙醇。近期重点发展以木薯、甘薯、甜高粱等为原料的燃料乙醇技术，以及以小桐子、黄连木、油桐、棉籽等油料作物为原料的生物柴油生产技术，逐步建立餐饮等行业的废油回收体系。从长远考虑，要积极发展以纤维素生物质为原料的生物液体燃料技术。在 2010 年前，重点在东北、山东等地，建设若干个以甜高粱为原料的燃料乙醇试点项目，在广西、重庆、四川等地，建设若干个以薯类作物为原料的燃料乙醇试点项目，在四川、贵州、云南、河北等地建设若干个以小桐籽、黄连木、油桐等油料植物为原料的生物柴油试点项目。到 2010 年，增加非粮原料燃料乙醇年利用量 200 万吨，生物柴油年利用量达到 20 万吨。到 2020 年，生物燃料乙醇年利用量达到 1000 万吨，生物柴油年利用量达到 200 万吨，总计年替代约 1000 万吨成品油。

（三）风电

通过大规模的风电开发和建设，促进风电技术进步和产业发展，实现风电设备制造国产化，尽快使风电具有市场竞争力。在经济发达的沿海地区，发挥其经济优势，在“三北”（西北、华北北部和东北）地区发挥其资源优势，建设大型和特大型风电场，在其他地区，因地制宜地发展中小型风电场，充分利用各地的风能资源。主要发展目标和建设重点如下：

（1）到 2010 年，全国风电总装机容量达到 500 万千瓦。重点在东部沿海和“三北”地区，建设 30 个左右 10 万千瓦等级的大型风电项目，形成江苏、河北、内蒙古 3 个 100 万千瓦级的风电基地。建成 1～2 个 10 万千瓦级海上风电试点项目。

（2）到 2020 年，全国风电总装机容量达到 3000 万千瓦。在广东、福建、江苏、山东、河北、内蒙古、辽宁和吉林等具备规模化开发条件的地区，进行集中连片开发，建成若干个总装机容量200万千瓦以上的风电大省。建成新疆达坂城、甘肃玉门、苏沪沿海、内蒙古辉腾锡勒、河北张北和吉林白城等6个百万千瓦级大型风电基地，并建成100万千瓦海上风电。

（四）太阳能

1. 太阳能发电

发挥太阳能光伏发电适宜分散供电的优势，在偏远地区推广使用户用光伏发电系统或建设小型光伏电站，解决无电人口的供电问题。在城市的建筑物和公共设施配套安装太阳能光伏发电装置，扩大城市可再生能源的利用量，并为太阳能光伏发电提供必要的市场规模。为促进我国太阳能发电技术的发展，做好太阳能技术的战略储备，建设若干个太阳能光伏发电示范电站和太阳能热发电示范电站。

建设重点如下：

（1）采用户用光伏发电系统或建设小型光伏电站，解决偏远地区无电村和无电户的供电问题，重点地区是西藏、青海、内蒙古、新疆、宁夏、甘肃、云南等省（区、市）。建设太阳能光伏发电约10万千瓦，解决约100万户偏远地区农牧民生活用电问题。到2010年，偏远农村地区光伏发电总容量达到15万千瓦，到2020年达到30万千瓦。

（2）在经济较发达、现代化水平较高的大中城市，建设与建筑物一体化的屋顶太阳能并网光伏发电设施，首先在公益性建筑物上应用，然后逐渐推广到其他建筑物，同时在道路、公园、车站等公共设施照明中推广使用光伏电源。“十一五”时期，重点在北京、上海、江苏、广东、山东等地区开展城市建筑屋顶光伏发电试点。到2010年，全国建成1000个屋顶光伏发电项目，总容量5万千瓦。到2020年，全国建成2万个屋顶光伏发电项目，总容量100万千瓦。

（3）建设较大规模的太阳能光伏电站和太阳能热发电电站。“十一五”时期，在甘肃敦煌和西藏拉萨（或阿里）建设大型并网型太阳能光伏电站示范项目；在内蒙古、甘肃、新疆等地选择荒漠、戈壁、荒滩等空闲土地，建设太阳能热发电示范项目。到2010年，建成大型并网光伏电站总容量2万千瓦、太阳能热发电总容量5万千瓦。到2020年，全国太阳能光伏电站总容量达到20万千瓦，太阳能热发电总容量达到20万千瓦。

另外，光伏发电在通信、气象、长距离管线、铁路、公路等领域有良好的应用前景，预计到2010年，这些商业领域的光伏应用将累计达到3万千瓦，到2020年将达到10万千瓦。

2. 太阳能热利用

在城市推广普及太阳能一体化建筑、太阳能集中供热水工程，并建设太阳能采暖和制冷示范工程。在农村和小城镇推广户用太阳能热水器、太阳房和太阳灶。到2010年，全国太阳能热水器总集热面积达到1.5亿平方米，加上其他太阳能热利用，年替代能源量达到3000万吨标准煤。到2020年，全国太阳能热水器总集热面积达到约3亿平方米，加上其他太阳能热利用，年替代能源量达到6000万吨标准煤。

（五）其它可再生能源

积极推进地热能和海洋能的开发利用。合理利用地热资源，推广满足环境保护和水资源保护要求的地热供暖、供热水和地源热泵技术，在夏热冬冷地区大力发展地源热泵，满足冬季供热需要。在具有高温地热资源的地区发展地热发电，研究开发深层地热发电技术。在长江流域和沿海地区发展地表水、地下水、土壤等浅层地热能进行建筑采暖、空调和生活热水供应。到2010年，地热能年利用量达到400万吨标准煤，到2020年，地热能年利用量达到1200万吨标准煤。到2020年，建成潮汐电站10万千瓦。

（六）农村可再生能源利用

在农村地区开发利用可再生能源，解决广大农村居民生活用能问题，改善农村生产和生活条件，保护生态环境和巩固生态建设成果，有效提高农民收入，促进农村经济和社会更快发展。发展重点是：

（1）解决农村无电地区的用电问题。在电网延伸供电不经济的地区，发挥当地资源优势，利用小水电、太阳能光伏发电和风力发电等可再生能源技术，为农村无电人口提供基本电力供应。在小水电资源丰富地区，优先开发建设小水电站（包括微水电），为约100万户居民供电。在缺乏小水电资源的地区，因地制宜建设独立的小型太阳能光伏电站、风光互补电站，推广使用小风电、户用光伏发电、风光互补发电系统，为约100万户居民供电。

（2）改善农村生活用能条件。推广“小水电代燃料”、户用沼气、生物质固体成型燃料、太阳能热水器等可再生能源技术，为农村地区提供清洁的生活能源，改善农村生活条件，提高农民生活质量。到2010年，使用清洁可再生能源的农户普及率达到30%，农村户用沼气达到4000万户，太阳能热水器使用量达到5000万平方米。到2020年，使用清洁可再生能源的农户普及率达到70%以上，农村户用沼气达到8000万户，太阳能热水器使用量达到1亿平方米。

（3）开展绿色能源示范县建设。在可再生能源资源丰富地区，坚持因地制宜，灵活多样的原则，充分利用各种可再生能源，积极推进绿色能源示范县建设。绿色能源县的可再生能源利用量在生活能源消费总量中要超过50%，各种生物质废弃物得到妥善处理和合理利用。绿色能源示范县建设要与沼气利用、生物质固体成型燃料和太阳能利用相结合。到2010年，全国建成50个绿色能源示范县；到2020年，绿色能源县普及到500个。

七、投资估算与效益分析

（一）投资估算

要实现可再生能源发展目标，建设资金是必要的保障条件。根据各种可再生能源的应用领域、建设规模、技术特点和发展状况，采取国家投资和社会多元化投资相结合的方式解决可再生能源开发利用的建设资金问题。

从2006年到2020年，新增1.9亿千瓦水电装机，按平均每千瓦7000元测算，需要总投资约1.3万亿元；新增2800万千瓦生物质发电装机，按平均每千瓦7000元测算，需要总投资约2000亿元；新增约2900万千瓦风电装机，按平均每千瓦6500元测算，需要总投资约1900亿元；新增6200万户农村户用沼气，按户均投资3000元测算，需要总投资约1900亿元；新增太阳能发电约173万千瓦，按每千瓦75000元测算，需要总投资约1300亿元。加上大中型沼气工程、太阳能热水器、地热、生物液体燃料生产和生物质固体成型燃料等，预计实现2020年规划任务将需总投资约2万亿元。

（二）环境和社会影响

水力发电、风力发电、太阳能发电、太阳能热利用不排放污染物和温室气体，而且可显著减少煤炭消耗，也相应减少煤炭开采的生态破坏和燃煤发电的水资源消耗。可再生能源开发利用中的工业废水、城市污水和畜禽养殖场沼气工程本身就是清洁生产的重要措施，有利于环境保护和可持续发展。生物质发电排放的二氧化硫、氮氧化物和烟尘等污染物远少于燃煤发电，特别是生物质从生长到燃烧总体上对环境不增加二氧化碳排放量。因此，可再生能源开发利用可减少污染物和温室气体排放，并减少水资源消耗和生态破坏。

可再生能源开发过程对生态环境也可能产生不利影响，水电开发对所在流域的生态环境有一定影响，特别是会淹没部分土地，可能改变生物生存环境，造成泥沙淤积，施工过程对地貌和植被有一定影响。目前，水电施工技术和环保技术已可将不利影响减少到最小，许多水电工程建成后可有效改善生态环境。

风电建设要占用大面积的土地，旋转的风机叶片可能影响鸟类，在靠近居民区的地方可能产生噪声污染，目前大多数风电场是一种新的旅游景点，但随着风电建设规模的扩大，可能会出现一些环境问题，如噪声和影响自然景观等。生物质发电过程如果采取环保措施不当，将会排放灰尘等污染物，也要消耗水资源，需要采取严格的环保措施。多数可再生能源技术新，应用范围广，涉及千家万户，要严格安全技术标准，普及安全常识，保障安全生产和安全使用。

可再生能源资源分布广泛，大型水电资源集中在地理位置较为偏僻的高山峡谷地区，大量的风能资源处于戈壁滩、大草原和沿海滩涂地区，太阳能资源在西部地区最为丰富，生物质能资源主要在农业大县和林区。这些地区的可再生能源开发利用可以起到促进地区经济发展、加快脱贫致富、实现均衡和谐发展的作用。可再生能源开发利用，特别是生物质能开发利用可以促进农村经济发展、增加农民收入，对解决“三农”问题十分有利。

总体来看，可再生能源开发利用对环境和社会的影响利大于弊，坚持趋利避害的开发利用方针，有利于实现可持续发展，符合建设资源节约型、环境友好型社会及构建和谐社会的要求。

（三）效益分析

1. 能源效益

到 2010 年和 2020 年，全国可再生能源开发利用量分别相当于 3 亿吨标准煤和 6 亿吨标准煤，可显著减少煤炭消耗，弥补天然气和石油资源的不足。初步估算，可再生能源达到 2020 年的利用量时，年发电量相当于替代煤炭约 6 亿吨，沼气年利用量相当于 240 亿立方米天然气，燃料乙醇和生物柴油年用量相当于替代石油约 1000 万吨，太阳能和地热能的热利用相当于降低能源年需求量约 7000 万吨标准煤。可再生能源的开发利用对改善能源结构和节约能源资源将起到重大作用。

2. 环境效益

可再生能源的开发利用将带来显著的环境效益。达到 2010 年发展目标时，可再生能源年利用量相当于减少二氧化硫年排放量约 400 万吨，减少氮氧化物年排放量约 150 万吨，减少烟尘年排放量约 200 万吨，减少二氧化碳年排放量约 6 亿吨，年节约用水约 15 亿立方米，可以使约 1.5 亿亩林地免遭破坏。达到 2020 年发展目标时，可再生能源年利用量相当于减少二氧化硫年排放量约 800 万吨，减少氮氧化物年排放量约 300 万吨，减少烟尘年排放量约 400 万吨，减少二氧化碳年排放量约 12 亿吨，年节约用水约 20 亿立方米，可使约 3 亿亩林地免遭破坏。

3. 社会效益

到2020年，将利用可再生能源累计解决无电地区约1000万人口的基本用电问题，改善约1亿户农村居民的生活用能条件。农作物秸秆和农业废弃生物质的能源利用可提高农业生产效益，预计达到2020年开发利用规模时，可增加农民年收入约1000亿元。农村户用沼气池和畜禽养殖场沼气工程建设将改善农村地区环境卫生，减少畜禽粪便对河流、水源和地下水的污染。可再生能源开发利用将促进农村和县域经济发展，提高农村能源供应等公用设施的现代化水平。

能源林建设、林业生物质及木材加工废弃物的能源利用可促进植树造林和生态环境保护，预计林业领域生物质能利用达到2020年目标时，可增加林业年产值约500亿元。城市生活污水处理和工业生产废水处理沼气利用可促进循环经济发展。可再生能源开发利用、设备制造和相关配套产业可增加大量就业岗位，到2020年，预计可再生能源领域的从业人数将达到200万人。

可再生能源的开发利用将节约和替代大量化石能源，显著减少污染物和温室气体排放，促进人与自然的协调发展，对全面建设小康社会和社会主义新农村起到重要作用，有力地推进经济和社会的可持续发展。

八、规划实施保障措施

为了确保规划目标的实现，将采取下列措施支持可再生能源的发展：

1. 提高全社会的认识。全社会都要从战略和全局高度认识可再生能源的重要作用，国务院各有关部门和各级政府都要认真执行《可再生能源法》，制定相关配套政策和规章，制定可再生能源发展专项规划，明确发展目标，将可再生能源开发利用作为建设资源节约型、环境友好型社会的考核指标。

2. 建立持续稳定的市场需求。根据可再生能源发展目标要求，按照政府引导、政策支持和市场推动相结合的原则，通过优惠的价格政策和强制性的市场份额政策，以及政府投资、政府特许权等措施，培育持续稳定增长的可再生能源市场，促进可再生能源的开发利用、技术进步和产业发展，确保可再生能源中长期发展规划目标的实现。

对非水电可再生能源发电规定强制性市场份额目标：到2010年和2020年，大电网覆盖地区非水电可再生能源发电在电网总发电量中的比例分别达到1%和3%以上；权益发电装机总容量超过500万千瓦的投资者，所拥有的非水电可再生能源发电权益装机总容量应分别达到其权益发电装机总容量的3%和8%以上。

3. 改善市场环境条件。国家电网企业和石油销售企业要按照《可再生能源法》的要求，承担收购可再生能源电力和生物液体燃料的义务。国务院能源主管部门负责组织制定各类可再生能源电力的并网运行管理规定，电网企业要负责建设配套电力送出工程。电力调度机构要根据可再生能源发电的规律，合理安排电力生产及运行调度，使可再生能源资源得到充分利用。在国家指定的生物液体燃料销售区域内，所有经营交通燃料的石油销售企业均应销售掺入规定比例生物液体燃料的汽油或柴油产品，并尽快在全国推行乙醇汽油和生物柴油。

国务院建筑行政主管部门和国家标准委组织制定建筑物太阳能利用的国家标准，修改完善相关建筑标准、工程规范和城市建设管理规定，为太阳能在建筑物上应用创造条件。在太阳能资源丰富、经济条件好的城镇，要在必要的政策条件下，强制扩大太阳能热利用技术的市场份额。

4. 制定电价和费用分摊政策。国务院价格主管部门根据各类可再生能源发电的技术特点和不同地区的情况，按照有利于可再生能源发展和经济合理的原则，制定和完善可再生能源发电项目的上网电价，并根据可再生能源开发利用技术的发展适时调整；实行招标的可再生能源发电项目的上网电价，按照招标确定的价格执行，并根据市场情况进行合理调整。电网企业收购可再生能源发电量所发生的费用，高于按照常规能源发电平均上网电价计算所发生费用之间的差额，附加在销售电价中在全社会分摊。

5. 加大财政投入和税收优惠力度。中央财政根据《可再生能源法》的要求，设立可再生能源发展专项资金，根据可再生能源发展需要和国家财力状况确定资金规模。各级地方财政也要按照《可再生能源法》的要求，结合本地区实际，安排必要的财政资金支持可再生能源发展。国家运用税收政策对水能、生物质能、风能、太阳能、地热能和海洋能等可再生能源的开发利用予以支持，对可再生能源技术研发、设备制造等给予适当的企业所得税优惠。

6. 加快技术进步及产业发展。整合现有可再生能源技术资源，完善技术和产业服务体系，加快人才培养，全面提高可再生能源技术创新能力和服务水平，促进可再生能源技术进步和产业发展。将可再生能源的科学研究、技术开发及产业化纳入国家各类科技发展规划，在高技术产业化和重大装备扶持项目中安排可再生能源专项，支持国内研究机构和企业在可再生能源核心技术方面提高创新能力，在引进国外先进技术基础上，加强消化吸收和再创造，尽快形成自主创新能力。力争到 2010 年基本形成可再生能源技术和产业体系，形成以国内制造设备为主的装备能力。到 2020 年，建立起完善的可再生能源技术和产业体系，形成以自有知识产权为主的可再生能源装备能力，满足可再生能源大规模开发利用的需要。

附录三

民用建筑节能条例

第一章 总 则

第一条 为了加强民用建筑节能管理，降低民用建筑使用过程中的能源消耗，提高能源利用效率，制定本条例。

第二条 本条例所称民用建筑节能，是指在保证民用建筑使用功能和室内热环境质量的前提下，降低其使用过程中能源消耗的活动。

本条例所称民用建筑，是指居住建筑、国家机关办公建筑和商业、服务业、教育、卫生等其他公共建筑。

第三条 各级人民政府应当加强对民用建筑节能工作的领导，积极培育民用建筑节能服务市场，健全民用建筑节能服务体系，推动民用建筑节能技术的开发应用，做好民用建筑节能知识的宣传教育工作。

第四条 国家鼓励和扶持在新建建筑和既有建筑节能改造中采用太阳能、地热能等可再生能源。

在具备太阳能利用条件的地区，有关地方人民政府及其部门应当采取有效措施，鼓励和扶持单位、个人安装使用太阳能热水系统、照明系统、供热系统、采暖制冷系统等太阳能利用系统。

第五条　国务院建设主管部门负责全国民用建筑节能的监督管理工作。县级以上地方人民政府建设主管部门负责本行政区域民用建筑节能的监督管理工作。

县级以上人民政府有关部门应当依照本条例的规定以及本级人民政府规定的职责分工，负责民用建筑节能的有关工作。

第六条　国务院建设主管部门应当在国家节能中长期专项规划指导下，编制全国民用建筑节能规划，并与相关规划相衔接。

县级以上地方人民政府建设主管部门应当组织编制本行政区域的民用建筑节能规划，报本级人民政府批准后实施。

第七条　国家建立健全民用建筑节能标准体系。国家民用建筑节能标准由国务院建设主管部门负责组织制定，并依照法定程序发布。

国家鼓励制定、采用优于国家民用建筑节能标准的地方民用建筑节能标准。

第八条　县级以上人民政府应当安排民用建筑节能资金，用于支持民用建筑节能的科学技术研究和标准制定、既有建筑围护结构和供热系统的节能改造、可再生能源的应用，以及民用建筑节能示范工程、节能项目的推广。

政府引导金融机构对既有建筑节能改造、可再生能源的应用，以及民用建筑节能示范工程等项目提供支持。

民用建筑节能项目依法享受税收优惠。

第九条　国家积极推进供热体制改革，完善供热价格形成机制，鼓励发展集中供热，逐步实行按照用热量收费制度。

第十条　对在民用建筑节能工作中做出显著成绩的单位和个人，按照国家有关规定给予表彰和奖励。

第二章　新建建筑节能

第十一条　国家推广使用民用建筑节能的新技术、新工艺、新材料和新设备，限制使用或者禁止使用能源消耗高的技术、工艺、材料和设备。国务院节能工作主管部门、建设主管部门应当制定、公布并及时更新推广使用、限制使用、禁止使用目录。

国家限制进口或者禁止进口能源消耗高的技术、材料和设备。

建设单位、设计单位、施工单位不得在建筑活动中使用列入禁止使用目录的技术、工艺、材料和设备。

第十二条　编制城市详细规划、镇详细规划，应当按照民用建筑节能的要求，确定建筑的布局、形状和朝向。

城乡规划主管部门依法对民用建筑进行规划审查，应当就设计方案是否符合民用建筑节能强制性标准征求同级建设主管部门的意见；建设主管部门应当自收到征求意见材料之日起10日内提出意见。征求意见时间不计算在规划许可的期限内。

对不符合民用建筑节能强制性标准的，不得颁发建设工程规划许可证。

第十三条　施工图设计文件审查机构应当按照民用建筑节能强制性标准对施工图设计文件进行审查；经审查不符合民用建筑节能强制性标准的，县级以上地方人民政府建设主管部门不得颁发施工许可证。

第十四条　建设单位不得明示或者暗示设计单位、施工单位违反民用建筑节能强制性标准进行设计、施工，不得明示或者暗示施工单位使用不符合施工图设计文件要求的墙体材料、保温材料、门窗、采暖制冷系统和照明设备。

按照合同约定由建设单位采购墙体材料、保温材料、门窗、采暖制冷系统和照明设备的，建设单位应当保证其符合施工图设计文件要求。

第十五条 设计单位、施工单位、工程监理单位及其注册执业人员，应当按照民用建筑节能强制性标准进行设计、施工、监理。

第十六条 施工单位应当对进入施工现场的墙体材料、保温材料、门窗、采暖制冷系统和照明设备进行查验；不符合施工图设计文件要求的，不得使用。

工程监理单位发现施工单位不按照民用建筑节能强制性标准施工的，应当要求施工单位改正；施工单位拒不改正的，工程监理单位应当及时报告建设单位，并向有关主管部门报告。

墙体、屋面的保温工程施工时，监理工程师应当按照工程监理规范的要求，采取旁站、巡视和平行检验等形式实施监理。

未经监理工程师签字，墙体材料、保温材料、门窗、采暖制冷系统和照明设备不得在建筑上使用或者安装，施工单位不得进行下一道工序的施工。

第十七条 建设单位组织竣工验收，应当对民用建筑是否符合民用建筑节能强制性标准进行查验；对不符合民用建筑节能强制性标准的，不得出具竣工验收合格报告。

第十八条 实行集中供热的建筑应当安装供热系统调控装置、用热计量装置和室内温度调控装置；公共建筑还应当安装用电分项计量装置。居住建筑安装的用热计量装置应当满足分户计量的要求。计量装置应当依法检定合格。

第十九条 建筑的公共走廊、楼梯等部位，应当安装、使用节能灯具和电气控制装置。

第二十条 对具备可再生能源利用条件的建筑，建设单位应当选择合适的可再生能源，用于采暖、制冷、照明和热水供应等；设计单位应当按照有关可再生能源利用的标准进行设计。

建设可再生能源利用设施，应当与建筑主体工程同步设计、同步施工、同步验收。

第二十一条 国家机关办公建筑和大型公共建筑的所有权人应当对建筑的能源利用效率进行测评和标志，并按照国家有关规定将测评结果予以公示，接受社会监督。

国家机关办公建筑应当安装、使用节能设备。

本条例所称大型公共建筑，是指单体建筑面积2万平方米以上的公共建筑。

第二十二条 房地产开发企业销售商品房，应当向购买人明示所售商品房的能源消耗指标、节能措施和保护要求、保温工程保修期等信息，并在商品房买卖合同和住宅质量保证书、住宅使用说明书中载明。

第二十三条 在正常使用条件下，保温工程的最低保修期限为5年。保温工程的保修期，自竣工验收合格之日起计算。

保温工程在保修范围和保修期内发生质量问题的，施工单位应当履行保修义务，并对造成的损失依法承担赔偿责任。

第三章 既有建筑节能

第二十四条 既有建筑节能改造应当根据当地经济、社会发展水平和地理气候条件等实际情况，有计划、分步骤地实施分类改造。

本条例所称既有建筑节能改造，是指对不符合民用建筑节能强制性标准的既有建筑的围护结构、供热系统、采暖制冷系统、照明设备和热水供应设施等实施节能改造的活动。

第二十五条　县级以上地方人民政府建设主管部门应当对本行政区域内既有建筑的建设年代、结构形式、用能系统、能源消耗指标、寿命周期等组织调查统计和分析，制定既有建筑节能改造计划，明确节能改造的目标、范围和要求，报本级人民政府批准后组织实施。

中央国家机关既有建筑的节能改造，由有关管理机关事务工作的机构制定节能改造计划，并组织实施。

第二十六条　国家机关办公建筑、政府投资和以政府投资为主的公共建筑的节能改造，应当制定节能改造方案，经充分论证，并按照国家有关规定办理相关审批手续方可进行。

各级人民政府及其有关部门、单位不得违反国家有关规定和标准，以节能改造的名义对前款规定的既有建筑进行扩建、改建。

第二十七条　居住建筑和本条例第二十六条规定以外的其他公共建筑不符合民用建筑节能强制性标准的，在尊重建筑所有权人意愿的基础上，可以结合扩建、改建，逐步实施节能改造。

第二十八条　实施既有建筑节能改造，应当符合民用建筑节能强制性标准，优先采用遮阳、改善通风等低成本改造措施。

既有建筑围护结构的改造和供热系统的改造，应当同步进行。

第二十九条　对实行集中供热的建筑进行节能改造，应当安装供热系统调控装置和用热计量装置；对公共建筑进行节能改造，还应当安装室内温度调控装置和用电分项计量装置。

第三十条　国家机关办公建筑的节能改造费用，由县级以上人民政府纳入本级财政预算。

居住建筑和教育、科学、文化、卫生、体育等公益事业使用的公共建筑节能改造费用，由政府、建筑所有权人共同负担。

国家鼓励社会资金投资既有建筑节能改造。

第四章　建筑用能系统运行节能

第三十一条　建筑所有权人或者使用权人应当保证建筑用能系统的正常运行，不得人为损坏建筑围护结构和用能系统。

国家机关办公建筑和大型公共建筑的所有权人或者使用权人应当建立健全民用建筑节能管理制度和操作规程，对建筑用能系统进行监测、维护，并定期将分项用电量报县级以上地方人民政府建设主管部门。

第三十二条　县级以上地方人民政府节能工作主管部门应当会同同级建设主管部门确定本行政区域内公共建筑重点用电单位及其年度用电限额。

县级以上地方人民政府建设主管部门应当对本行政区域内国家机关办公建筑和公共建筑用电情况进行调查统计和评价分析。国家机关办公建筑和大型公共建筑采暖、制冷、照明的能源消耗情况应当依照法律、行政法规和国家其它有关规定向社会公布。

国家机关办公建筑和公共建筑的所有权人或者使用权人应当对县级以上地方人民政府建设主管部门的调查统计工作予以配合。

第三十三条　供热单位应当建立健全相关制度，加强对专业技术人员的教育和培训。

供热单位应当改进技术装备，实施计量管理，并对供热系统进行监测、维护，提高供热系统的效率，保证供热系统的运行符合民用建筑节能强制性标准。

第三十四条　县级以上地方人民政府建设主管部门应当对本行政区域内供热单位的能源消耗情况进行调查统计和分析，并制定供热单位能源消耗指标；对超过能源消耗指标的，应当要求供热单位制定相应的改进措施，并监督实施。

第五章　法 律 责 任

第三十五条　违反本条例规定，县级以上人民政府有关部门有下列行为之一的，对负有责任的主管人员和其他直接责任人员依法给予处分；构成犯罪的，依法追究刑事责任：

（一）对设计方案不符合民用建筑节能强制性标准的民用建筑项目颁发建设工程规划许可证的；

（二）对不符合民用建筑节能强制性标准的设计方案出具合格意见的；

（三）对施工图设计文件不符合民用建筑节能强制性标准的民用建筑项目颁发施工许可证的；

（四）不依法履行监督管理职责的其他行为。

第三十六条　违反本条例规定，各级人民政府及其有关部门、单位违反国家有关规定和标准，以节能改造的名义对既有建筑进行扩建、改建的，对负有责任的主管人员和其他直接责任人员，依法给予处分。

第三十七条　违反本条例规定，建设单位有下列行为之一的，由县级以上地方人民政府建设主管部门责令改正，处20万元以上50万元以下的罚款：

（一）明示或者暗示设计单位、施工单位违反民用建筑节能强制性标准进行设计、施工的；

（二）明示或者暗示施工单位使用不符合施工图设计文件要求的墙体材料、保温材料、门窗、采暖制冷系统和照明设备的；

（三）采购不符合施工图设计文件要求的墙体材料、保温材料、门窗、采暖制冷系统和照明设备的；

（四）使用列入禁止使用目录的技术、工艺、材料和设备的。

第三十八条　违反本条例规定，建设单位对不符合民用建筑节能强制性标准的民用建筑项目出具竣工验收合格报告的，由县级以上地方人民政府建设主管部门责令改正，处民用建筑项目合同价款2%以上4%以下的罚款；造成损失的，依法承担赔偿责任。

第三十九条　违反本条例规定，设计单位未按照民用建筑节能强制性标准进行设计，或者使用列入禁止使用目录的技术、工艺、材料和设备的，由县级以上地方人民政府建设主管部门责令改正，处10万元以上30万元以下的罚款；情节严重的，由颁发资质证书的部门责令停业整顿，降低资质等级或者吊销资质证书；造成损失的，依法承担赔偿责任。

第四十条　违反本条例规定，施工单位未按照民用建筑节能强制性标准进行施工的，由县级以上地方人民政府建设主管部门责令改正，处民用建筑项目合同价款2%以上4%

以下的罚款；情节严重的，由颁发资质证书的部门责令停业整顿，降低资质等级或者吊销资质证书；造成损失的，依法承担赔偿责任。

第四十一条　违反本条例规定，施工单位有下列行为之一的，由县级以上地方人民政府建设主管部门责令改正，处10万元以上20万元以下的罚款；情节严重的，由颁发资质证书的部门责令停业整顿，降低资质等级或者吊销资质证书；造成损失的，依法承担赔偿责任：

（一）未对进入施工现场的墙体材料、保温材料、门窗、采暖制冷系统和照明设备进行查验的；

（二）使用不符合施工图设计文件要求的墙体材料、保温材料、门窗、采暖制冷系统和照明设备的；

（三）使用列入禁止使用目录的技术、工艺、材料和设备的。

第四十二条　违反本条例规定，工程监理单位有下列行为之一的，由县级以上地方人民政府建设主管部门责令限期改正；逾期未改正的，处10万元以上30万元以下的罚款；情节严重的，由颁发资质证书的部门责令停业整顿，降低资质等级或者吊销资质证书；造成损失的，依法承担赔偿责任：

（一）未按照民用建筑节能强制性标准实施监理的；

（二）墙体、屋面的保温工程施工时，未采取旁站、巡视和平行检验等形式实施监理的。

对不符合施工图设计文件要求的墙体材料、保温材料、门窗、采暖制冷系统和照明设备，按照符合施工图设计文件要求签字的，依照《建设工程质量管理条例》第六十七条的规定处罚。

第四十三条　违反本条例规定，房地产开发企业销售商品房，未向购买人明示所售商品房的能源消耗指标、节能措施和保护要求、保温工程保修期等信息，或者向购买人明示的所售商品房能源消耗指标与实际能源消耗不符的，依法承担民事责任；由县级以上地方人民政府建设主管部门责令限期改正；逾期未改正的，处交付使用的房屋销售总额2%以下的罚款；情节严重的，由颁发资质证书的部门降低资质等级或者吊销资质证书。

第四十四条　违反本条例规定，注册执业人员未执行民用建筑节能强制性标准的，由县级以上人民政府建设主管部门责令停止执业3个月以上1年以下；情节严重的，由颁发资格证书的部门吊销执业资格证书，5年内不予注册。

第六章　附　　则

第四十五条　本条例自2008年10月1日起施行。

附录四

建设部、财政部关于推进可再生能源在建筑中应用的实施意见（建科［2006］213号）

各省、自治区、直辖市、计划单列市建设厅（委、局）、财政厅（局）及有关部门，新疆生产建设兵团建设局、财务局：

建筑是可再生能源应用的重要领域。我国太阳能、浅层地能等资源十分丰富，在建筑中应用的前景十分广阔。目前，虽然我国太阳能光热利用、浅层地能热泵技术及产品发展比较迅速，但与建筑结合的程度不够，应用范围较窄，系统优化设计水平不高，距离大规模推广应用还存在不少差距，需要大力进行扶持、引导，使其尽快达到规模化应用。为贯彻落实《中华人民共和国可再生能源法》和《国务院关于加强节能工作的决定》（国发［2006］28号），推进可再生能源在建筑领域的规模化应用，带动相关领域技术进步和产业发展，现提出以下实施意见。

一、充分认识推进可再生能源在建筑领域规模化应用的重要意义

（一）推进可再生能源在建筑中应用是贯彻落实科学发展观，调整能源结构，保证国家能源安全的重要举措。可再生能源是重要的战略替代能源，对增加能源供应，改善能源结构，保障能源安全，保护环境有重要作用，是建设资源节约型、环境友好型社会和实现可持续发展的重要战略措施。利用太阳能、浅层地能等可再生能源解决建筑的采暖空调、热水供应、照明等，是可再生能源应用的重要领域，对替代常规能源，促进建筑节能具有重要意义。

（二）推进可再生能源在建筑中应用是实施国家能源战略的必然选择。我国太阳能年辐照总量超过4200MJ/m^{2}的地区占国土面积的76%，是世界上太阳能资源最丰富的大国之一。在地表水、浅层地下水、土壤中可采集的低温能源十分丰富，利用潜力巨大。太阳能和浅层地能都属于低品位能源、热值不高，按照分级用能原则，这些能源最能满足建筑生活用能的需要。因此，大力推进太阳能、浅层地能等可再生能源在建筑中应用，是解决建筑用能最经济合理的选择。

（三）推进可再生能源在建筑中应用是满足能源需求日益增长，改善人民生活质量，提高建筑用能效率的现实要求。我国工业化、城镇化进程正处于快速发展时期，随着群众生活改善，在夏热冬暖的南方地区和夏热冬冷的过渡地区，夏季空调电耗急剧攀升，原本不属于暖区域的城镇也开始建设供热系统，广大农村地区越来越多地改用煤、天然气、电等商品能源，建筑用能呈现不断增长趋势。依靠可再生能源解决建筑新增用能需求，不仅能满足人民群众改善居住质量的要求，而且也能有效缓解我国能源供需矛盾。

二、推进可再生能源在建筑领域应用指导思想及工作目标

（四）指导思想。树立和落实科学发展观，贯彻实施国家《可再生能源法》，大力推进太阳能、浅层地能等可再生能源在建筑领域的应用，切实转变建筑能源需要求增长方式，通过国家对可再生能源在建筑应用的政策法规、技术标准引导，以及示范工程和技术推广，切实降低可再生能源建筑应用的技术及价格门槛，加快普及步伐，带动相关材料、产品的技术进步及产业化，形成具有自主知识产权的技术、产业体系，建立长效机制，降低建筑对常规能源的消耗，促进国家能源结构调整，保证能源安全。

（五）工作目标。"十一五"期间，可再生能源在建筑中应用取得实质性进展，基本形成相关政策法规、技术标准和技术支撑体系，基本建成与建筑结合的可再生能源自主知识产权技术和材料、产品体系。预计到"十一五"期末，太阳能、浅层地能应用面积占新建建筑面积比例为25%以上，到2020年，太阳能、浅层地能应用面积占新建建筑面积比例为50%以上。

三、因地制宜，示范引路，稳步推进

（六）总体思路。因地制宜，以点带面，在条件成熟的城市或地区，选择有代表性的建筑小区和公共建筑进行可再生能源在建筑中规模化应用的示范，重点实施技术先进适用，运行稳定可靠，经济合理，推广价值大的项目。通过示范，总结经验，形成建筑应用的集成技术体系和相关技术标准、配套的政策法规，带动产业发展，稳步推广扩散，形成政府引导、市场推进的机制和模式。

（七）重点技术领域。国家重点支持以下技术领域中应用可再生能源的示范工程、技术集成及标准制定：

1. 与建筑一体化的太阳能供应生活热水、采暖空调、光电转换、照明；
2. 地表水及地下水丰富地区利用淡水源热泵技术供热制冷；
3. 沿海地区利用海水源热泵技术供热制冷；
4. 利用土壤源热泵技术供热制冷；
5. 利用污水源热泵技术供热制冷；
6. 农村地区利用太阳能、生物质能等进行供热、炊事等；
7. 先进适用，具有自主知识产权的可再生能源建筑应用设备及产品产业化。
8. 培育相关能效测评机构，建立能效标志、产品认证制度及建筑节能服务体系。

（八）认真做好示范项目组织实施。财政部、建设部制定示范项目的申报、评审办法，定期发布可再生能源建筑应用示范项目实施计划，组织各地进行申报。各地建筑、财政主管部门根据本地的经济、社会发展水平和地理气候条件，按照国家要求，组织项目的申报，并在项目批准后具体组织实施。

（九）加强监督管理，保证示范质量。各地建设、财政主管部门要加强对示范项目实施的监督管理，在示范项目建设过程中，依照国家法律法规和工程强制性标准加强监督检查和指导，确保示范项目达到国家有关标准，不符合现行有关标准或不能实现项目预期效益目标的要责令改正。要加强对示范项目使用中央及地方财政资金的监管力度，保证资金的使用符合国家相关政策法规，达到预期目的。

（十）建立评估机制，保证示范效益。依托具备条件的省级以上建筑科研机构，逐步形成国家可再生能源建筑应用的测评和技术支撑体系。各地建设、财政主管部门在示范项目完成后，应委托国家可再生能源建筑应用能效测评机构，对示范项目的节能环保效果进行测评。经测评不符合现行有关标准要求的，应当责令返工；造成损失的，由责任方依法承担赔偿责任。

（十一）强化运行管理，提高利用效率。各地建设主管部门要研究制定可再生能源设备及产品运行维护的管理制度，定期对可再生能源建筑应用项目进行检查。业主及物业管理单位要定期对可再生能源设备进行维护，安排专人记录产品、设备使用情况，并如实上报。各地建设、财政主管部门要加强对示范项目的跟踪、指导和监督，及时公布可再生能源利用相关情况，发挥示范引导作用。

（十二）认真做好宣传扩散工作。各级建设、财政主管部门要充分发挥舆论的导向与监督作用，大力宣传我国能源资源现状与推广可再生能源在建筑中应用的重大意义，对试点城市的示范项目的运作模式、技术应用、运行管理等成功经验要积极宣传，扩大影响，努力营造有利于可再生能源建筑规模化应用的社会氛围。

四、加强组织领导，完善政策措施，建立长效机制

（十三）加强组织领导。各地应建立推进可再生能源在建筑中应用工作协调机构，切实加强对推进可再生能源建筑应用工作的领导。凡有国家示范项目的城市，建设、财政等相关部门应以联席会议制度等形式，加强组织领导和统筹协调。并依托现有建筑节能机构，建立专门的班子，由专门的人员具体负责。主要任务是制定本地区可再生能源建筑应用规划以及具体实施方案，协调项目实施工作，解决推进工作中的问题，及时总结经验推进推广，同时依托有实力的大专院校、科研机构等组成相应的技术支撑和保障体系，采取有效措施，逐步推进。

（十四）完善政策激励机制。国家发挥财政、税收等经济政策的引导和调控作用，促进可再生能源在建筑中应用和相应产业的发展。在安排使用可再生能源专项资金时，加大对利用可再生能源的建设项目及技术含量高、推广价值大的可再生能源建筑应用设备研发和产品生产企业的支持力度。各地建设、财政主管部门应根据本地区实际，积极研究推广可再生能源建筑应用的扶持政策，切实解决影响可再生能源推广应用的问题，通过地方财政补贴或利用城市公用事业附加、城市配套费资助等方式对可再生能源在建筑中应用给予支持。

（十五）高能耗建筑中可再生能源应用。各地建设主管部门要会同有关部门研究在新建、改建政府办公建筑、大型公共建筑及高档住宅小区建设中强制使用可再生能源的可行性，并适时出台相关政策，予以实施。在组织进行旧城改造、既有建筑节能改造及供热采暖设施改造时，要优先考虑使用可再生能源。

（十六）规范行业发展。建设部要依法逐步规范可再生能源建筑应用的设备安装、能效测评等企业的管理，培育和引导行业的健康发展。

（十七）建立和完善能效标识和可再生能源建筑应用设备产品认证制度。对可再生能源建筑应用项目推进强制性能效标识制度，建立有效的政府监管、社会监督和市场引导机制。对企业生产的可再生能源建筑应用设备及产品推行自愿性产品认证，引导社会消费行为，促进企业加快优质产品的研发。

（十八）培育和规范能源服务市场。以北方供热采暖、大型公共建筑节能为重点，依托建筑科学研究、工程勘察设计、技术咨询、热力企业等，建立合同能源管理、能源审计、节能改造与融资等多层次、多元化的建筑节能服务体系，以市场化机制推进建筑节能及可再生能源建筑应用工作。

五、加快技术创新，提高可再生能源建筑应用技术、产品发展水平

（十九）认真执行并继续完善技术标准。各省级建设主管部门要大力推动建筑领域中有关可再生能源应用的国家相关技术标准规范的贯彻执行，并结合本地实际，积极研究制定可再生能源在建筑中应用设计、施工、验收的标准、规程及工法、图集。建设部将研究制定可再生能源建筑应用测评标志管理办法及技术导则，规范测评行为。

（二十）建立完善技术、产品的推广、限制、淘汰制度。建设部将制定可再生能源建筑应用的技术及产品推广、限制、淘汰指导目标，引导技术及产品发展方向。加强工程建设中的监督检查工作，严肃查处使用国家明令禁止的淘汰产品和技术的行为，加快淘汰落后的技术、产品。

（二十一）大力推进技术进步。各地建设、财政主管部门要积极支持可再生能源建筑应用技术的开发、集成和应用示范，组织引进、消化、吸收国外先进技术，优先支持科技含量高、经济性好、节能效果显著、拥有自主知识产权的可再生能源建筑应用设备产品生产技术与装备的研究开发，增强自主创新能力。研究可再生能源产品设备与建筑结合标准化生产模式，提高技术及应用水平。

中华人民共和国建设部
中华人民共和国财政部
二〇〇六年八月

附录五

辽宁省建设厅文件辽建［2006］83号《关于在建筑工程中大力推广太阳能利用和建筑一体化技术的通知》

各市建委：

为贯彻落实《中华人民共和国可再生能源法》和建设部《关于贯彻国务院办公厅开展资源节约活动的意见》，深入推广和开发利用新能源和可再生能源，推动我省经济和社会可持续发展，决定从2006年起在我省新建和改建的住宅建筑中，大力推广太阳能热水器、太阳能集热板与建筑一体化技术。现将有关要求通知如下：

一、各级建设主管部门要提高对推广太阳能热水器、太阳能集热板与建筑一体化技术重要性的认识，切实加强组织领导。

我国是世界上能源匮乏的国家之一，随着经济的快速发展和人民生活水平的不断提高，对能源的需求量日益高涨，能源问题已经成为制约我国经济持续发展的瓶颈，并开始威胁到国家安全。民用建筑是能耗的大户，在住宅建设中推广太阳能利用技术，不仅会节约大量能源，同时也会提高居住的舒适度。因此各市建委要提高对利用新能源和可再生能源重要战略地位和作用的认识，切实加强领导，采取有效措施，确保太阳能利用和建筑一体化技术的推广工作落到实处。要组织科技人员认真选定产品型号，编制设计导则和标准图，落实实施项目，制定鼓励政策，推动这项工作有序的开展，2006年推广应用太阳能热水器、太阳能集热板的规模要力争达到当年竣工住宅面积的30%以上。

二、各建设单位在新建住宅工程中要大力使用太阳能热水器和太阳能集热板，做到与住宅主体工程三同步：即同步设计、同步施工、同步验收。

三、各设计单位在进行太阳能热水器、太阳能集热板与建筑一体化设计时要结合工程具体特点，把太阳能热水器、太阳能集热板的规格尺寸、管道竖井、固定预埋件、系统布置、电气管线敷设、节点做法等列入施工图纸设计内容，确保建筑立面整齐美观，结构合理、维修方便、使用安全。

四、施工单位要严格按照审查合格的设计文件要求，精心组织，精心施工，确保施工质量。

五、监理单位要依照设计文件，认真做好对太阳能热水器、太阳能集热板与建筑一体化技术工程的监理，确保工程质量和功能质量。

二〇〇六年三月二十四日

附录六

沈阳市城乡建设委员会沈建发［2007］125号《关于进一步加强在建筑工程中推广应用太阳能技术的通知》

各有关单位：

为开发利用可再生能源，优化能源结构，促进能源互补，提高能源利用效率，推动我市经济持续发展，建设资源节约型社会，根据《中华人民共和国可再生能源法》，决定自2007年8月1日起在建筑工程中全面推广应用太阳能技术。现将有关事宜通知如下：

一、关于新建建筑的应用管理

1. 从2007年8月1日起，在全市范围内，所有新建和改建的低层（别墅）和多层住宅建筑，均应进行太阳能热水系统一体化同步设计、施工和验收；对小高层、高层住宅及其他公共建筑，应根据建设单位和使用者的要求，确定是否进行太阳能热水系统的一体化应用。

2. 新建低层（别墅）和多层住宅建筑不具备太阳能集热条件的，建设单位应当在报建时向市（开发区）建设行政主管部门申请认定；未经认定不采用太阳能热水系统的，不予受理设计审查。

3. 鼓励小高层、高层住宅及其他公共建筑应用太阳能热水系统；鼓励其他可再生能源在建筑中应用的技术研究和示范工程建设。

4. 设计单位在进行建筑设计时，应按照《民用建筑太阳能热水系统应用技术规范》和《辽宁省民用建筑太阳能热水系统一体化技术规程》进行设计；设计应做到建筑立面整齐美观、协调有序。

5. 施工图审查单位对采用太阳能热水系统的项目应进行专项审查，对应设计采用太阳能热水系统而未进行设计的，不得通过设计审查。

6. 太阳能热水系统安装施工单位应具有相应的施工专业资质，应按照设计图纸和辽宁省建筑标准设计建筑构造图集辽2007J806《太阳能热水系统一体化安装》进行施工，确保工程施工质量和安全。

7. 监理单位应严格认真履行职责，做好太阳能热水系统安装施工的监理工作，严禁在建筑工程中采用不合格的配件。

8. 建设单位在组织工程竣工验收时，应包括对太阳能热水系统安装的施工质量和使用安全验收。擅自取消太阳能热水系统安装的工程，不予受理竣工验收。

二、关于既有建筑的应用管理

9. 已竣工的新建住宅小区，建设项目单位或物业公司应根据住户的要求，在确保建筑质量与安全的前提下，有计划地组织实施安装太阳能热水系统。

10. 对既有建筑，在确保建筑质量与安全的前提下，鼓励住户使用符合产品标准和技术规范的太阳能热水系统。市房产行政主管部门应协调产权单位或物业公司，给予提供方便和支持。

三、关于普及推广应用工作

11. 由政府投资建设和使用的集中热水供应系统的公共建筑，要带头实施太阳能热水系统的一体化应用。有安装条件的医院、学校、宾馆、饭店、游泳池、洗浴场所要根据使用情况，逐步改装使用太阳能热水系统。

12. 大力提倡村镇居民自建居住建筑应用太阳能热水系统，满足居住需求，提高农村生活水平。

13. 逐步推广太阳能光伏发电技术在城市路灯、道路交通指示牌、楼道照明灯、小区照明、村庄道路灯中应用。

14. 逐步推广太阳能光热技术在建筑供暖与热水系统的应用，开展太阳能供热（兼有采暖、生活热水）、太阳能与地源热泵结合供暖的试点应用。

15. 对太阳能设备、安装施工企业实行备案管理，建立太阳能设备厂家及经销企业的诚信档案。使用太阳能设备的单位和个人应选用经过备案的太阳能设备。

16. 鼓励太阳能技术应用的建设单位申报示范工程项目，经市建设行政管理部门审核后上报建设部，申请可再生能源建筑应用专项资金。

17. 成立推进太阳能技术应用的技术专家咨询机构，切实为实施太阳能技术应用提供技术保证。

二〇〇七年七月三日

沈阳市城乡建设委员会

附录七

大连市建筑节能“十一五”规划

大连市城乡建设委员会

二〇〇六年七月

目录

为落实国家十一五发展纲要，根据市政府关于开展建设事业“十一五”规划及专项规划编制工作的通知，以相关文件精神为依据，在总结我市“十五”期间建筑节能工作经验的基础上，结合我市建筑节能实际情况，编制我市建筑节能“十一五”规划，旨在保证我市建筑节能事业持续、健康、全面发展。

一、“十五”期间基本情况

（一）我国建筑能耗现状

我国地域广阔，与同纬度其他国家相比，自长江以北至东北地区冬季温度偏低 10～18℃，夏季温度偏高 2℃，而建筑物的保温隔热和气密性能很差，采暖系统热效率低，冬季供暖平均热指标在 30～50W/m^2，为北欧相同气候条件下建筑供暖能耗的 2～3 倍。除供暖外，我国住宅能耗中的用电量为 10～30 度/(平方米·年)，并随生活水平的提高目前呈上升趋势。我国大型公共建筑平均能耗值高于日本，与美国的平均值大体接近。建筑设计不合理、节能技术落后、供热效率低、施工及运行管理不合格等众多原因导致我国建筑中能源浪费较为严重。

目前我国城镇民用建筑运行耗电占我国总发电量的22%～24%，北方地区城镇供暖消耗的燃煤量占我国非发电用煤量的15%～18%，建筑消耗的能源占全国商品能源的21%～24%，这些数值都仅为建筑运行所消耗的能源，不包括建筑材料制造用能及建筑施工过程能耗。目前发达国家的建筑能耗一般为总能耗的1/3左右。随着我国城市化程度的不断提高，第三产业占GDP比例的加大以及制造业结构的调整，建筑能耗的比例将继续提高，最终可能接近发达国家目前的水平。

（二）我市建筑能耗现状及节能潜力分析

近十年来，我市建筑面积增长迅速，建筑保温性能不断提高，但是建筑采暖能耗仍然处于较高水平。我市城区截至2004年底实有房屋建筑面积10030万平方米，符合《民用建筑节能设计标准（采暖居住建筑部分）大连地区实施细则》（1997）节能50%要求的只占到16.9%。根据2005年的调查统计结果，在2000年以后新建的住宅建筑中，达到节能50%标准要求的占92%。

当前我市大型公共建筑面积占我市建筑总面积的5%左右，但其用电量为100～300度/(m^2·年)，为住宅建筑用电量的10倍以上（不包括供暖）。随着我市城市建设的重点逐渐向大中型公共建筑转移，公共建筑的用电量将急剧增加。因此需要采取有效措施抑制建筑能耗的过快增长。研究表明，当在建筑、空调、照明等方面采用先进技术，对于新建大型公共建筑也可使电耗降到目前水平的40%以下，如对空调系统、照明等采取全面的改进措施，现有建筑的电耗可降低30%～40%。

（三）“十五”期间我市建筑节能工作基本情况

1. 法律法规体系初步形成

“十五”期间，我市发布了一系列建筑节能方面的规定、图集等，如《新型墙体材料和节能建筑管理规定》、《大连市城市节能建筑管理办法》、《大连市禁止和限制使用的建设工业产品名录》、《太阳热水器建筑设计导则》、《大连市居住建筑节能设计（节能65%）规定》等，为推进建筑节能工作的顺利开展奠定了良好的基础。

2. 建筑节能成果显著

“十五”期间，贯彻实施相关法律法规、标准，采取监管措施，通过强化建筑节能专项设计审查和竣工验收的核查，我市市内四区新建住宅基本达到建筑节能要求。“十五”期间累计建成节能住宅1700万平方米，每年可节约标准煤20万吨。

“十五”期间，我市建筑节能材料及技术不断进步，现已全面淘汰复合硅酸盐保温浆料内保温做法，夹心墙保温、外墙外保温应用量逐年提高，累计建成新型墙体材料节能建筑1700万平方米。截止到2003年底，我市城市规划区内基本完成禁用实心黏土砖工作，新型墙体材料应用比例逐年提高。

建筑节能门窗也在我市得到了广泛应用。目前我市新建的住宅小区中使用塑料节能窗的约占60%，其余40%基本是断桥铝合金窗。保温性能良好的中空玻璃塑料平开窗、中空玻璃断热型材铝合金平开窗等节能产品在新建建筑中也得到了一定程度的使用。

在供暖技术方面，从2000年起，我市所有新建住宅的供暖系统设计全部采用能够实现分户计量的系统形式，为供暖分户计量收费的实施做好了准备；通过对供热管网进行改造，拆除一部分低效率的小型锅炉，采用集中供热方式，城市集中供热率逐年提高，供热效率得到了进一步提升；热电联产规模不断扩大；变频技术和智能化控制系统在供热系统中得到了一定应用；约30%的楼盘采用了低温地板辐射供暖方式，在降低供暖能耗的同时，大大提高了居住者的舒适度。

在可再生能源利用方面，从2005年10月1日起，太阳能热水器在我市多层住宅的设计中得到强制性应用；我市成为“国家海水源热泵规模化应用城市级示范”城市，在利用可再生能源方面走在全国的前列。

3. 示范工程推进建筑节能体系应用

为加强建筑节能示范项目的实施，我市建设了以大有恬园为代表的国家康居住宅示范工程，其住宅单户保温体系、低温辐射地板采暖体系、三位一体的供暖节能体系、太阳能热水体系、墙改节能体系等，为我市推广和应用建筑节能技术起到了良好的带头和示范作用。“十五”期间，共组织了国家、省、市试点示范工程16项。

4. 建筑节能带动相关产业发展

建筑节能工作的开展，带动了建筑节能相关材料、产品的快速发展。墙体（保温）材料、节能门窗、海水源热泵等应用技术的研发生产逐步本地化。出现了大连丽美顺涂料树脂有限公司（外墙外保温技术体系）、大连实德集团（塑料门窗）、大冷集团（海水源热泵）等一批骨干企业，其中大冷集团海水源热泵项目已经申报国家建筑节能产业化基地。

5. 存在的问题

目前，我市推动建筑节能工作的管理体制、监管体系尚不健全；建筑节能法规、标准不配套、不完善，在某些领域缺乏相关的法规和标准；市区与城乡建筑节能工作发展不平衡，技术水平差异较大；现有建筑的节能技术水平较低，一些成熟的技术与产品得不到及时推广与应用；相应的鼓励政策不完善，使得建筑节能方面的投入较少；建设与运行管理工作跟不上；建筑能耗数据缺乏详细的调查统计；既有建筑节能改造的力度不大。

二、指导思想和编制依据

（一）指导思想

坚持科学发展观，以提高资源利用效率为核心，以发展循环经济和大力推进可再生能源建筑应用为重点，建立和完善政策法规，加快标准的制定与修订，加大标准、法规的执行力度，推进技术进步，推广可再生能源在建筑中的规模化应用，全面推进我市建筑节能工作的开展。以建设节约型社会、环境友好型社会为目标，从保护环境和改善建筑功能、提高建筑质量、改善城乡居住环境入手，促进我市社会经济全面协调、可持续发展。

（二）编制依据

根据市委、市政府关于做好我市国民经济和社会发展“十一五”规划的部署及工作思路，以及市建委《关于开展大连市建设事业“十一五”规划及专项规划编制工作的通知》（大建计发［2005］74号文件），参照国家《关于新建居住建筑严格执行节能设计标准的通知》（建科［2005］55号）和省建设厅《关于进一步加强民用建筑节能管理的若干规定》（辽建发［2002］82号）、《国家发展改革委关于印发节能中长期专项规划的通知》（发改环资［2004］2505号）、《大连市老工业基地振兴规划纲要》、《大连城市发展规划》和《大连市人民政府办公厅关于印发大连市节约型建筑建设工作实施方案的通知》（大政办发［2006］48号）等相关文件精神，结合我市建筑节能工作的实际情况，编制此规划。

三、发展目标

1. 新建居住建筑全面严格执行建筑节能标准，市内四区、旅顺口区、金州区、开发区、高新园区（以下简称市区）内的居住建筑工程从2006年7月1日起，北三市、长海县城市规划区（含各类开发区、工业园区）内的居住建筑工程从2007年1月1日起，全面贯彻执行《大连市居住建筑节能设计（节能65%）规定》；新建公共建筑全面贯彻《公共建筑节能设计标准》（GB 50189—2005），2007年底完成我市《公共建筑节能设计标准》实施细则及技术支撑体系建设，逐步建立公共建筑能耗统计制度；对于有供暖（冷）要求的其他工业建筑制定相关标准并颁布实施。

2. 既有建筑实施节能改造。中心城区内的既有居住建筑完成应改造总量的25%，其他城市区域既有居住建筑完成应改造总量的10%，政府机关办公楼完成应改造总量的50%，并推进其他公共建筑的节能改造。

3. 推进热电冷联产模式，使集中供热率提高到85%；完成热计量收费制度改革。

4. 推进可再生能源在建筑中的规模化应用。所有新建、改建的低层（别墅）、多层住宅建筑，必须按照有关规定对太阳能热水器进行一体化设计和施工，并研究制定相关的标准、规范的实施细则；组织实施高层、超高层民用住宅和其他公共建筑的太阳能热水系统应用示范工程；做好国家海水源热泵规模化应用城市级示范工作，启动海水源热泵技术应用示范工程建设；制定相关的政策法规、技术标准、关键技术体系以及市场推进机制。

5. 开展绿色照明工程，保证节能灯具的应用达80%以上。

四、重点工作

（一）切实贯彻和执行国家及省部级关于建筑节能方面的法律、法规等，制定和完善相关的政策、规定、规范、标准等，并严格执法的力度。

（1）全面执行《大连市居住建筑节能设计（节能65%）规定》，强化建设项目的立项、规划、设计、施工图纸审查、施工、监理、验收、销售等各环节的监督管理。组织相关部分制定“建筑节能效果评估技术规程”，由政府部门对新建建筑的节能效果评估做出管理规定，并将检测结果作为建筑是否达到节能设计标准的最终依据。

（2）2007年底前编制完成《公共建筑节能设计标准》（GB 50189—2005）大连地区的实施细则和配套的设计、施工图集。

（3）完善我市建筑节能政策法规体系，出台《大连市建筑节能管理条例》。

（4）编制完成《民用建筑太阳能热水系统应用技术规范》大连地区实施细则和配套的设计、施工图集。

（5）编订并公布我市推广、限制、淘汰的产品和技术目录，加大政府对企业节能技术产品的监管力度，提高建筑节能产品的质量。

（6）对于有供暖（冷）要求的其他工业建筑制定相关标准并予以实施。

（二）坚持科学发展观，加大对科研的投入和支持，加强示范项目和工程的带头示范作用，推动建筑节能新技术的推广应用。

（1）继续加大在外保温复合墙体技术、热计量及温控技术、供热管网调节控制技术、计算机模拟技术、太阳能等可再生能源在建筑中的应用、建筑中采暖空调等用能系统的优化等关于建筑节能技术方面的科研支持力度。

（2）投入资金组织科研设计单位、房地产开发商和相关设备生产、工程建设企业等完成海水源热泵系统、污水源热泵系统和太阳能热水系统的示范工程及规模化应用。

（3）组织实施低能耗（节能65%）居住建筑的节能示范工程和公共建筑节能50%的

示范工程，并开展超低能耗（节能 75%）居住建筑节能示范工程的试点工作。

（4）继续加大对新型节能建筑材料和节能门窗在新建建筑中应用的支持力度，推广使用外墙外保温、Low-E 玻璃等节能技术，逐步完善外墙外保温成套技术。

（三）开展建筑冷热源、管网系统，以及供暖分户热计量中的节能技术研究和应用，建立并完善供热计量收费制度。

（1）优化冷热源结构，推广区域热、电、冷联产联供技术，水泵、风机变频技术和管网高效保温以及智能控制技术，保证新建锅炉效率达到 78%，管网系统效率达到 90%。

（2）继续完善供暖分户热计量中实现温控和热计量的方式和技术措施，对既有建筑的供暖分户热计量改造要根据不同系统形式采取适当的方式，并制定相关的技术与规范。

（3）做好我市“供热收费制度改革与建筑节能试点城市”工作。继续发展和完善以集中供热为主导的供热系统，适度发展区域供冷系统，使集中供热率提高到 85%，清洁能源供热率提高到 20%。

（4）研究供暖分户热计量中热价的构成及收费的途径，在我市建筑节能试点工程中选择若干小区进行供暖分户热计量收费的尝试，总结经验，完善相关技术和政策措施，条件成熟可进一步扩大应用范围。

（5）开展既有供热管网系统效率的评估及改造工作，制定评估标准与细则，对效率低于 90%的要进行节能技术改造。

（四）既有建筑的节能改造

（1）调查我市既有建筑的基本情况，掌握既有建筑的建成年代、结构、采暖空调方式等。

（2）研究制定既有建筑能耗评估的方法和标准，开展对既有建筑的能耗状况进行全面评估。

（3）组织开展既有建筑节能改造示范工程，先以市委、市政府及其所属办事机构作为既有建筑节能改造的示范对象，总结经验后，逐步推广到居民住宅和各类公共建筑。

（4）制定各类既有建筑节能改造的相关激励政策、法规，技术规范、技术标准、技术支撑体系等。

（5）既有非节能建筑的改造要坚持有计划、有步骤的进行，积极探索既有建筑节能改造的模式，多渠道筹集节能改造资金，做到同步规划、同步设计、协调实施，使其达到当前节能设计标准的要求。

（五）可再生能源的应用

（1）做好国家海水源热泵规模化应用城市级示范工作。启动海水源热泵技术应用示范工程建设，“十一五”期间完成 387 万平方米的规模。组织完成相关技术、标准规划的编制，建立一套完整的政策法规、技术规范、关键技术体系及市场推进机制，推进可再生能源在建筑方面的规模化应用。

（2）在太阳能的利用方面，要求各开发、设计单位在新建、改建的低层（别墅）、多层住宅建筑的规划设计中，必须按《大连市太阳能热水器建筑设计导则》安装太阳能热水系统。开展高层、超高层住宅建筑和其他公共建筑中太阳能热水系统应用的示范项目建设，编制我市太阳能热水系统应用方面的技术规范。

（六）开展绿色照明工程

针对现阶段我市的照明维护管理水平较低，特别是公共场所和道路照明，经常不能按时开与关，照明效率低、缺少定期清扫与维护等问题，绿色照明工程将发展和推广高效照明电器产品，“十一五”期间我市新建建筑将全部采用节能灯具；全市所有的景观照明灯和公共场所的照明灯具也将逐年更换为绿色节能产品，争取在2008年底前建成节能型城市照明体系。

（七）进行适当的机构调整，确立专门的部门全面负责建筑节能工作，加强建筑节能工作自上而下的执行力度，并将建筑节能工作从城市逐步向乡镇延伸。

（八）宣传和培训

（1）建立能源运行管理人员的培训机制。从2006年起，对全市供热面积大于50万平方米的热电厂和热力站的运行管理人员每年十月底以前进行一次全员集中学习与培训，使其及时掌握在日常的运行管理工作中实现节能运行的新方法与先进技术。

（2）根据建筑节能技术性较强的特点，采取培训、讲座、研讨等方式，结合建筑应用过程中不同的对象进行有针对性的强化培训，全面普及建筑节能技术。

（3）根据工作开展情况，适时利用各种媒体进行宣传。

五、保障措施

（一）政策法规手段

建设行政主管部门必须加强对节能设计的管理，落实对节能设计的审查，继续把是否符合节能设计标准作为设计审查通过的必要条件，并逐步实施建筑节能标志制度。

加速制定《大连市节能建筑管理条例》，严格执行《关于新建居住建筑严格执行节能设计标准的通知》中的相关规定，要求城市新建建设项目在有关建筑节能的审批、设计、施工、工程质量监督及运营管理各个环节均应严格执行建筑节能设计标准的有关强制性规定，对不按节能标准设计建造，达不到节能要求或违反规定的，按有关规定进行处罚。

对于在节能建筑中采用伪劣、不合格产品，在标准图、产品手册中虚报高估节能保温效果，进行虚假欺骗宣传，以及在节能设计、施工和检验中的弄虚作假行为，建设行政管理部门须加强监督管理，严格执法。要组织力量不定期进行检查，加强查禁处罚力度。

（二）组织管理

发挥我市节约型建筑建设领导小组的作用。由于节约型建筑工作涉及的部门较多，节约型建筑建设领导小组负责我市建设领域“四节”工作的组织与协调，进一步整合我市的行政资源，形成合力。调整与完善各市、县、区建筑节能管理组织的结构、人员和制度，并在发挥其监督和执法等作用时，充分利用市场经济体制下政府引导市场和调控经济的原则和手段，加速节约型建筑建设工作的开展。

（三）技术保证

为促进技术进步，推行科技创新，以及为建筑节能工作的可持续发展提供后续支持，“十一五”期间，计划完成一批建筑节能科技攻关、技术创新项目，成套技术开发项目和产业化项目，并研究开发一批科技含量高、满足建筑节能标准要求的先进产品。技术研究与开发的重点将围绕节能墙体、建筑能耗模拟分析、热计量及温控技术、多热/冷源系统调控技术、可再生能源的开发利用、建筑节能评估方法等方面展开。

构筑建筑节能的科技活动平台。通过开展各种建筑节能科技活动，充分发挥建筑节能专家及相关技术人才的作用，形成一个高效的沟通平台，为政府相关决策及规划提供参考。

通过示范项目的建设，推进节约型建筑建设工作。以示范项目为载体，推广应用“四节”技术与部品，重点抓技术和部品的系统集成与整合。

（四）激励政策

研究制定较为完善和具体的建筑节能激励政策，提高开发商的建筑节能积极性。利用节约型建筑建设专项资金，对于节约型建筑的示范项目、试点工程和科研开发的前期工作费予以补贴，对开发建设的增量成本及信贷提供贴息、补贴和融资优先等政策支持。形成一套由业主引导的利益驱动机制，通过市场调节手段为节能工程、节能技术的应用和推广提供有力的软环境。

（五）宣传引导

加强媒体的宣传力度。以实施建筑节能的现实意义为重点，通过电视、报纸、网站等媒体以及建筑节能研讨会、展览会等多种形式进行宣传，根据人们不断追求高质量居住环境的趋势，大力宣传和推广高性能的节能建筑，强化全民的建筑节能意识。主要措施如下：

加强对各级领导的宣传，提高他们对建筑节能的认知和重视程度；组织学习《建筑节能管理规定》，举办建筑节能培训班、研讨会；加强建筑节能科技书刊和通俗读物的出版工作；通过大规模宣传，使购房者或租房者等建筑的真正用户认识建筑节能的重要性，并通过这些用户的需求去促进开发商建造节能建筑；建立建筑节能信息网站，搜集整理国内外信息；扩大与国外交流渠道。

（六）国际合作

包括考察互访、合作研究、合作建设示范工程、合作生产节能产品、合作举办国际研讨会等。充分利用国际资源，加强节能建设，不断提高我市建筑节能技术与管理水平。在做好现有项目的基础上继续拓展合作领域，全面开展新的合作项目，逐步缩小与世界先进水平的差距。

以上各种措施综合运用，并结合政府的宏观调控，确保本规划得以顺利实施。

附录八

大连市《关于在建筑工程中全面推广应用太阳热水器的通知》大建委发［2005］208号

各有关单位：

为开发利用可再生能源，改善能源结构，增加能源供应，促进经济和社会可持续发展，根据《中华人民共和国可再生能源法》对建筑节能的要求，决定自2005年在建筑工程中全面推广应用太阳能热水器。现将有关事宜通知如下：

一、自2005年10月1日起，所有新建和改建的底层（别墅）、多层住宅建筑，必须按《大连市太阳热水器建筑设计导则》DT05—2（以下简称《导则》）进行太阳能热水器一体化设计和施工。小高层、高层住宅及其他公共建筑可以举开发单位和使用者的要求，确定是否进行太阳热水器的一体化设计和施工。

二、设计单位在进行建筑设计时，应参照《导则》，按照有关技术要求，结合工程具体特点，借鉴太阳热水器与建筑相结合的成熟经验进行设计。如采用《导则》以外的太阳热水器系统方案时，必须组织专家论证，并报大连市墙体材料革新办公室备案后方可实施。

三、太阳热水器与建筑相结合应做到建筑立面整齐美观、协调有序。

四、太阳热水器的规格尺寸、管道竖井、固定预埋件、系统布置、电气管线敷设、节点做法等须列入施工图纸设计内容，确保结构、安装维修和使用安全。

五、施工图审查单位对用太阳热水器的项目应进行专项审查，对应设计采用太阳热水器而未设计的，不得通过设计审查；审查合格的应在《民用建筑节能设计审查备案登记表》中注明。

六、太阳热水器安装施工单位应具有相应的施工专业资质，应按照设计图纸和有关规定进行施工，确保工程施工质量和安全。

七、监理单位应做好太阳热水器安装施工的监理工作，认真履行职责，不得允许不合格的配件应用于建筑工程。

八、建设单位在组织工程竣工验收时，应包括太阳热水器安装的施工质量和使用安全。擅自取消太阳热水器安装的工程，不得通过竣工验收。

九、2005 年 10 月 1 日起，太阳热水器产品实行备案管理。对通过行业专家委员会论证，适用于大连地区的太阳热水器，应到大连市墙体材料革新办公室进行备案。使用太阳热水器的单位和个人，应选用经过备案的太阳热水器。

此通知。

大连市城乡建设委员会

二〇〇五年八月十一日

附录九

大连市城乡建设委员会文件大建委发［2005］182 号关于发布《大连市太阳能热水器建筑设计导则》的通知

各有关单位：

为了提高可再生能源利用效率，求实推广太阳能热水器在我市的应用，大连市建委委托大连市勘察设计协会，组织大连市建筑科学研究设计院编制了《大连市太阳热水器建筑设计导则》DT05—02（以下简称《导则》），业经专家审定，现予以发布，自 2005 年 10 月 1 日起施行。现将有关内容通知如下：

1. 所有行建和改建的低层（别墅）、多层住宅建筑，自《导则》实施之日起，必须按照本《导则》进行太阳热水器一体化设计并实施。

2. 新建和改建的小高层、高层住宅及其他公共建筑可依据开发单位即使用者的要求，确定是否惊醒太阳热水器的一体化设计和施工。

3. 本《导则》是实施太阳热水器一体化设计及安装的指导性图集，不可直接作为标准图选用，设计单位须结合项目特点，进行具体设计。如小高层、高层住宅及其他公共建筑采用一体化方式进行设计和实施，设计单位须充分考虑建筑特点，按《导则》确定的技术原则，制定切实可行的具体设计方案，保证功能和使用安全。

4. 如采用本《导则》以外的太阳热水器系统方案时，必须组织专家论证，并报大连市墙体材料革新办公室备案后方可实施。

5. 自《导则》实施之日起，新建和改建的低层（别墅）、多层住宅未按本通知要求进行设计并施工的，施工图审查、工程建立、质量监督及工程档案等机构不得办理相关手续。

此通知。

大连市城乡建设委员会
二〇〇五年七月二十四日

附录十

锦州市人民政府关于建设光伏产业基地的实施意见锦政发［2007］4号

有关县（市）区人民政府，市政府各部门，中省直有关单位：

在深入实施“五点一线”发展战略过程中，市委、市政府积极寻求经济发展的突破点，决定把锦州建设成东北地区最大光伏产业（包括硅材料、太阳能电池及组件、及其产品应用等领域）发展基地，促进经济结构尤其是产业结构调整，在锦州湾整体开发中实现率先突破。为尽快壮大我市光伏产业，根据市委、市政府的统一部署，在深入调研的基础上，结合我市的实际情况，现提出如下实施意见：

一、发展光伏产业的必要性

（一）机遇难得

光伏产业是绿色、环保、新能源产业，是近年才迅速发展起来的高新技术产业。太阳能发电是可再生的替代能源，作为一种新能源被广泛应用于航天航空、并网发电、居发用电、汽车、游艇、高速公路等人们生产、生活的方方面面，其独特优势已远远超过风能、水能、地热能、核能等各类能源，有望成为未来电力供应的主要支柱。光伏产业是朝阳产业，各国都处于发展初期，并且发展前景巨大，发展机遇十分难得。

（二）产业结构调整的需要

我市的工业经济是以石化为支柱产业的经济结构格局。进入21世纪后，随着石油资源的枯竭，石化行业已变成夕阳产业，世界石油储备只够开采40～50年，发展空间十分有限，我市的经济结构性矛盾将越来越突出。目前锦州的光伏产业已异军突起，呈现出迅猛发展的态势，国际经济正处于工业化时代向后工业化时代转型时期，光伏产业是后工业化时代的主要能源产业，最有可能成为锦州未来的支柱产业之一。

（三）光伏产业具有巨大的带动作用

光伏产业的发展还可以带动外延产业的发展，如太阳能电池与家用电器、交通、海运、航运、建材、园林、文化、娱乐等相关产业结合，就可以促进绿色能源的广泛利用，进而形成和壮大新的产业集群，完成我市工业产业的重新布局，从而带动我市工业经济的快速、健康、良性发展。

二、发展光伏产业的可行性

（一）区位优势

锦州处于京津冀经济圈与东北经济圈结合部，是东北西部、内蒙东部、河北东北部广大腹地最便捷的出海口，是辽宁省三大物流基地之一，是东北三大通讯枢纽之一，是东北地区输变电中心之一，是辽西科技教育文化和区域性金融中心。

（二）太阳能资源优势

锦州地处太阳能资源较丰富区，平均年日照时间 2600～3000h，年日照百分率 0.6～0.75，远高于江苏等经济发达地区，特别适合于发展太阳能发电产业。

（三）工业基础与技术优势

我市光伏产业已具有良好的发展基础，特别是低成本、高转换效率多晶硅生产技术的突破，必将引起世界范围的多晶硅产业的重新布局，极大地促进光伏产业进入无需政府补贴的真正市场化阶段。我市目前正在积极开展的硅片切割技术、硅太阳能电池制造技术、硅薄膜太阳能电池制造技术、软基纳米半导体敏化薄膜太阳能电池制造技术、电子级多晶硅制造技术等研发工作，说明光伏产业是我市最具自主研发能力的产业，必将占领光伏产业的战略制高点，引领锦州工业走向辉煌。

三、发展光伏产业的战略定位、指导思想和发展目标

（一）战略定位

中国最主要的光伏产业生产基地之一、中国最大的硅材料生产基地，锦州市未来经济的支柱产业。

（二）指导思想

以建设辽西沿海经济区中心城市为目标，以科学发展观为指导，以企业为主体，市场为导向，政府为引导，坚持前瞻性与可行性相结合，着力推进“一园区三基地”建设，扩大多晶硅、单晶硅和太阳能电池及组件等光伏主导产品生产规模，逐步把光伏产业培育成我市新的支柱产业，成为东北地区最大的光伏产业基地。

（三）发展目标

经过“十一五”期间的发展，把锦州建设成光伏产业国家重点研发中心、全国最大多晶硅和单晶硅生产基地之一、东北最大太阳能电池生产基地、国家级光伏产业特色基地，后续和外延产业初步得到发展。

1. 产业规模。到“十一五”末期，我市光伏产业主导产品生产规模将达到：多晶硅 3000t、单晶硅 2000t、硅片 5000 万片、太阳能电池及组件 200MW，产值达到 100 亿元人民币，为光伏产业进一步快速发展打下坚实基础。

2. 技术研发和竞争能力。通过技术引进、自主创新、产学研结合等多种方式，重点建设多晶硅、单晶硅、太阳能电池国家级研发中心、工程技术中心、产品检测中心，实施品牌战略，推进产业化进程，不断提高产业竞争能力，抢占光伏产业制高点。通过引进改良西门子法多晶硅生产技术，2007 年实现太阳能级低成本高转换效率多晶硅生产技术、180μm 超薄硅片制造技术、单晶硅与多晶硅太阳能电池制造技术、太阳能电池封装技术等核心技术的突破。重点开展提高太阳能电池转换效率技术、硅薄膜太阳能电池制造技术、软基纳米半导体敏化薄膜太阳能电池制造技术、电子级多晶硅制造技术等尖端技术的研发工作，争取在“十一五”期间取得重大突破。同时积极开展太阳能光伏建筑集成（BIPV）技术及配套产品、光伏系统基础电器技术开发和应用、储能电池及储能元件的技术开发、太阳能照明技术、太阳能空调生产技术、太阳能水泵生产技术等光伏产业后续和外延产业的研发工作。

3. 基地建设。建设成“一园区三基地”的光伏产业格局，即形成以开发区的光伏产业工业园区为核心，铁合金四氯化硅、三氯氢硅，凌海市多晶硅和凌南新区单晶硅三个生产基地为外围，相互依托，相互配套的产业布局。立足基础，积极创造条件，开发区的光伏产业工业园区要建设成集教育、研发、商务办公、孵化基地、示范基地、产业化基地一体化的高标准工业园区，充分体现21世纪朝阳产业的绿色、环保、现代化特色。

4. 产业集群。充分利用光伏产业的辐射和带动作用，拓展、延长光伏产业链，积极吸引更多的企业发展光伏产业和相关产品，培育产业集群，形成集团优势。首先，根据光伏产业发展需要，率先发展有一定基础的关联产业，利用化工优势发展三氯氢硅、四氯化硅、氯气、精制盐、EVA悬浮液、PET膜等产品；利用电力机械设备制造优势发展光伏系统基础电器设备，如逆变器、控制器、最大功率点跟踪器（MPPT）等产品；利用我市有色金属等材料工业的基础和优势，发展光伏一体化建筑所需的各种材料，如隔热材料、透光材料、储能材料、智能窗（变色玻璃）、透明隔热材料等。其次，重点发展市场前景广阔、技术水平高、附加值高的太阳能电池应用产品和太阳能应用的核心部件产品以及能带动广大中小企业发展的光伏产业应用产品，如：各种太阳能灯、各种太阳能玩具、LED灯、储能电池、超白玻璃、太阳能空调（特别是与汽车油路相分离的车载太阳能空调）、光伏水泵等。

四、工作措施

（一）加强组织领导

成立以市长刘志强任组长，市委常委、常务副市长刘伟，市委常委、秘书长李东，副市长孙东克任副组长的光伏产业指导小组，下设光伏产业办公室，主任韩世乘，负责日常工作，办公地点设在市经济委员会。光伏产业指导小组的主要职责：制定光伏产业总体发展规划和工作指导意见，并组织实施；为企业发展光伏产业做好组织协调工作，提供服务保障；负责制定新技术、新产品研究开发计划、项目建设计划、资金扶持计划，并组织落实。

加快发展光伏产业是我市经济结构战略性调整的重要举措，各级政府及部门都要加大对光伏企业的扶持和服务力度，帮助光伏企业解决实际问题。各有关部门要充分发挥各自的职能作用，加强指导，协调配合，优质服务，举全市之力，打造我市光伏产业，推动全市经济实现跨越式发展。要建立工作责任制，定期检查实际工作和服务情况，实行严格考核，并与奖惩挂钩。对工作成绩显著的单位增加政绩考核附加分，对工作成绩显著的个人给予优先提拔和物质奖励，对发展我市光伏产业作出突出贡献的技术人员和企业家给予重奖。

（二）成立光伏产业发展研究中心

根据光伏产业第二次市长办公会议《关于光伏产业基地建设问题的市长办公会议纪要》（锦政纪［2006］55号）精神，组建锦州市光伏产业发展研究中心，隶属于锦州市光伏产业指导小组。光伏产业发展研究中心聘请国内外知名光伏产业专家、技术人员、重点企业家、大专院校教授、研究所研究员等有关专家作为顾问，我市光伏企业和有关政府部门作为理事会成员单位，组织专门人员负责日常工作。光伏产业发展研究中心经费来源于锦州市光伏产业发展引导资金和各项专项基金。

光伏产业发展研究中心要为光伏企业的发展提供强有力的技术支持和服务保障。主要工作是：

1. 开展光伏产业的战略性研究。不断跟踪国际光伏产业发展动态，深入研究和把握光伏产业发展趋势，编制锦州市“十一五”光伏产业发展规划和长期发展战略，协助重点企业制定企业发展战略、公司战略、品牌战略、人才战略、技术开发战略和市场营销战略等。

2. 拓展光伏产业链。充分发挥专家顾问的作用，研究光伏产业上游产业、外延产业、后续产业，特别要针对光伏产业应用产品寻求技术和资金支撑，拓展我市光伏产业链。

3. 搭建技术服务和研发平台。充分发挥专家顾问的作用，为我市企业发展光伏产业搭建技术服务和研发平台，促进企业和科研单位进行合作。制定重点光伏产业产品开发计划，参与企业和科研单位的光伏产业技术转化。

4. 提供投资咨询与服务。为吸引更多的企业投身到光伏产业，壮大我市光伏产业集群，发展研究中心要针对致力于发展光伏产业的企业特别是广大中小企业开展投资咨询与服务工作。协助和帮助企业选择适当产品，寻求技术来源，开展市场调研，编制可研报告和产品开发计划，帮助企业办理各种投资手续等工作。

5. 开展招商引资工作。根据光伏产业链框图，选择重点产品，开展市场和技术调研，编制重点项目招商材料。利用多种渠道，开展招商引资工作，吸引外部技术、资金、人才等资源来锦发展光伏产业，加快我市国家级光伏产业基地建设进程。

6. 承担行业协会功能，加强外引内联工作。组织相关企业成立光伏行业协会，加强我市光伏产业企业之间的合作和联盟，协调政企之间关系，形成合力，共同面对光伏产业迅速发展的新形势，着重解决我市光伏产业面临的共同困难和问题。加强对外技术交流与合作，我们要以新世纪石英玻璃有限公司多晶硅产品鉴定会和我市光伏产业“十一五”发展规划论证会为契机，召开中国光伏产业论坛会议，并争取以后定期在锦召开，打造锦州光伏产业品牌。

（三）建设高标准光伏产业工业园区

在锦州经济技术开发区建设集教育、研发、商务办公、孵化基地、示范基地、产业化基地为一体的高标准光伏产业工业园区，争取建设成国家专业化工业园区示范工程。建设主体由经济技术开发区和光伏产业发展研究中心共同承担，聘请高水平的专业机构编制光伏产业工业园区建设方案和初步设计，争取列入辽宁省“五点一线”整体开发总体发展规划和重点项目，积极争取软贷款和其他资金的支持。

（四）加大政策扶持力度

根据国家有关法规制定《锦州市人民政府加快发展光伏产业基地优惠扶持政策的若干规定》，加大对我市发展光伏产业的扶持力度。同时，也积极争取国家和省的优惠政策支持。

（五）建立光伏产业人才教育培训基地

积极争取辽宁省教育厅在渤海大学和辽宁工学院设立光伏产业教育培训基地，设立相应学科，开展相关培训，为锦州、辽宁乃至全国光伏产业的发展提供各类可靠的人才保障。同时争取在上述两所大学组建光伏产业和电子材料产业高新技术产品研发和产业化基地，研究、开发光伏系列产品。

（六）积极开展推广太阳能利用工作

充分利用国家关于可再生能源的优惠扶持政策，积极开展推广太阳能发电和光伏产品利用工作。我市要根据《中华人民共和国可再生能源法》和实施细则的规定，积极研究和制定推广光伏发电和光伏产品的应用办法和实施意见，争取得到省政府的支持，作为辽宁省的试点城市在全省率先开展推广太阳能利用工作，为我市光伏产业的发展创造良好的市场环境，起到示范作用。

二〇〇七年二月十四日

附录十一

锦州市城乡规划建设委员会文件锦建发［2006］79号转发省建设厅《关于在建筑工程中大力推广太阳能利用和建筑一体化技术的通知》

各县（市）区建设局，各有关单位：

为深入做好建筑节能工作，现将省建设厅《关于在建筑工程中大力推广太阳能利用和建筑一体化技术的通知》（辽建［2006］83号）转发给你们，并结合我市实际提出如下要求，请一并贯彻落实。

一、各单位要深入贯彻《中华人民共和国可再生能源法》和“节能省地”可持续发展的政策方针，提高利用太阳能与建筑一体化技术的认识。

二、凡建设开发单位新建住宅楼，必须考虑利用太阳能技术的设备安装与使用，做到“三同步”（即同步设计、同步施工、同步验收）。

三、凡设计单位在进行民用建筑设计时，都要结合建筑工程具体特点，把太阳能热水器、太阳能集热板的安装使用按图集设计到位，形成建筑设计一体化，确保建筑立面整齐美观。

四、凡集中设计安装的太阳能热水器、太阳能集热板等产品，必须按《关于对建筑工程应用材料及产品实行登记制度的通知》（锦建发［2002］49号）规定进行登记备案。无备案证明的产品不准应用于工程。

五、市审图中心自2006年7月1日起，增加审至太阳能利用建筑一体化设计的内容，没有此项设计的图纸，不准盖章出图。

六、施工单位、监理单位、建工质量监督部门要严格按设计文件要求，精心组织施工，认真做好监督管理工作，确保太阳能利用建筑一体化技术工程质量和功能质量。

附件：省建设厅《关于在建筑工程中大力推广太阳能利用和建筑一体化技术的通知》（可从城建网 www.jzcjw.com 查阅和下载）。

二〇〇六年六月六日

附录十二

德州市人民政府专题会议纪要［2006］8号

研究事项：关于部分小区物业收取太阳能热水器安装费问题

会议时间：2006年4月30日下午

会议地点：市政府二号楼第三会议室

主　　持：尚泓海

参加人员：市物价局副局长黄光金，市房产局副局长谭秀芹，太阳城建设工作联系人肖国强，皇明太阳能集团有限公司李兵。

纪要审定：苗仲华

纪要内容：

近日，皇明太阳能集团有限公司反映我市城区部分小区物业，在居民安装使用太阳能热水器时收取安装管理费，我市、市政府领导对此高度重视，专门作出批示，要求有关部门立即查处。根据市领导批示精神，市政府召集有关部门、单位负责人进行了专题研究，现就会议确定事项纪要如下：

一、小区物业收取太阳能热水器安装管理费是不正当行为。倾力培植太阳能产业，打造“中国太阳城”城市品牌，是加快全市发展的战略决策，也是经济工作的着力点之一。当前，我市正大力实施推进太阳能城战略，建设节约型社会，各级部门单位要从大局出发，各尽其力，用实际行动支持太阳能热水器的推广使用，决不能人为阻挠和破坏。对居民安装使用太阳能热水器收取管理费，既无任何法律法规依据，也未经市物价部门批准，且数额逐年上升，严重扰乱了市委、市政府的战略部署，影响了我市太阳城品牌创建和太阳能推广普及的进度，也侵犯了居民使用太阳能的权利。对此，要高度重视并切实采取有力措施，坚决予以制止。

二、立即停止不合理收费。由物价局、房管局联合下文，通知各小区物业，从即日起，立即停止收取太阳能热水器安装管理费。

三、严肃查处部分乱收费小区物业。对擅自收取太阳能热水器安装管理费的小区物业，市物价局要组织人员进行调查，找出反面典型，依照有关规定，予以严肃处理。

四、规范小区物业管理行为。由市建委、物价局和房管局联合草拟小区物业管理的相关文件，经广泛征求意见后下发实施，以进一步明确收费标准、完善管理制度、规范管理行为，提高居民小区的物业管理水平，确保广大业主及参加与小区建设单位的合法权益。

附录十三

德州市人民政府办公室德政办字［2007］92号《关于推进建筑领域应用太阳能的实施意见》

各县（市、区）人民政府（管委会），市政府有关部门：

为推进实施“中国太阳城”战略，大力实施“百万屋顶”计划，积极建设资源节约型、环境友好型社会，根据国家有关法律、法规，结合我市实际，现对建筑领域推广应用太阳能提出如下实施意见。

一、总体要求和工作目标

（一）总体要求。以科学发展观为指导，认真贯彻实施国家有关法律法规，通过政策法规、技术标准引导，积极开展太阳能在建筑中应用示范工程，加快推广普及步伐，带动太阳能相关材料、产品的技术进步及产业化，逐步建立长效的政策机制和运作模式，促进城市可持续发展。

（二）工作目标。“十一五”期间，在城市继续实施“百万屋顶”计划，城市居住建筑全面推广太阳能与建筑一体化，公共建筑逐步推开，城市道路、公园、广场、住宅小区等公共设施积极推进安装应用太阳能灯；在农村大力实施“百村浴室”工程，村民民居示范推广太阳能热水器，基本形成太阳能建筑应用相关政策和技术支撑体系，成为名符其实的太阳能推广应用示范城市。“十一五”末，城市太阳能应用面积占新建建筑面积比例达到50%以上，其中市区达到80%；到2020年，太阳能应用面积占新建建筑面积比例为80%以上；全市村庄计划安装太阳能浴室1000个以上；光电应用达到一定规模，并形成景观效果。

二、应用范围与要求

（一）市区城市规划区范围内（包括德城区、经济开发区、运河经济开发区等）新建、扩建和改建的低层、多层以及12层以下居住建筑，按照国家、省有关技术规范、标准图集进行建筑与太阳能热水器结合设计与施工；高层住宅建筑采取试点形式推广，“十一五”末达到60%以上。

（二）各县（市）城市规划区范围内新建住宅积极开展建筑与太阳能热水器设计和施工推广工作。乐陵市、禹城市城市规划区范围内低层、多层住宅应积极实行太阳能热水器与建筑结合设计和施工，“十一五”末达到60%以上。齐河县、临邑县、陵县、武城县、平原县新建住宅也要积极开展试点和普及工作，“十一五”末应达到50%以上。继续实施“百村浴室”工程，总结推广德城区、乐陵市的经验，加大农村太阳能浴室推广力度。

（三）政府投资建设的建筑要带头使用太阳能光热、光伏系统。医院、学校、饭店、游泳池、公共浴室等热水消耗大户，要优先采用太阳能集中热水系统。鼓励在建筑工程中采用太阳能采暖和空调制冷技术，并试点采用太阳能采暖、制冷和热水联供技术。

（四）鼓励新建城市公共绿地、广场、公园、道路（主要指新建城市支路及小街小巷）的照明、广告牌、标志牌安装使用太阳能光伏发电照明技术，并逐步对既有公共场所（设施）进行太阳能光伏照明技术改造。城市交通路口信号灯要逐步改造安装应用太阳能光伏发电技术。鼓励建设开发单位对住宅小区的路灯、草坪灯等公共照明设备采用太阳能光伏发电技术。

三、加强太阳能在建筑中应用的管理

（一）建筑领域安装与应用太阳能光热系统、光伏系统要统一规划、同步设计、同步施工，与建筑工程同时投入使用。

（二）城市规划部门进行居住区规划设计方案及建筑单体设计方案审查，以及进行居住建筑工程规划许可时，要对建筑与太阳能结合实施情况严格进行规划审核把关，太阳能热水系统在满足正常使用的情况下做到整齐、美观，并与建筑协调一致，保持建筑统一和谐的外观。

（三）设计单位要严格按照国家、省太阳能光热系统、光电系统技术标准、图集进行设计，在设计文件中应有太阳能应用的有关内容。施工图审查机构在审查建筑施工图设计文件时，要对太阳能热水系统的设计内容严格审查，保证施工图与规划设计方案一致。对不符合国家、省标准、图集及规划设计方案要求的居住建筑工程项目，不予通过设计审查。建筑应用太阳能光伏系统的，在设计文件中应予以体现。

（四）施工单位要严格按照国家、省太阳能光热系统、光伏系统技术规范、标准图集的要求安装施工。质监部门、监理单位要严格依照有关标准、图集的要求实施监督、监理，确保工程质量。

（五）建设单位要按照太阳能光热系统、光伏系统技术规范、设计文件组织竣工验收。居住建筑工程在竣工验收过程中未按照建筑与太阳能结合标准、图集及设计文件要求施工的，建设行政主管部门将依法督促建设单位实施。

（六）城市公共绿地、广场、公园、道路，以及住宅小区等安装使用太阳能光伏系统，要按照国家有关技术规范进行设计、施工和监督，确保工程质量。

（七）太阳能光热、光伏系统产品应保证产品质量，达到国家规定标准要求。安装使用太阳能光热、光伏系统的单位和个人应选用达到国家标准要求的太阳能产品，推荐使用已办理建设工业产品推广备案的太阳能产品。

（八）建设主管部门要组织开展建筑推广应用太阳能专项监督检查工作。建设单位、设计单位、施工单位、工程监理单位违反国家、省标准、图集强制性标准进行工程设计、施工、监理和竣工验收的，将依据有关法规予以处罚。

四、加强组织领导

（一）各有关单位要把推进建筑应用太阳能提上工作日程，将其作为开展创建节约型社会的重点工作内容。要成立专门的领导班子，由专人具体负责，切实加强对推进建筑应用太阳能工作的领导。各级建设、规划、城管、房管、质监等主管部门，以及设计、施工、监理、验收等单位要按照各自职责，密切配合，严格审查把关，认真抓好落实。

（二）积极研究建筑应用太阳能的扶持政策，对太阳能与建筑结合的重点项目建设，要优先保障项目用地，简化审批手续，提高办事效率，加快项目建设进度。对财政部、建设部立项的可再生能源示范项目要在城市建设配套费和税收等方面，给予最大限度的优惠。对达到一定标准的太阳能建筑一体化建筑，要给予城市配套费政策优惠。财政部门要安排资金，重点扶持示范项目、科技创新和产业扩张，并通过利用城市公用事业附加、城市配套资助等方式对太阳能在建筑中应用给予支持。积极开展太阳能与建筑结合标准、图集等技术标准的研究工作，大力开展建筑应用太阳能设计比赛等活动，提高太阳能利用水平。

（三）认真做好推进建筑应用太阳能的宣传扩散工作，对建筑应用太阳能的技术应用等成功经验要积极宣传，扩大影响，加快推广普及步伐，确保太阳能在建筑中应用取得实质性进展。

二〇〇七年十二月七日

附录十四

德州市建委《关于在建筑工程中全面推广应用太阳能热水器的通知》

各县（市、区）建委（建设局），有关单位：

为开发利用可再生能源，实施“中国太阳城”战略，建设资源节约型、环境友好型社会，促进我市经济社会可持续发展，现将省建设厅鲁建设字［2005］14号文件《关于批准《太阳能热水器安装与建筑构造图集》为山东省标准设计的通知》予以转发。结合贯彻省建设厅文件要求，现将有关事宜通知如下：

一、自2006年1月1日起，所有新建、扩建和改建的低层（别墅）、多层民用建筑，应按山东省建筑标准设计图集《太阳能热水器安装与建筑构造》（图集号：L05S J904）（以下简称《图集》）进行太阳能热水器一体化设计和施工。高层住宅及其他建筑由开发单位和使用者确定是否进行太阳能热水器的一体化设计和施工。

二、设计单位在进行建筑设计时，应按照《图集》规定的有关技术要求，结合工程具体特点，借鉴太阳能热水器与建筑相结合的成熟经验进行设计。

三、规划部门在进行建筑工程设计方案审批时，应将太阳能热水器与设计方案一体审查，同时要充分考虑太阳能热水器设置对规划布局、日照间距等方面的要求，做到建筑立面整齐美观、协调有序，美化城市景观。

四、太阳能热水器的规格尺寸、管道竖井、固定预埋件、系统布置、电气管线敷设、节点做法等应列入施工图纸设计内容，确保结构、安装维修和使用安全。

五、施工图审查单位要对采用太阳能热水器的项目进行专项审查，对应设计采用太阳能热水器的建筑工程，并已经规划审批的建筑工程，未设计太阳能热水器的，由施工图审查单位。提出审查意见，报规划部门重新变更审批。

六、太阳能热水器安装施工单位应具有相应的施工专业资质，施工单位应按照设计图纸和有关规定进行施工，确保工程施工质量和安全。

七、监理单位应做好太阳能热水器安装施工的监理工作，认真履行职责，不得允许不合格的配件应用于建筑工程。

八、建设单位在组织工程竣工验收时，验收内容应包括太阳能热水器安装的施工质量和使用安全。擅自取消太阳能热水器安装的工程，不得通过竣工验收。

九、太阳能热水器产品应保证产品质量，达到国家规定标准要求。使用太阳能热水器的单位和个人应选用达到国家标准要求的太阳能热水器。

二〇〇五年十二月三十一日

附录十五

中共德州市委德州市人民政府关于加快实施“中国太阳城”战略的意见

德发［2005］19号

为进一步推进实施“中国太阳城”战略，加快发展“阳光经济”，促进全市经济社会科学、快速、和谐发展，根据市委第10次常委扩大会议和市政府有关会议精神，现提出以下意见。

一、充分认识实施“中国太阳城”战略的重要意义

近年来，随着世界各国对可持续发展战略的普遍重视，太阳能无疑将成为21世纪重要的替代能源。我市太阳能综合利用具有雄厚的基础和明显的优势，实施“中国太阳城”战略，不仅对塑造城市品牌、提升区域竞争力具有巨大促进作用，而且对落实科学发展观、加快建设全面小康社会意义重大。

（一）有利于提升城市形象。城市品牌是城市的名片。近年来，德州经济和各项社会事业蓬勃发展，城市面貌日新月异，整体形象不断提升。与之相适应，打造彰显个性、独具魅力的城市品牌要提上重要日程。德州是传说中“后羿射日”的故乡，又是国内外知名的太阳能产业聚集地。实施这一战略，实现历史文化与现代经济的融合、产业发展与城市扩张的互动，顺应时势，符合市情，潜力巨大，前景广阔。

（二）有利于增强城市综合竞争力。城市品牌是城市生态环境、经济实力、文化底蕴、精神品格、价值导向等因素的综合体现。塑造具有特色的城市品牌，对内可以增强凝聚力、向心力，对外可以扩大吸引力、影响力，能够更好地实现经济、社会、环境效益的协调推进。实施这一战略，不仅可以培植新的产业制高点，而且对做大城市、加快奠定鲁西北、冀东南区域性中心城市，具有重大推动作用。

（三）有利于促进城市可持续发展。太阳能取之不尽，用之不竭，清洁环保，应用广泛，是当今世界最具发展潜力的再生能源。实施这一战略，着眼建设资源节约型、环境友好型社会，符合发展潮流，体现时代特征，是促进我市可持续发展的重要举措。

二、进一步明确实施“中国太阳城”战略的指导思想、基本原则与发展目标

（一）指导思想。坚持以科学发展观为指导，以壮大太阳能产业为基础，以市场运作、科技创新、对外合作为支撑，突出可持续发展、建设节约型社会主题，挖掘历史文化，依托现代产业，立足中国、面向世界，举全市之力打造“中国太阳城"品牌，加快发展“阳光经济”，努力成为世界领先的“太阳硅谷”。

（二）基本原则。一是立足实际，彰显特色。围绕太阳能产业特色做文章，整合德州历史文化资源，形成魅力独具的城市名片。二是统筹规划，重点突破。要把实施“中国太阳城”战略作为一项系统工程，以更新的视角整体筹划，搞好规划布局，整合力量，分步实施，尽快见效。三是政府引导，市场运作。充分运用市场机制，发挥企业、社会组织和公众参与的积极性、创造性。加大对外合作交流，加快太阳能产业发展。四是效益兼顾，良性互动。兼顾经济、社会和生态效益，实现三者的协调统一和良性互动。

（三）战略目标。总体划分近、中、远三个阶段性目标：当前至2015年底，为策划启动阶段；2006年至2008年为全面推进阶段；2008年至2010年为发展提高阶段。争取用三年时间，在实施“中国太阳城”战略的策划宣传、产业推进、示范带动、城市景观等关键环节取得实质性突破，“中国太阳城”初具雏形，城市形象显著提升，城市品牌深入人心，为打造名副其实的“中国太阳城”奠定坚实基础。

三、突出工作重点

（一）制定战略发展规划。按照国家产业政策发展要求，结合编制“十一五”规划，把打造“中国太阳城”纳入国民经济总体规划。从大经济、大建设、大文化的视角编制实施“中国太阳城”战略产业推进、文化建设、城市建设发展规划。搞好太阳能产业中长期发展规划及“太阳谷”园区扩展、皇明集团对外战略合作规划。在新一轮城市规划修编中要突出“太阳城”的城市定位，编制太阳能利用“百万屋顶”计划，形成新的城市景观。

（二）膨胀太阳能产业集群。扶持皇明集团等太阳能骨干企业迅速膨胀。结合打造“中国太阳城”城市名片，搞好太阳能产业群体扩张，依托阳光经济产业优势加大太阳能产业对外招商力度，吸引国内外太阳能利用知名企业入住我市，实现与当地龙头企业的和谐竞争发展。建设各具特色的产业基地，膨胀产业规模，逐步发展成为具有强大竞争力的产业集群。加快太阳能工业园区建设进度，推进皇明集团“太阳谷”项目建设，尽快形成规模。延伸太阳能产业链条，加大太阳能热发电、风能发电等项目建设力度。

（三）尽快实施中国太阳谷项目。在太阳谷内建设光伏光热、温屏玻璃、太阳能热水器、镀膜等工业园及科技文化园。积极引进国内外著名企业入谷发展，形成太阳能热水器、电池、制冷等与太阳能利用关联度高的产业聚集区，逐步建成国内外具有影响力的太阳能产品生产、技术研发、设备制造、科普教育、文化旅游等五大中心基地，使太阳能产业成为我市新兴支柱产业之一。

（四）提高科技创新能力。积极筹建可再生能源大学，先期在德州学院设立太阳能系，培养专业技术人才。申报国家级太阳能研发中心，加大科研攻关力度。积极与国际太阳能科研组织、机构开展技术交流，围绕高端前沿技术进行系统研究开发，尽快突破核心技术，形成以自主知识产权为核心的技术标准体系，保持我市太阳能产业发展的科研技术领先地位。

（五）精心组织各种文化活动。城市文化是城市发展的灵魂。要坚持文化搭台、经济唱戏，精心组织各类文化活动。要积极申办2010年第四届世界太阳城大会、组织举办国际太阳能博览会、“太阳感恩节”、可再生能源国际论坛、太阳能旅游等活动，加强对外交流合作。将德州市经贸洽谈会主题改为“中国太阳城”文化节。文化活动要发挥市场机制，多形式调动社会参与的积极性。在城市广场、公园等开辟太阳能科普园地，提高市民的参与度和科技意识。

（六）搞好对外宣传推介。要借助开展系列活动，高水平做好对外宣传工作。继续在中央电视台、人民日报等国家新闻媒体加强宣传，确定“中国太阳城”宣传用语，提升我市对外形象。

（七）大力发展太阳能特色旅游。制定太阳能工业旅游发展规划，大力开展各具特色的太阳能旅游活动，力争太阳谷成为国家旅游局认定的国家工农业旅游示范项目，形成新的经济增长点。

（八）优化产业发展环境。各级各部门各单位要围绕实施“中国太阳城”战略，营造良好的发展环境、舆论环境，密切配合，全力推动。有关部门要尽快制定地方性太阳能利用与建筑一体化的设计技术标准图集，出台推进政策措施，从设计、施工、监理、验收等建设环节把关，加大太阳能利用推广力度。要建立政策激励机制，大力推广太阳能新技术、新材料。对太阳能产业在项目申报、税收、金融贷款等方面提供优质服务。

（九）实施示范带动工程。制定实施“百万屋顶”计划，建设太阳能利用与建筑一体化住宅小区、公共建筑示范点；选择城市道路、住宅小区、公园、政府机关、学校等示范安装太阳能路灯；积极开展太阳能利用示范村、示范小区、示范乡镇活动，以点带面，扩大应用范围；设立“中国太阳城”城市标志、雕塑，形成新的城市景观。

四、落实保障措施

（一）强化组织保障。要把加快实施这一战略摆上重要日程，市委、市政府成立由主要负责同志牵头的推进委员会，并下设办公室，负责各项工作的具体落实，协调做好发展规划、策划宣传、重点企业发展、产业扩张、品牌推进等工作。

（二）强化政策保障。加大对太阳能产业发展的政策扶持力度，优先保障项目用地，土地出让金在政策允许范围内给予一定优惠。有关部门及企业要强化重点工程意识，积极争取将太阳能建设项目及用地列入国家重点工程和用地计划。对“中国太阳谷”等项目建设，有关部门要简化审批手续，提高办事效率，提供优质服务，加快项目建设进度。结合落实《可再生能源法》，积极研究制定关工发展太阳能产业的财政补助、增加信贷、加速折旧、产品利用以及市场开拓等激励政策。积极发挥税收政策的促进作用，落实对高科技项目的税收政策，激励企业降低成本加快发展。

（三）强化人才保障。推进委员会设立人才服务组，具体负责人才规划、政策制定及人才引进、培养、激励、评价等具体措施的实施。整合人才资源，建立“中国太阳城”人才资源储备库和专家群，突出抓好人才的培养和教育、高层次人才智力的开发和引进、人才开发机制和体制的建立等方面的工作。充分发挥人才市场的作用，设立太阳能人才专场引进会，大力引进相关专业技术人才。

（四）强化舆论保障。各新闻媒体要精心策划，多形式、多渠道搞好宣传发动，营造社会关注、人人支持的良好氛围，真正打响这一城市品牌。

附录十六

烟台市《关于在住宅建设中推广使用太阳能热水器及成套技术的意见》

为开发利用好可再生能源，促进节约型社会建设，结合我市住宅产业化工作实际，现就在全市住宅建设中推广使用太阳能热水器及成套技术提出如下意见。

一、指导思想和基本原则

（一）指导思想。

认真贯彻落实党的十六届五中、六中全会精神，全面落实科学发展观，按照国家和省关于加快住宅产业化进程、发展节能省地型住宅的要求，积极开发利用太阳能资源，规范以太阳能热水器为主的太阳能成套技术在住宅建设中的设计、安装和使用管理，促进我市房地产和住宅产业可持续发展，为构建和谐社会做出积极贡献。

（二）基本原则。

1. 坚持社会效益、环境效益和经济效益相统一。在住宅建设中推广使用以太阳能热水器为主的太阳能成套技术，有利于节约能源和保护环境，有利于消费者减少能源消耗支出。但因具体产品形式及安装方式涉及城市景观，并且会给建设单位增加成本，所以要统筹考虑，综合分析，通过行政推进，加强管理，努力做到产品形式和安装方式要与整个环境相协调，社会效益、环境效益和经济效益相统一。

2. 以提高群众生活质量为目的。选用技术成熟的产品，在城市规划区内强化与建筑一体化的设计和施工管理，进一步保障建筑结构和产品使用安全，努力提高消费者的生活舒适程度。

3. 区分层次，逐步推广。充分考虑各区县经济社会发展水平和房地产与住宅产业建设市场定位情况，逐步推广使用太阳能热水器及成套技术。

二、稳步推进太阳能成套技术的利用

（一）普及推广使用太阳能热水器。在全市住宅建设中大力推广太阳能热水器与建筑一体化的设计和施工，根据房地产与住宅产业市场定位和建筑物立面规划要求，确定太阳能热水器产品形式，鼓励选用分体承压、二次循环技术的太阳能热水器产品。采用其他技术的太阳能热水器产品，应采取切实有效的技术措施，解决管路防冻、低层住户使用热水不便及消费者重复投资购买家用热水器等问题。公共建筑确定采用太阳能热水器产品的，也应参照住宅建筑的相关要求，进行太阳能热水器与建筑一体化设计和施工。

1. 市城市规划区和莒县、五莲县城市规划区范围内新建住宅小区的低层、多层住宅建筑，2007年7月1日起全面推广太阳能热水器与建筑一体化的设计和施工；小高层、高层住宅建筑，采取试点形式逐步推广，试点工程建筑面积每年要达到新开工同类型住宅建筑面积的30%以上，到“十一五”末要达到年内新开工同类型住宅建筑面积的70%以上。

对没有纳入试点范围的小高层、高层住宅建筑，项目开发单位在组织设计、施工时应进行必要的管路预留，以方便太阳能热水器的后期安装和使用。

2. 村镇建设的低层、多层住宅工程，可参照城市规划区内住宅建设标准进行太阳能热水器一体化的设计和施工。

3. 城市规划区内允许建设的单层（平房）或村镇建设的单层（平房）住宅，应推广使用直插式、单循环、非承压太阳能热水器产品，鼓励使用分体承压、二次循环技术的热水器产品。

4. 对实施集中供应热水的住宅小区或组团，鼓励采用太阳能集中供应热水技术和产品。

（二）鼓励应用其他太阳能成套技术。鼓励开发单位在住宅小区建设时对小区内的路灯、草坪灯等公共照明设备采用太阳能光伏发电技术。随着太阳能采暖和空调制冷技术的不断完善，鼓励开发单位采用太阳能采暖和空调制冷技术，并探索应用太阳能采暖、制冷和热水三联供技术。

三、加强太阳能成套技术的设计、安装和使用管理

（一）设计单位在进行规划和建筑设计时，应根据《民用建筑太阳能热水系统应用技术规范》（GB 50364—2005）和《山东省太阳能热水器设计标准图集》，按照有关技术要求，结合工程具体特点，进行太阳能热水器与建筑一体化设计，做到建筑立面整齐美观、协调有序。在施工图纸中应包括太阳能热水器的规格尺寸、管道井、固定预埋件、系统布置、电器管线敷设、节点做法等内容，确保结构合理、安装维修方便和使用安全。

（二）太阳能热水器安装施工单位应具有相应的施工资质，并按照设计图纸和有关规定进行施工，确保工程施工质量和安全。

（三）监理单位应做好太阳能热水器安装施工的监理工作，认真履行职责，杜绝不按设计图纸施工和应用不合格配件现象。

（四）开发单位应在《商品住宅使用说明书》和《商品住宅质量保证书》中向消费者说明太阳能热水器的使用方法、维修及后期物业管理的有关要求，提供产品供应商出具的产品合格证并签订维修服务协议，或者委托物业公司与产品供应商以及住户签订维修服务协议，明确后期物业管理中的各方责任，切实维护消费者的合法权益。

（五）采用太阳能光伏技术或其他太阳能成套技术的住宅小区，也应执行上述规定。

四、明确责任，加强监管

自2007年7月1日起，建设单位在委托进行建设项目规划时，应提出包括太阳能热水器形式在内的“四节一环保”的要求；承担规划设计方案的设计单位在进行住宅工程项目设计时，要确保太阳能热水器与建筑一体化设计，所提交的建筑规划方案要体现太阳能热水器与建筑一体化设计的景观效果；规划管理单位对按规定应采用太阳能热水器与建筑一体化设计的住宅工程，应审查太阳能产品安装后的建筑外观效果；施工图审查单位要在初步设计审查和施工图审查环节，对太阳能热水器进行专项审查，对应设计采用太阳能热水器而未设计的，或未与建筑一体化设计的，以及未按照规定要求选用产品的，不得通过施工图设计审查，审查合格的应在《民用建筑节能设计审查备案登记表》中注明；建设单位在组织工程竣工验收时，验收内容应包括太阳能热水器安装施工质量。擅自取消太阳能热水器或施工质量不合格、使用存在安全隐患的项目，建设行政主管部门不予竣工验收备案。采用太阳能光伏技术或其他太阳能成套技术的工程项目，应按照上述要求进行审查。

五、其他事项

（一）各区县应全面推行房地产住宅开发项目建设备案制度，切实加强对住宅项目太阳能热水器与建筑一体化设计和施工的管理。

（二）鼓励已建或在建未安装太阳能热水器的住宅小区进行太阳能热水器与建筑一体化设计改造，拟增加太阳能热水器产品的，须符合规划立面景观要求。

（三）全市推广使用太阳能热水器及成套技术工作由市墙材革新与建筑节能领导小组办公室牵头组织实施。领导小组办公室要组织专家委员会及时对进入我市的太阳能热水器产品进行考察论证，加强管理，保证技术先进，质量可靠，并满足城市景观要求。

附录十七

邢台市政府专题会议纪要［2006］34号

时间：2006年11月16日

地点：市政府二楼第五会议室

主持人：宋文

参加人：焦朝君 刘秀礼 郝光磊 尹梦谦 王孝诗 冯瑞华 石长鑫

议题：研究打造邢台太阳能城问题

会议听取了河北日报邢台记者站站长刘秀礼同志关于打造邢台太阳能城的工作建议。市规划局、建设局、科技局等与会人员进行了认真研究和充分讨论。会议对刘秀礼同志关心、支持邢台创建省级环保模范城市的责任意识和爱我邢台的工作热情给予充分肯定。会议认为，加快我市太阳能推广应用符合国家相关产业政策，对我市来说，做好这项工作尤为必要。它对改善城市环境，提升城市形象，促进社会经济和谐发展将起到积极的推进作用。会议分析认为，我市启动打造太阳能城工作已具备一定基础。一是从我省太阳能产品生产企业来看，省十强企业中，我市占有三个席位，具备一定的生产、研发优势；二是我市市区利用太阳能有着较好的群众和社会基础，据统计市区太阳能热水器普及率达40%以上，位于省内各设区市前列；三是借助推广太阳能应用这项工作，可以打造邢台太阳能城这张名片，带动相关领域技术进步和产业发展。

会议议定，启动打造邢台太阳能城要做好四个方面工作：

一、由市建设局牵头，市科技局配合，抓紧起草我市打造太阳能城的规划意见，将其纳入我市国民经济“十一五”发展规划和我市“十一五”科技规划之中，这也是申报太阳能城、争取国家支持的一个要件。

二、由市建设局负责，起草太阳能与建筑一体化工作相关文件和优惠政策。

三、由市建设局商市规划局，在市区中选定小区和单位建筑物，抓好几个典型示范工程，以点带面，推动太阳能综合利用工作的开展。通过示范工程的带动，使市区太阳能利用形成一定的规模。

四、按照“市府主导，市场运作，典型带动，规模推广”的总体思路，由市建设局负责，市科技局配合，选定1～2家太阳能产品生产企业，作为行业龙头企业重点扶持，尽快形成太阳能光电、采暖、热水等产品门类较为齐全的设备制造产业群，建立起行业协会，成立研发机构，逐步形成具有自主知识产权的技术、产业体系，为打造邢台太阳能城做好基础性准备工作。

附录十八

邢台市人民政府政字［2007］1号《关于实施太阳能建筑一体化打造“太阳能建筑城”的意见》

各县（市、区）人民政府，大曹庄、开发区管委会，市政府各部门：

为贯彻落实《中华人民共和国可再生能源法》，推进太阳能在建筑领域的应用，打造“太阳能建筑城”，加快发展阳光经济，建设和谐邢台，先提出以下意见：

一、打造“太阳能建筑城”的基础与优势

（一）气候适宜，日照充足。我市属于太阳能资源较丰富地区，太阳能年辐射总量为5900MJ/m^2，全年平均日照数为2800～3000h，日照率为50%～70%，举要良好的太阳能资源优势。

（二）市民应用太阳能已成时尚。早在70年代我市就开始应用太阳能热水器。目前，市区推广建筑面积达561万平方米，新建住宅小区约80%的住户用上了太阳能热水器，有许多学校和宾馆使用了集中式太阳能热水器系统，是全省乃至全国太阳能利用率最高的城市之一。

（三）太阳能热水器产业形成规模。我市太阳能产业始于20世纪70年代，是全国起步最早的城市之一。目前全市太阳能生产企业10家，配件企业15家，从业人数1.5万人，年生产太阳能热水器18万平方米，占全省的42%，销售收入2.2亿元，光源、三环公司成为全省最大的太阳能生产企业。

（四）高新技术研发全国领先。河北晶龙集团是世界最大的太阳能单晶硅生产基地，被科技部批准建立“国家火炬计划宁晋太阳能硅材料产业基地”；河北光源太阳能有限公司，是全省高新技术产业化项目单位，有13项技术和产品获得国家专利。具有独立知识产权的太阳能开水系统，技术标准达到国内外领先水平。集中式太阳能热水工程安装到10个省市及越南、泰国、丹麦等国家和地区。

（五）产业政策提供了发展机遇。《中华人民共和国可再生能源法》的颁布，财政部、建设部出台《关于推进可再生资源在建筑中应用的实施意见》，并列出专项资金给予支持，为我市推进太阳能在建筑中应用提供了发展机遇和空间。实施打造“太阳能建筑城”重要举措，对于改善城市空气质量，塑造城市品牌，提升区域竞争力，具有巨大的促进作用。

二、打造“太阳能建筑城”的指导思想及工作目标

（一）指导思想。坚持以科学发展为指导，以壮大太阳能产业为基础，以科技创新为支撑，抓住新机遇，打造新优势，按照“政府主导，市场运作，典型带动，规模应用”的机制和模式，大力推进太阳能在建筑中的应用，加快发展阳光经济，努力把我市建成“太阳能建筑城”。

（二）工作目标。总体划分为近、中、远三个阶段性目标：2006 年 11 月～2007 年 3 月为“太阳能建筑城”工作策划和启动阶段；2007 年 4 月～2008 年 12 月为产业扩张、全面推进阶段；2009～2010 年为发展提高阶段。到“十一五”末，城市太阳能与建筑一体化应用面积占新建筑面积比例达到 60％以上。建成太阳能小区 100 个，太阳能村庄 300 个，太阳能及相关产业产值力争突破 10 亿元，成为全国范围内太阳能普及率最高、科研水平最强、生产能力最大、市场份额最高的地区之一。争取用 3 年时间，使太阳能在建筑中应用取得实质性进展，“太阳能建筑城”初具雏形，城市形象显著提升，城市品牌深入人心，为申报国家级“太阳能建筑城”奠定坚实基础。

三、工作重点

（一）编制可再生能源建筑应用“十一五”规划和年度计划。并将其纳入全市“十一五”国民经济和社会发展规划及科学技术发展规划。编制太阳能建筑一体化“阳光计划”，形成新的城市景观。

（二）壮大太阳能龙头企业。重点扶持光源太阳能公司等 1～2 个太阳能骨干企业，建设集太阳能产品生产、技术研发、试点示范、设备制造、科普教育于一体的“太阳能工业园区”，形成太阳能光伏、光热、采暖、制冷等与太阳能利用关联度高的产业聚集区，以此带动太阳能产业群体扩张，实现从太阳能名牌产品、名牌企业到名牌产业的升级，成为具有强大竞争力的新型支柱产业。

（三）延伸太阳能产业链条。利用产业优势，建立行业协会，筹建“太阳能研发中心”。组织科研人员开展太阳能采暖、光电应用技术的开发、集成和应用示范，逐步形成太阳能产业集群。

（四）优化产业发展环境。各级各部门各单位要围绕打造太阳能建筑城这一城市品牌，营造良好的发展环境、舆论环境。规划部门在建筑与太阳能一体化设计方案审批时，要严格把关，确保建筑立面整齐美观，协调有序。建设部门要尽快出台推进太阳能利用与建筑一体化的具体措施，并从设计、施工图审查、监理、验收大概环节把关，保证把这项工作落到实处。

（五）组织实施太阳能示范工程。规划、建设、城管、科技、农业等部门，要密切配合、通力协作，抓好几个建筑节能标准高、可再生能源综合利用的示范小区和公共建筑示范项目；选择措施道路、住宅小区、公园、政府机关、学校等示范安装太阳能路灯；结合文明生态村建设，积极开展太阳能利用示范村活动，在农村也要逐步推广太阳能建筑一体化。

四、保障措施

（一）组织保障。市政府成立邢台打在“太阳能建筑城”领导小组（名单附后），并下设办公室，办公地点在市建设局。负责制定太阳能建筑应用规划、组织具体方案的实施，解决推进工作中的问题，督促个项工作落实，及时总结经验进行推广。

（二）政策保障。要积极研究推广太阳能建筑一体化的扶持政策，能优惠的优惠，能减免的减免，能支持的支持。对“太阳能建筑城”的相关项目建设，有关部门要优先保障项目用地，优先列入重点项目管理，简化审批手续，提高办事效率，提供优质服务，加快项目建设进度。对财政部、建设部立项的可再生能源示范项目，市政府出足额提供配套资金外，并在城市建设配套费和税收等方面，给予最大限度的优惠。规划部门对达到一定标准的太能建筑一体化建筑，要给予城市配套费减免50%的政策优惠。财政部门要设立可再生能源专项资金，重点扶持示范项目、科技创新和产业扩张。并通过利用城市公用事业附加、城市配套资助等方式对太阳能在建筑中应用给予支持。

（三）人才保障。有关部门和企业要抓好人才的培养和教育、高层次人才智力的开发和引进工作；成立建筑与太阳能一体化专家指导委员会，指导推广应用工作。

（四）舆论保障。各新闻媒体要围绕打造“太阳能建筑城”，搞好宣传报道工作，进一步增强全民的节能意识，营造社会关注、人人支持的良好氛围。

附：邢台市打造“太阳能建筑城”领导小组名单

二〇〇七年一月四日

附录十九

一、保定市人民政府《关于建设保定“太阳能之城”的实施意见》

各县（市、区）人民政府，高新区管委会，市政府有关部门：

为深入贯彻落实中央十六届六中全会和省第七次党代会精神，以建设“京南近海强市名城”为契机，全面落实科学发展观，在全力打造“中国电谷”的基础上，大力发展太阳能产业，把我市建设成为全国太阳能综合利用示范城，实现保定科学发展、提速发展、和谐发展。现提出如下实施意见：

建设“太阳能之城”的重要意义和指导思想

建设“太阳能之城”是世界新能源产业发展的必然趋势，是时代的要求，更是我市的优势所在、潜力所在、希望所在市委、市政府继“南车北电东纺西绿城文”的战略布局和建设“中国电谷”的战略决策后，适时提出率先建设在全国具有先进示范作用的“太阳能之城”，是确立我市未来战略定位的重大创举，对于唱响保定品牌，塑造节约型、生态型、宜居型、和谐城市新形象，对于充分展示实力之城、魅力之城、和谐之城，对于更好地推动全市科学发展、提速发展、和谐发展具有重大的现实意义。

建设“太阳能之城”要以“中国电谷”建设为依托，坚持技术领先、示范先行、节能环保、安全可靠的原则，按照统一规划、先易后难、突出重点、分步实施、全面展开的总要求，动员全社会广泛参与、共同建设，倾力打造我市“太阳能之城”，使我市在太阳能综合利用方面走在全国前列。

二、发展目标及主要工作

我市“太阳能之城”建设主要包括光伏一LED及LED其他产品的推广应用，太阳能独立光伏应用系统的推广，建筑领域太阳能照明、热水供应、取暖等方面的综合利用。力争用3年左右时间，在全市生产、生活等各个领域基本实现

太阳能的综合应用。

（一）党政机关示范先行。内容主要包括：党政机关基本实现大院的照明、景观灯、草坪灯、灯箱等太阳能光伏应用改造，根据条件进行太阳能热的应用。

1. 选择一部分有条件的党政群机关、事业单位，进行太阳能应用改造，2007年9月底前完成。

2. 其他党政群机关、事业单位要在2008年6月底前全部改造完成。

（二）建设太阳能应用试点。

1. 道路照明试点。选择五四路、东风路部分路段作为主干道太阳能照明应用试点进行建设，2007年9月底前完成（太阳能照明在城市支路、小街小巷上的应用技术已经成熟，试点工作已完成）。

2. 在建小区太阳能光伏应用试点。康诚香槟小镇、秀兰钻石嘉园进行太阳能应用试点（主要包括：路灯、景观灯、庭院灯、灯箱等），2007年6月底前完成。

3. 太阳能综合应用试点。选择1～2个住宅小区进行光伏、光热及地源热泵应用试点，2008年6月底前完成。

（三）新建公共设施（场所）及居民小区太阳能的推广应用。从本文件发布之日起，城区内凡新建城市公共绿地、广场、公园、道路（主要指新建城市支路及小街小巷）及居民生活小区的照明、景观、广告牌、标志牌、交通路口信号灯及热水供应、采暖等，要全部按照采用太阳能的技术要求进行设计、施工。

（四）既有公共场所（设施）太阳能应用改造。主要包括：广场、公园、园林绿地、道路（主要指城市支路及小街小巷）、旅游景点等场所的照明、景观、城市广告牌、标志牌、交通路口信号灯等改造。

1. 以高新区为全市窗口，先行示范，2007年12月底前完成全区范围内所有公共场所（设施）的太阳能应用改造。

2. 广场、公园、园林绿地改造。人民广场、军校广场、植物园、火车站广场、双拥广场、七一路高速引线两侧绿地太阳能应用改造，2007年9月底前完成；其他广场、绿地、公园等，2007年底前完成50%，2008年9月底前全部改造完成。

3. 城市支路、小街小巷改造。2007年主要完成商城南巷、梨园街、西大园西街、东新街等9条社区支路和15条便民小路的太阳能照明应用改造；2008年重点完成苑西街、红阳路、公园路、商场西街、利民路等27条支路、街巷的太阳能照明应用改造；其他支路和小街小巷太阳能照明应用改造，2009年底完成50%以上，2010年全部改造完成。

4. 旅游景点太阳能应用改造。市区主要旅游景点太阳能应用改造（莲池、总督署等），2007年9月底前完成；其他旅游景点的太阳能应用改造，2007年完成40%以上（其中4A以上景区完成100%），2008年9月底前全部完成。

5. 交通信号灯的改造。市区主要路口、支路和外围道路的交通信号灯太阳能应用改造，2007年底完成60%以上，2008年9月底前全部改造完成。

（五）既有建筑及生活小区的太阳能应用改造。主要包括：生活区内路灯、景观灯、庭院灯、灯箱及太阳能热的应用等。

1. 市政府五号区、仁达园小区、鹏翔小区、政协小区、西苑小区、名人国际、新一代小区（A、B区）7家既有居民生活小区的太阳能应用改造，2007年9月底前完成。

2. 其他既有生活小区内的太阳能应用改造，具备条件的，2007年起逐步开始改造，年底完成40%，2008年完成50%。力争到2009年完成80%。

（六）加快农村太阳能推广应用。围绕全市新农村建设，以文明生态村建设为突破口，2007年起在农村逐步进行太阳能推广应用。主要包括：光伏LED产品、太阳能独立光伏应用系统及太阳能热在农业生产、生活上的应用。

1. 所有乡镇政府及文明生态村要积极进行太阳能的应用改造，2007 年完成 30%，2010 年力争完成 80%以上。

2. 省、市、县三级农业科技示范园区要率先推广太阳能的综合利用。

（七）全方位开展太阳能的综合应用。2007 年起，所有厂矿、学校、医院、酒店、商场等企事业单位要全部开展太阳能的综合应用。

1. 企业要大力开展太阳能综合应用。天威集团、乐凯集团、保定钞票纸厂、风帆集团、长城汽车股份有限公司 5 家企业作为试点，进行太阳能综合应用，2007 年底前完成；其他企业在 2008 年底前力争完成 40%以上，2010 年力争完成 80%以上。

2. 学校、医院、酒店、商场等单位的太阳能等产品应用改造，2007 年完成 50%以上，2008 年底全部完成。

（八）谋划好太阳能发电项目。2009 年前，完成建设太阳能光伏发电项目前期准备工作。

三、保障措施

（一）加强组织领导。成立保定市建设“太阳能之城”工作领导小组，研究、协调、解决太阳能应用、推广过程中遇到的重点、难点问题；讨论确定年度工作重点并协调落实；指导、督促和检查“太阳能之城”建设的各项工作。领导小组下设办公室，负责全面协调工作及建设“太阳能之城”相关政策的贯彻落实。办公室设在市发改委，办公室主任由市发改委主任兼任。各县（市、区）也要建立相应机构，负责谋划、指导实施本地太阳能推广应用工作。各级各部门主要负责同志对本地区、本部门太阳能推广应用工作负总责，建立责任制，一级抓一级，层层抓落实。

（二）明确工作责任。在市建设“太阳能之城”工作领导小组的统一领导下，各有关部门要按照职责分工，各司其职，协调配合，共同做好建设“太阳能之城”工作。按照本实施意见的要求，2007 年 3 月底前完成具体的分阶段建设方案（计划）。

市发改委负责贯彻落实国家新能源和可再生能源领域的相关政策，指导太阳能产业的发展；做好“太阳能之城”的立项、争取国家政策和资金支持等工作。

市财政局筹集建设“太阳能之城”专项资金并制定具体管理办法。市规划局把“太阳能之城”的建设纳入城市总体规划。市建设局负责建筑领域推广应用太阳能产品，组织协调既有生活小区进行太阳能应用改造；组织实施太阳能建筑一体化设计、开发应用和验收；负责城区户外广告、灯箱等太阳能应用改造。

市公安局负责道路交通信号灯的太阳能应用改造。

市园林局负责城市园林绿地、广场、公园等场所的太阳能应用改造。

市科技局负责组织实施太阳能新产品、新技术、新材料、新工艺的开发、应用和推广。

市农业局　组织指导农村太阳能的推广应用。

市文物局、旅游局　组织指导名胜古迹、旅游景点照明系统的太阳能应用改造。

市商务局　组织指导商务系统的太阳能应用改造。

市卫生局组织指导卫生系统的太阳能应用改造。

市教育局　组织指导市直属学校的太阳能应用改造（南、北、新三区和高新区所属学校的太阳能应用改造由各区负责）。

市国资委组织指导国有企业开展太阳能综合应用。

保定国家高新区管委会负责技术支撑、服务体系等平台建设；以高新区发展有限公司作为项目法人，把“太阳能之城”建设作为环保节能项目进行整体包装，前期谋划；负责制定“中国电谷”太阳能光伏 LED 系列产品展厅的建设方案。

市委、市政府机关事务管理局　负责所属机关大院的太阳能应用改造；指导市直其他部门太阳能应用改造。

市国土局、环保局、房管局、法制办等部门要大力配合“太阳能之城”建设。

市政公用事业建设集团负责城市路灯的太阳能应用改造。

各级、各部门、各企事业单位，必须把思想统一到“太阳能之城”建设上来，坚决贯彻落实建设“太阳能之城”各项工作，严禁推诿扯皮、不做为现象发生。

（三）建立“太阳能之城”专项资金。市财政设立专项资金，用于“太阳能之城”建设。资金来源主要采取财政补助、争取上级支持和生产太阳能产品相关企业出资等方式解决。

（四）加大对太阳能产品推广应用的扶持力度。各级、各部门要采取措施推进太阳能在建筑领域的应用，组织实施太阳能建筑一体化，对利用太阳能设施设计、安装实行统一规划管理。城乡住宅小区物业管理部门应为居民利用太阳能提供方便条件，不得限制和阻止居民合理利用太阳能。房地产开发商在建筑物的设计和施工中，要考虑为太阳能利用提供必备条件。今后所有新建项目未包括太阳能设计内容和未进行节能审查的，一律不得审批及开工建设。

（五）实施优惠政策。按照一定标准，经有关部门审批，对列入全市试点示范及太阳能推广应用的开工项目，给予一定的优惠政策，具体办法另行制定。

（六）进一步完善企业服务支撑体系。以光伏企业为服务对象，以改善优化经营和创新环境为目标，整合资源，理顺服务功能，扩大服务范围，提高服务质量，着力构建公共信息服务平台、技术交流服务平台、中介服务平台、金融服务平台、人才交流与培训服务平台。

（七）加快技术创新支撑体系建设。围绕新能源设备五个主导产业，着力建设和完善一批工程技术中心、研究机构、检测中心、博士后工作站。加强与国际可再生能源行业的交流与合作，借鉴先进技术和成功经验，完善提高我市太阳能行业的整体水平。

（八）鼓励企业完善产业链条，不断提高太阳能产品的利用率。一是鼓励企业进行技术研发，开发先进的生产工艺和流程，提升科技含量，提高产品质量，降低生产成本和成品价格，增强产品市场竞争力；二是鼓励企业进行技术创新，立足已有技术设备，改进和加强生产经营领域的薄弱环节，形成拳头产品，打造企业品牌，扩大产品影响；三是鼓励企业进行技术引进，加大与国内外技术装备科研院所、知名企业合作，加快消化吸收和转化利用，及早开发具有国际先进水平、自主知识产权的装备；四是鼓励企业进行技术服务，从产品的售前、售中、售后各个环节实施全方位服务，对用户满意度、产品认知度进行跟踪调查，掌握市场动态。

（九）加大宣传力度。各级政府、各部门要加大宣传我市太阳能之城建设的重要意义，提高公众的能源忧患意识和节能意识，要大力普及节约能源科学技术知识，倡导使用绿色能源，营造使用绿色能源的良好氛围，使节约成为全社会的自觉行为。

二〇〇七年三月十五日

附录二十

保定市建设局文件市建［2007］55号《关于推广应用太阳能热水系统与建筑一体化技术通知》

各县（市、区）建设局、局属有关管理及建设（开发）、设计、审图、施工、监理、太阳能产品生产企业等单位：

为贯彻落实建设部、财政部《关于推进可再生能源在建筑中应用的实施意见》及市政府《关于建设保定"太阳能之城"的实施意见》精神，充分发挥太阳能资源优势，现就我市城市规划区域内的建筑领域采用太阳能热水系统与建筑一体化技术的有关事宜通知如下：

一、从4月1日起，新建、改建及主体工程尚未完成的居住建筑应设计太阳能热水系统，做到统一规划、同步设计、同步施工，与建筑工程同时投入使用。

二、在建筑中应用的太阳能热水系统，由该建筑的设计单位负责设计。设计单位在进行施工图设计时，应将太阳能热水系统作为建筑有机组成部分，严格执行《民用建筑太阳能热水系统应用技术规范》（GB 50364—2005）等国家技术标准，合理选择热水系统，做到系统安全可靠、性能稳定，与建筑和周围环境协调统一。施工图说明中应增加"太阳能设计"专项说明，包括选用系统、建筑布局、结构安全、管线敷设以及防风、防雷、防雹等安全措施。

三、施工图审查机构要对太阳能与截止一体化设计提出专项审查意见，审查合格的应在《民用建筑节能设计审查备案登记表》中注明，并到市建筑节能办备案。

四、施工安装维修单位，应具有省建设行政主管部门认定的太阳能热水系统施工资质，安装工应持有《太阳能工程技术培训合格证书》。要严格按照设计图纸和《民用建筑太阳能热水系统应用技术规范》（GB 50364—2005）进行施工安装，确保工程施工质量和安全。

五、监理单位应做好太阳能热水系统施工安装的监理工作，认真履行职责，严禁不合格的太阳能热水系统及配件应用在建筑工程上。建筑单位组织做好工程采用太阳能热水系统质量验收工作，建筑节能专项验收包括此项内容。未采用太阳能热水系统或采用不合格产品的工程，不予通过验收。

六、对已建成的建筑物，住户可以在不影响建筑物质量、安全和建筑环境景观的前提下安装符合技术规范和产品标准的太阳能利用系统。各住宅小区物业管理部门，要积极支持安装应用太阳能热水系统，不得限制和阻止居民合理利用太阳能。

七、实行太阳能热水系统备案制度。太阳能热水系统首次应用于工程时，需通过行业专家论证，性能好，质量优良的太阳能热水系统方可用于工程，并到市建筑节能办备案。

八、为了鼓励太阳能技术的应用，决定将建筑应用太阳能技术情况作为节能建筑、绿色建筑、优秀设计、优质工程和生态小区等评选的重要条件之一优先给予评奖。

九、各县根据本地实际情况制定具体实施办法。

二〇〇七年四月二日

附录二十一

保定市人民政府印发《关于鼓励投资“中国电谷”建设的若干规定》的通知 保市政［2006］196号

各县（市、区）人民政府，高新区管委会，市政府各部门：

现将《关于鼓励投资“中国电谷”建设的若干规定》印发给你们，请认真遵照执行。

二〇〇六年十一月二十一日

关于鼓励投资“中国电谷”建设的若干规定

为加快“中国电谷”发展，建设国家新能源与能源设备产业基地，打造我市以太阳能光伏发电设备、风力发电设备、生物质能、新型储能材料、输变电及电力自动化和高效节能设备为主要内容的新能源及能源设备产业格局，根据有关法律、法规，结合我市实际，特制定本规定。

一、本规定适应范围指“中国电谷”规划内企业及保定市范围内的太阳能光伏制造设备、风力发电设备、生物质能、新型储能材料、输变电及电力自动化、高效节能电力制造企业。以下统称“中国电谷”企业。

二、“中国电谷”规划范围内企业在保定国家高新区注册登记纳税，首先享受保定高新区各项优惠政策，由高新区管委会组织实施，同时享受本规定所定政策。

三、“中国电谷”企业，经认定为高新技术企业的，自认定之日起，五年内上缴的企业所得税、营业税、增值税的地方留成部分，由县（含）以上人民政府安排专项资金对该项目单位给予扶持；拥有自主知识产权的项目，除享受上述优惠外，第六年至第八年上缴的企业所得税、营业税、增值税地方留成部分的50%，由县（含）以上人民政府安排专项资金对该项目单位给予扶持。上述两项专项资金80%用于该项目单位的技术创新，20%纳入产业技术研究与开发。

我市符合国家确定的“老、少、边、穷”地区新上的“中国电谷”企业，可在三年内减征或免征企业所得税。

四、新投资5000万元人民币及其以上的“中国电谷”项目，除应上缴上级部门费用外一律免收地方性收费。应缴纳的地方性城市基础设施配套费、通信建设配套费、再就业资金、旧城改造费、建设项目设计卫生评价费、墙体材料革新与节能专项资金、劳动防护设备效果鉴定费、新工艺的劳动卫生评价费、人防地下室易地建设费、地形图收费、建设项目卫生评价费、城市绿化用地补偿费、土地征用管理费、土地登记发证费、土地评估费、土地勘测费等费用予以免收。

五、凡“中国电谷”建设项目，优先保证其项目用地。以出让方式取得土地使用权的，除上缴国家、省的有关费用和支付农民土地补偿费外，对市及市以下征收的地方规费（土地出让金），最大限度地用于“中国电谷”项目建设。

六、在省级以上开发区内建设的“中国电谷”项目，政府负责提供基础设施，开发区内达到“六通一平”（供水、供汽、供电、通信、排水、天然气和道路）。

七、“中国电谷”企业技术改造项目，其项目所需国产设备投资的40%可从企业技术改造项目设备购置当年比前一年新增的企业所得税中抵免。企业每一年度投资抵免的企业所得税税额，不得超过该企业当年比设备购置前一年新增的企业所得税税额。如果当年新增的企业所得税税额不足抵免时，未予抵免的投资额，可用以后年度企业比设备购置前一年新增的企业所得税税额延续抵免，但抵免的期限最长不得超过五年。技改进口设备免征关税、进口环节增值税、进口环节税。

八、凡“中国电谷”项目外商投资所采购国产设备享受增值税退税，退税范围按照《外商投资产业指导目录》中鼓励类和《中西部地区外商投资优势产业目录》执行。

九、“中国电谷”企业从事技术转让、技术开发及与之相关的技术咨询、技术服务所得收入，经批准后可免征营业税。其技术转让以及在技术转让过程中发生的与技术转让有关的技术咨询、技术服务、技术培训的所得，年净收入30万元以下的，免征企业所得税，超过30万元的部分，采用先依率计征，再通过创新基金补贴的办法对企业给予支持。

十、优先安排太阳能光伏制造设备企业及项目，申请国家、省的国债、财政贴息等专项资金，支持太阳能光伏制造设备的项目建设。

对我市范围内的城市基础设施改造及节能产品应用，优先推广采用太阳能光伏制造设备产业的产品。

十一、鼓励“中国电谷”企业扩大出口创汇。有关部门优先办理“中国电谷”企业年度出口免、抵、退税手续，金融部门优先办理企业的出口退税额度质押银行贷款。

十二、“十一五”期间，在每年财政预算中安排部分专项资金，用于“中国电谷”项目的资金配套；重大、关键技术研发；吸引高级人才；基础平台及环境建设；以及对有突出贡献的单位和个人奖励。

十三、“中国电谷”企业实际缴纳的税金同比增幅达到50%以上的，对企业管理团队给予该企业当年提供地方税收新增部分5%～10%奖励，其中40%用于奖励企业法人代表。

“中国电谷”企业承担的国家级技术创新项目，或引进高新技术进行消化、吸收、开发的新产品，形成产业化并按规定验收合格后，给予定额补助，补助资金以项目经费形式从市科技三项经费列支。

鼓励“中国电谷”企业建立技术中心、工程研究中心、工程技术研究中心。新认定为国家和省级企业技术中心、工程研究中心、工程技术研究中心的企业，给予一次性奖励（奖励标准另行确定），奖金专项用于企业技术研发。

对新获得中国驰名商标、品牌的企业；引进国外知名品牌，并形成一定规模的；与国外知名品牌联合，并形成一定规模的；与国内知名品牌联合，并形成一定规模的给予奖励。

奖励政策涉及地方税收留成部分，市与区、县按现行财政体制承担。

十四、对市外投资我市“中国电谷”项目的，视同外资，引资者享受我市《关于招商引资项目建设实行鼓励和保护的若干规定》（保办发［2002］6号）对外来投资者的子女入托、入学、户口迁移、农转非等事宜，由有关部门负责优先办理。

十五、对“中国电谷”项目的备案、审批实行绿色通道，简化程序，上门服务，快速办理项目前期手续。由市纪检、监察和发改部门负责，确定全市的“中国电谷”重点项目和重点企业，实施封闭运行，挂牌保护政策。所有“中国电谷”企业新上项目未竣工达产前，不参与社会上组织的评比、赞助、捐献等活动。对“中国电谷”企业各项地方规费的征收，实行“一张纸，一遍清，一个漏斗往下征”的办法，由市收费局牵头，统一征收，分户记账。

十六、本规定未尽事宜，采取一事一议，特事特办的方法处理。

十七、本规定自发布之日起执行。

附录二十二

秦皇岛市人民政府《关于全面推广太阳能与建筑一体化的意见》 秦政［2007］144号

各县、区人民政府，开发区管委，市政府有关部门：

为全面落实科学发展观，积极开发利用可再生资源，推进能源节约和环境保护，发挥我市太阳能资源优势，促进经济谁可持续发展，依据《中华人民共和国可再生能源法》及国务院、省政府关于建设节约型社会

发展循环经济一系列文件精神，现就我市推进太阳能在建筑领域中的广泛利用提出如下意见：

一、指导思想和目标任务

（一）指导思想：以科学发展为指导，以促进能源结构优化和经济社会全面协调可持续发展为目标，根据加快建设节约型社会发展循环经济的总体要求，坚持市场调节与政府推动相结合，依靠科技进步，不断完善标准，按照统一规划先易后难、分步实施、全面开展的要求，大力推进太阳能在建筑中的广泛利用。

（二）工作目标：在城市区新建和改扩建的住宅和公共建筑中，积极推广应用太阳能利用与建筑一体化的设计和施工。到“十一五”末，城市区太阳能应用面积占新建筑面积比例达到35％以上。

二、全面推广应用太阳能热水系统

（三）自2007年9月1日起，城市区新建和改扩建的低层（别墅）、多层、中高层住宅建筑，以及政府直接投资或补贴需要热水供应的各种新建公共建筑，包括新建的学校、工厂、办公楼、幼儿园、体育场馆、医院、酒店、养老院、孤儿院、康复中心、标志性建筑、公益性建筑等，一律按《民用建筑太阳能热水邢台应用技术规范》进行太阳能热水邢台与建筑一体化设计和施工。

（四）新建建筑在安装太阳能热水系统时，应与建筑同步设计、同步施工、同步验收、同步交付使用。规划管理部门在建筑方案审查时应将太阳能与建筑一体化设计列入审查范围，严格把关，确保建筑立面整齐美观，建筑与周边环境协调统一。建设行政主管部门要加强对太阳能热水系统的设计和安装使用的监督检查，对擅自取消太阳能热水系统的工程，不予颁发施工许可报告，不予竣工验收、备案。

（五）对经建设部门审批暂时不具备安装太阳能热水系统条件的新建建筑，应预留管路和适当的设备安装位置，为将来安装太阳能热水系统提供便利。

（六）积极开展高层建筑与太阳能热水系统一体化的研究试点工作，鼓励推广太阳能热水系统与其他节能系统一体化。

三、积极推广应用太阳能光伏技术

（七）在城市和住宅小区，组织实施太阳能路灯照明、交通灯指示及公共照明示范项目，建设太阳能光伏路灯示范工程及光伏景观灯示范点。

（八）“十一五”期间，组织实施太阳能光伏系统示范项目，选择部分使用财政资金的新建大型建筑作为使用太阳能光伏系统示范工程。

（九）配合建设社会主义新农村有关工作，在农村和乡镇积极推广太阳能热水器、太阳能温室大棚、太阳能灶、太阳能草坪灯等，大力培养建设太阳能利用示范村、示范乡（镇），文明生态农户太阳能利用率应达到40%以上。

四、组织保障措施

（十）加强对太阳能利用工作的领导，成立秦皇岛市太阳能利用工作领导小组，副市长李洪卫任组长，成员单位有：市建设局、市规划局、市国土局、市财政局、市房产局、市城管局，负责协调推广太阳能应用推广过程中的重点、难点问题。领导小组下设办公室，办公室设在市建设局，负责日常工作的协调、监督和检查。

（十一）建立经济激励政策体系，财政部门设立可再生能源利用专项资金，重点扶持太阳能示范项目、科技创新和产业扩张。对列入财政部、建设部立项的可再生能源示范项目，提供配套扶持资金。积极争取国家和省相关扶持资金。

（十二）对可再生能源产品和设备实行备案管理，通过行业专家鉴定，产品质量合格，适合秦皇岛地区的太阳能光热、光伏产品和其他可再生能源利用设备应到市建设局备案，确保使用安全和运行可靠。

（十三）通过多种形式宣传开发利用太阳能对经济社会资源环境全面协调可持续发展的重要意义。充分利用媒体宣传国家可再生能源利用的法律法规和方针政策，增强消费者绿色节能意识，营造良好社会氛围。

（十四）积极开展太阳能开发利用专业培训。有计划地组织太阳能企业技术人员、管理人员和设计人员参加相关培训；协调组织建筑设计、房地产开发单位有关人员积极参加太阳能光热系统、光伏系统设计规范的培训。在太阳能开发利用示范试点单位中建立宣传教育示范基地，扩大信息交流，推广先进经验。

二〇〇七年六月二十六日

附录二十三

江苏省建设厅《关于加强太阳能热水系统推广应用和管理的通知》（苏建科［2007］361号）文件

各省辖市建设局、规划局、房管局：

太阳能热水系统是一种重要的可再生能源利用技术，推广应用太阳能热水系统，对于减少矿物能源消耗、减少环境污染、缓解我省用能紧张形势、促进节能减排、实现可持续发展都具有重要意义。

我省具备太阳能热水系统应用的自然条件和产业优势，且太阳能热水系统技术成熟、经济性好，与建筑一体化设计、统一安装可以满足城市规划要求，不破坏城市景观。

为推动太阳能热水系统在我省房屋建筑中的规模化应用，加强房屋建筑中应用太阳能热水系统的管理，根据《中华人民共和国可再生能源法》、国家发展改革委、建设部《关于加快太阳能热水系统推广应用工作的通知》和国家、省有关房屋建筑管理的法律、法规的要求，现就有关工作通知如下：

一、自 2008 年 1 月 1 日起，我省城镇区域内新建 12 层及以下住宅和新建、改建和扩建的宾馆、酒店、商住楼等有热水需求的公共建筑，应统一设计和安装太阳能热水系统。拟不采用太阳能热水系统的，由建设单位和建筑设计单位共同提出书面原因，经建设行政主管部门召集专家对原因进行分析论证后作出决定。城镇区域内 12 层以上新建居住建筑应用太阳能热水系统的，必须进行统一设计、安装。鼓励农村集中建设的居住点统一设计、安装太阳能热水系统。

二、各级规划、建设、房产主管部门要在规划设计要点、建筑设计审查、工程质量监督、施工许可、房屋销售与物业管理等环节上，按照各自的职责分工加强对应用太阳能热水系统的监督、管理和协调，共同促进太阳能热水系统在建筑中的推广应用。

三、建筑设计单位应将太阳能热水系统作为建筑的有机组成部分，严格按照国家《太阳热水系统设计、安装及工程验收技术规范》(GB/T 18713—2002)、《民用建筑太阳热水系统应用技术规范》(GB 50364—2005) 和我省《住宅建筑太阳能热水系统一体化设计、安装与验收规程》(DGJ 32/TJ08—2005)、《太阳热水系统与建筑一体化设计标准图集》等标准规程进行系统设计，力求建筑物外观协调、整齐有序，热水系统性能匹配、布局合理，保证建筑质量和太阳能热水系统的使用安全，方便安装和维修。农村住房应用太阳能热水系统也应进行系统设计。施工图审查机构应当按照有关标准进行审查，发现未按本通知要求设计太阳能热水系统又未经过主管部门组织专家论证的，应暂停审查并及时报主管部门。

四、太阳能热水系统应由专业施工单位按照国家和省的相关标准规范进行施工，保证太阳能热水系统和建筑物的工程质量。监理单位应把太阳能热水系统安装施工纳入监理范围。建设单位在组织工程竣工验收时，应按相关验收规范、规程对太阳能热水系统工程进行验收。

五、建设单位应按国家相关规定与物业服务企业做好太阳能热水系统涉及共用部位、共用设施设备的移交和承接验收工作。物业服务企业应当依照物业服务合同的约定，做好日常管理与维护，及时制止擅自改装、移动、损坏太阳能热水系统的行为，保证太阳能热水系统的正常运行。

六、规范对已建成建筑应用太阳能热水系统的管理，安装太阳能热水系统不得影响建筑质量和景观，物业服务公司要做好协调配合工作。在政府组织的小区出新改造、环境整治等工作中，应用太阳能热水系统必须进行统一设计、安装。

七、在建筑能耗评价时，太阳能热水系统集热能量计入建筑节能总量。省建设厅对应用太阳能热水系统的情况作为节能建筑、绿色建筑、优秀设计、优质工程等评选的重要指标之一，优先给予评奖。

各地应根据本通知要求，结合当地实际情况，制定具体的实施细则，并加强宣传，使社会各界和广大群众深入、全面地了解推广应用太阳能热水系统的重要意义，认真分析、妥善解决推广应用过程中出现的新情况、新问题，以保证这项工作平稳、顺利地开展。

执行过程中遇到的问题，请及时与省建设厅联系。

二〇〇七年十一月十三日

附录二十四

连云港市《关于大力推进太阳能热水系统与建筑一体化结合工作的实施意见》

第一条 为进一步推动我市太阳能热水系统建筑一体化推广应用工作，切实降低建筑领域能源消耗，促进国民经济持续健康发展，依据《中华人民共和国可再生能源法》、国家发改委、建设部《关于加快太阳能热水系统推广应用的通知》、江苏省人民政府《关于印发江苏省节能减排工作实施意见的通知》、江苏省建设厅《关于印发〈江苏省建设领域节能减排工作实施方案〉的通知》、江苏省建设厅《关于加强太阳能热水系统推广应用和管理的通知》等法规文件，制定本意见。

第二条 太阳能建筑一体化是将太阳能热水器作为建筑部件与建筑充分结合，并实现整体外观的和谐统一。

第三条 十二层及以下居住建筑、医院、学校、饭店、游泳池、公共浴室等公共建筑必须统一设计、统一安装、统一使用太阳能热水器。十二层以上居住建筑提倡使用太阳能热水器。

第四条 本市市区、县城等城市规划区内以及乡镇政府驻地的新建、改扩建住宅和公共建筑等民用建筑均按照本意见执行。

第五条 民用建筑在项目审批、核准时，建设单位应将包括太阳能光热利用在内的建筑节能方案同时报送各级发改部门。对无正当理由未采用太阳能热水系统的，各级发改部门不得审批、核准。

第六条 在住宅和公共建筑等民用建筑项目土地招牌挂中，各级国土部门应将太阳能光热利用纳入用地开发条件。用地单位必须对太阳能建筑一体化的设计安装进行承诺。

第七条 设计单位在进行规划和建筑设计时，应根据国家《太阳热水系统设计、安装及工程验收技术规范》(GB/T 18713—2002)、《民用建筑太阳能热水系统应用技术规范》(GB 50364—2005)、江苏省《太阳能热水系统与建筑一体化设计标准图集》(SJ 28—2007)、江苏省《住宅建筑太阳能热水系统一体化设计、安装与验收规程》和连云港市《太阳能热水器安装与建筑构造图集》(连 J/T 01—2007) 及相关规范、规程和标准，按照有关技术要求，结合工程具体特点，进行太阳能热水器与建筑一体化设计，做到建筑立面整齐美观、协调有序。在施工图纸中应包括太阳能热水器的安装位置、规格尺寸、管道井、固定预埋件、系统布置、电器管线敷设、节点做法等内容，确保结构合理、安装维修方便和使用安全。

第八条 民用建筑方案设计前，各级规划行政主管部门须将太阳能建筑一体化的相关要求写入规划设计条件，下达给项目建设单位；在审查建筑外观效果时，对没有太阳能建筑一体化设计内容的设计方案或修建性详细规划，各级规划行政主管部门不得审批和发证。

第九条 对于限额以上民用建筑项目，各级建设行政主管部门在审查建设单位报送的初步设计时，要将太阳能建筑一体化作为建筑节能设计专篇中的主要内容之一，进行重点审查和专门批复。对于应利用太阳能而未利用或少利用的情况要退回进行修改，直至设计上满足要求，方准予批复其初步设计。

第十条 民用建筑工程施工图审查时，建设单位应填写包括太阳能建筑一体化在内的建筑节能报审表。施工图审查机构应对太阳能建筑一体化的施工图设计进行专项审查，提出包括防雷设计在内的专项审查意见。对未设计或少设计太阳能热水系统，又未报经建设行政主管部门组织专家论证的，一律退回，补充设计，直至符合规定后，方可发放施工图审查合格书。

第十一条 建设单位、房地产开发企业应按照法律规定和国家、省相关规范、标准、图集等将太阳能热水系统与建筑一体化委托设计和施工。不得擅自修改、变更图纸设计内容，不得要求设计单位、施工单位违反规范和标准进行设计和施工。

第十二条 对本地生产和外地进入的太阳能热水器产品，建设行政主管部门按相关规定，实施登记备案制。对符合技术规范和产品标准的太阳能热水系统产品，由建设行政主管部门发放推广备案证。

第十三条 太阳能热水系统的生产企业要积极开发标准化的、通用的太阳能热水系统组件，并建立完善的售后服务体系，为用户提供优质、规范和便利的产品和检修、维修服务。

第十四条 太阳能建筑一体化的施工纳入资质管理、建设监理、工程质量监督和竣工验收备案范畴。在统一设计、统一安装的前提下，太阳能热水系统连同单项建筑工程由建设单位组织竣工验收时一并验收。对于太阳能热水系统未经验收的，各级建设行政主管部门不得办理单项建筑工程和住宅小区竣工备案，各级房管部门不予发放房屋产权证。

第十五条 作为建筑节能的一个组成部分，房地产开发企业须将太阳能热水系统的利用情况在商品房销售处公示，并写入《商品住宅使用说明书》和《商品住宅质量保证书》。

第十六条 太阳能热水系统交付使用后纳入小区物业统一管理。由建设单位或委托物业服务公司与太阳能热水器生产或安装单位签订协议，保证使用质量和售后服务。

第十七条 鼓励已建成住宅补充安装太阳能热水器。但房地产开发企业须将设计施工图重新报批；业主自己安装的，须将安装热水器的方案报经物业服务公司按照太阳能建筑一体化的原则审查批准。

第十八条 太阳能热水系统的造价列入建筑工程总造价之内。对统一利用太阳能光热、光电系统的民用建筑项目，经建设单位申报，由建设行政主管部门研究，授予太阳能建筑一体化示范工程荣誉称号。对获得荣誉称号的工程项目，在税收、财政补贴及规费征收方面给予一定额度的支持和优惠。

第十九条 在城市规划区内，低层、多层、中高层和高层住宅太阳能建筑一体化工程推行分体承压、二次循环技术和集中热水系统技术；单层住宅和农村民房可以使用直插式、单循环、非承压太阳能热水器产品。

第二十条 不符合太阳能热水系统与建筑一体化要求的项目，不予申报参加各级康居示范小区、住宅性能认定、最佳楼盘、优质工程、优秀设计等奖项的评选。

第二十一条 大力提倡和鼓励城市在道路路灯、公园广场灯、小区庭院灯、公共楼道灯及园区公共照明灯中使用太阳能光伏 LED 照明技术。

第二十二条 本意见自颁布之日起施行。

二〇〇八年三月十七日

附录二十五

无锡市光伏太阳能推广应用实施方案

《无锡市光伏太阳能推广应用实施方案》已经市政府同意，现印发给你们，请认真贯彻实施。

二〇〇八年九月二十三日

无锡市光伏太阳能推广应用实施方案

为进一步落实节能减排要求，推进绿色能源示范基地建设，在做大做强我市光伏产业的同时，实施光伏太阳能制造与应用并举，加快光伏太阳能推广应用步伐，促进全市经济社会持续健康发展，特制定本方案：

一、充分认识太阳能应用的重要意义

太阳能推广应用是顺应时代潮流的积极探索。伴随着太阳能产业的加快发展，太阳能应用特别是太阳能照明应用的步伐明显加快。近年来，很多国家和地区大力实施“阳光计划”。我国保定、德州、杭州等地在太阳能应用方面已经达到国际先进水平。无锡提出推广应用太阳能，就是为了顺应时代潮流，顺势而为，抢抓机遇，打造无锡的新优势。

太阳能推广应用是落实科学发展观的具体行动。随着经济社会不断发展，我市资源、环境与经济发展和人口增长之间的矛盾越来越尖锐，能源供应日益紧张，环境质量不断下降。太阳能是一种取之不尽、用之不竭，无污染、低成本，人类能够自由利用的能源。无锡推广应用太阳能，就是要探索综合利用太阳能的可行之策，探索建设环境友好型、资源节约型、创新型城市的可行之路。

推广应用太阳能是造福于民的惠民工程。在全社会推广和使用太阳能产品，可直接降低能耗，节省支出，减少污染，美化家园，每个单位、企业、家庭和个人都是受益者。据专家测试，每年使用太阳能电池 10MW，大约相当于每年减排二氧化碳 1 万吨，可有效减少因煤炭、秸秆、柴草燃烧造成的灰尘排放。在我市推广应用太阳能，是一场环境革命，也是一项造福百姓的德政之举。

二、总体思路和发展目标

总体思路：按照建设和谐社会的要求，在国家和省支持下，充分发挥我市光伏产业的基础优势，通过单体建筑综合应用、道路、景观与公共场所照明、独立光伏太阳能电站的应用示范，着重解决应用系统开发、维护和运行等方面的问题，在建立实施鼓励政策、建设与运行机制、相关标准规范等方面探索积累经验，为光伏太阳能发电的大面积应用奠定基础。

发展目标：争取用 3～5 年时间，以区域照明、单体建筑综合应用、光伏太阳能并网发电、光伏产业开发应用等示范系统为重点，基本实现太阳能的综合应用。以应用促进发展，推动产业链不断向两端延伸，2012 年实现光伏太阳能综合应用规模达到 100MW，使无锡成为引领国内绿色能源生产和应用的重要基地城市。

三、重点工程及实施进度

（一）陆马公路照明工程

2008 年完成梅梁路至闾江口立交，全长约 3800 米的陆马公路太阳能照明工程建设。

（二）城市道路照明工程

2008年启动山水东路、金石南路、大通路、缘溪道、清舒道、立德道等次干道，江溪路、文化路、图书馆路、方庙路、青年路、图清路、图文路等城市支路太阳能路灯的安装工程。2009年，在试点基础上逐步在城市支路、街巷和社区及城市主干道推开。

（三）园林、广场太阳能应用工程

2008年启动实施新区中央公园、尚德公司广场、太湖广场综合改造等照明工程；2009年，逐步在太湖新城市民广场、太湖国际科技园、太湖新城科教产业园，以及惠山古镇历史街区逐步推开。

（四）湖（河）岸整治亮化工程

2008年实施环蠡湖绿带及湖岸整治亮化、东蠡湖西岸和北岸景观照明工程、太科园净湖水岸综合景观太阳能照明工程。2009年实施环城古运河整治亮化太阳能应用工程。

（五）交通信号灯太阳能应用工程

2008年启动实施市区支路和外围道路路口交通信号灯太阳能应用试点改造；2009年在试点基础上，对市区交通路口逐步、全面实施太阳能应用改造。

（六）建设领域太阳能应用示范工程

以居住小区公共照明（主要包括景观灯、庭院灯、草坪灯、灯箱等）为突破口，选择3至5个小区进行试点示范。尝试在屋顶安装太阳能小电站，并以小区为单元，形成小区太阳能光伏并网发电。在此基础上，继续扩大试点范围和广泛推广。

（七）太阳能产业开发应用工程

以尚德公司为主体，规划建设新区光伏产业园总占地面积220ha（3300亩），引进光伏中下游产品，快速扩大太阳能电池、组件的生产和安装，加强薄膜太阳能电池等的研发和产业化。在太阳能电池应用领域求新突破，重点加强在太阳能光伏电池与机电产业、建筑材料的结合利用（光伏一体化建筑）、并网发电工程等方面的研究开发。

（八）太阳能发电示范工程

2008年实施无锡（国家）工业设计园300kW、无锡机场大楼800kW、尚德研发大楼1000kW太阳能光伏并网发电示范项目。2009年，在试点示范基础上，积极探索在新建大型建筑，特别是对政府投资建设的市民中心、艺术中心、会展中心等公益建筑设施上进行光伏建筑一体化设计，实施光伏太阳能并网发电示范工程。

四、保障措施

（一）强化组织领导

建立健全光伏太阳能推广应用领导体制和统筹协调机制，明确各部门职责和任务，分工协作，密切配合，共同做好太阳能产业发展和推广应用工作。市政府成立无锡市光伏太阳能推广应用工作领导小组，全面领导和推动光伏太阳能推广应用工作。领导小组办公室设在市发改委，具体负责协调工作及相关政策的贯彻落实。

（二）明确工作职责

在无锡市光伏太阳能推广应用领导小组的统一领导下，各有关部门要按照职责分工，各司其职，协调配合，共同做好光伏太阳能推广应用工作。

市委宣传部负责光伏太阳能推广应用相关宣传报道工作。

市发改委、经贸委负责贯彻落实国家新能源和可再生能源领域的相关政策，指导太阳能产业的发展；做好光伏太阳能并网发电项目的立项、争取国家和省政策支持等工作。

市市政公用事业局牵头负责光伏太阳能区域照明系统应用、改造工作，编制无锡市城市区域照明系统光伏太阳能应用具体实施方案。

市财政局负责会同相关主管部门，提出支持光伏太阳能应用的市级财政资金计划，并制定资金适用范围、扶持对象等具体管理办法。

市规划局负责将光伏太阳能推广应用工作纳入城市总体规划，并落实城市建设规划要求。

市建设局负责新建建筑光伏太阳能一体化应用试点示范工作。

市房管局负责既有建筑光伏太阳能一体化应用试点改造工作。

市市级机关事务管理局负责政府部门建筑光伏太阳能应用试点改造工作。

市公安局（市交巡警支队）负责道路交通信号灯的太阳能应用试点改造工作。

市园林局负责城市园林绿地、景区、广场等场所的太阳能应用试点改造工作。

市科技局负责组织实施太阳能新产品、新技术、新材料、新工艺的开发、应用和推广。

无锡市太阳能生产企业应积极生产并以优惠的价格提供质量可靠、技术先进的太阳能节电产品，降低产品成本，满足社会和市场的需求，同时做好售后服务工作。

市国土局、环保局、市政府法制办及各区政府（管委会）、无锡供电公司等要根据各自职能，大力配合做好光伏太阳能的推广应用工作。

市重点办、蠡湖办、城投公司、太湖新城建设指挥部、太湖科教产业园、太湖国际科技园、新区经济发展集团等城市建设部门和单位，要积极响应市委市政府号召，主动配合做好光伏太阳能推广应用工作。

（三）落实保障资金

按照“谁负责工程、谁承担资金”的原则落实经费。同时，充分发挥政府投资的引导作用，在相关专项资金中安排节能资金，用于光伏太阳能推广、应用的奖励，同时积极争取上级部门政策和资金的支持。

（四）加大政策扶持

全面落实国家在节能方面的税收优惠政策；对列入全市试点示范的光伏太阳能推广应用项目，给予一定优惠政策；对具备一定研发能力、拥有专利技术和独立知识产权的企业重点开发利用太阳能的项目，予以适当资金补助等方面的支持。

（五）加大宣传力度

各级政府、各部门要大力宣传光伏太阳能推广应用的重要意义，提高公众的能源忧患意识和节能意识，大力普及节约能源科学技术知识，倡导使用绿色能源，营造使用绿色能源的良好氛围。同时，加大协调、督导力度，及时通报各部门进展情况，推动光伏太阳能推广应用的广泛深入发展。

附录二十六

扬州市《关于加强太阳能热水系统推广应用工作的实施意见》
扬建工［2007］50号

各县（市、区）建设局，各有关单位：

为促进建设领域节能减排，推广应用太阳能热利用技术，贯彻落实苏建科［2007］361号《关于加强太阳能热水系统推广应用和管理的通知》精神，结合我市太阳能热水系统应用现状，现就加强我市太阳能热水系统推广应用工作提出如下意见：

一、推广应用太阳能热水系统的重要性

太阳能作为一种清洁能源，不仅取之不尽，用之不竭，而且无污染、廉价，是人类能够自由利用的能源。经过测算，每平方米太阳能热水器提供的热能每年相当于一个200kg的标准煤产生的热量。如果用于替代热水、电热水器就可以节约500kWh的发电量。太阳能热利用是重要的太阳能利用方式，技术成熟，应用前景广阔。在目前化石能源逐步减少、环境污染日益加重的情况下，推广应用太阳能热利用技术，对于节约化石能源资源，保护环境，实现可持续发展具有重要作用，也是全面落实科学发展观，建设资源节约型、环境友好型社会的重要举措。

二、推广应用太阳能热水系统的有利条件

扬州地处江苏省中部，有着丰富的太阳能资源，年日照时数为2140h，具有推广应用太阳能热水系统的客观自然条件。其次，太阳能热水器最适宜多层住宅，低层住宅安装，而目前我市开发的住宅以多层占绝大多数，为太阳能热水器的推广应用提供了得天独厚的空间条件。第三，据不完全统计，至2006年底我市共有太阳能热水器生产企业近20家，年生产能力达50万台，年销售额达10亿元。以江苏华扬太阳能有限公司为龙头的热水器生产企业，拥有自主专利技术160多项，已获国家免检产品，为太阳能热水器的推广应用提供了有力的产业条件。

三、推广应用太阳能热水系统的工作内容

1. 自2008年1月1日起，我市城镇区域内新建12层及以下住宅和新建、改建和扩建的宾馆、酒店、商住楼等有热水需求的公共建筑，应统一设计和安装太阳能热水系统。拟不采用太阳能热水系统的，由建设单位和建筑设计单位共同提出书面申请，经当地建设行政主管部门召集专家对原因进行分析论证后作出决定。城镇区域内12层以上新建居住建筑应用太阳能热水系统的，必须进行统一设计、安装。鼓励农村集中建设的居住点统一设计、安装太阳能热水系统。

2. 建筑设计单位应将太阳能热水系统作为建筑的有机组成部分，严格按照国家《太阳热水系统设计、安装及工程验收技术规范》（GB/T 18713—2002），《民用建筑太阳热水系统应用技术规范》（GB 50364—2005）和我省《住宅建筑太阳能热水系统一体化设计、安装与验收规程》（DGJ 32/TJ08—2005）、《太阳热水系统与建筑一体化设计标准图集》等标准规程进行系统设计，力求建筑物外观协调、整齐有序，热水系统性能匹配、布局合理，保证建筑质量和太阳能热水系统的使用安全，方便安装和维修，必须预留太阳能热水器的位置和管道，屋面工程要在公共部位留设上人孔。农村住房应用太阳能热水系统也应进行系统设计。

3. 施工图设计审查机构应当按照有关标准进行审查，发现未按本意见要求设计太阳能热水系统又未经建设主管部门组织专家论证的，应暂停审查并及时报主管部门，建设行政主管部门不予办理施工许可证。

4. 太阳能热水系统应由专业施工单位按照国家和省的相关标准规范进行施工，保证太阳能热水系统和建筑物的工程质量。工程质量监督、监理单位应把太阳能热水系统安装施工纳入监督、监理范围，建设单位在组织工程竣工验收时，应按相关验收规范规程对太阳能热水系统工程进行验收，并按规定办理工程竣工验收备案手续。

5. 已建成建筑应用太阳能热水系统，其太阳能热水系统的安装不得影响建筑质量和景观。在政府组织的小区出新改造、环境整治等工作中，应用太阳能热水系统必须进行统一设计、安装。

6. 各级建设行政主管部门要加强太阳能热水系统推广应用科技示范工作。太阳能热水系统推广应用技术是一个技术性较强的工作，要有机地将这项工作与建筑结合起来。要引导太阳能生产骨干企业提高产品研发能力，加强与设计单位联合，改进现有产品与建筑结合的适用性能，提高产品质量和工艺水平；要引导开发企业建立太阳能光热技术应用的示范工程，通过试点示范，以点带面，加快推动太阳能光热技术在建筑上应用的步伐，同时要积极组织申报建设部，财政部设立的可再生能源利用示范工程，市建设局将对此类科研项目，示范工程给予政策支持和资金补贴。

7. 在建筑能耗评价时，太阳能热水系统集热能量计入建筑节能总量。市建设局对应用太阳能热水系统的情况作为节能建筑，绿色建筑，优秀设计，优质工程等评选的重要指标之一，优先给予评奖。

太阳能热水系统的推广应用涉及千家万户群众的根本利益，涉及国家节能减排目标的实现，涉及我市经济可持续发展、环境保护的重要战略，各级建设行政主管部门和相关单位都要加强对太阳能热水系统在建筑上应用重要性的认识，将太阳能热水系统推广应用与建筑节能工作结合起来，与建设和谐社会和节约型社会结合起来，将推广应用太阳能热水系统作为城市和城镇建设的一项重要内容，抓实抓好。

二〇〇七年十二月二十六日

附录二十七

青海省建设厅关于《建筑利用太阳能工作指导意见》

西宁市、各自治州人民政府，海东行署，省政府各委、办、厅、局：

省建设厅关于《建筑利用太阳能工作指导意见》已经省人民政府同意，现转发给你们，请认真组织实施。

青海省人民政府办公厅

二〇〇八年四月八日

建筑利用太阳能工作指导意见

省建设厅

（二〇〇八年四月）

为贯彻落实国务院《节能减排综合性工作方案》和省委第十一次党代会精神，切实推动我省建筑利用太阳能及其相关产业的发展，根据国家《可再生能源法》和《可再生能源中长期发展规划》，结合我省实际，制定本指导意见。

一、充分认识太阳能利用的重要意义

（一）太阳能是可再生能源中重要的基本能源。随着经济社会进入高速发展时期，能源、环保成为关系整个国民经济、国家安全的重大社会问题。太阳能等可再生能源的开发利用是优化能源结构，保护生态环境，促进经济社会可持续发展的重要战略措施之一，是当前节能减排工作的重要内容。

（二）建筑利用太阳能工作是贯彻落实科学发展观，建设“富裕、文明、和谐”新青海的重要举措，是我省建设资源节约型、环境友好型社会的必然选择。建筑利用太阳能对缓解城乡公共用能和居民生活用能需求矛盾，改善生活和生产方式，减少对石化能源的依赖具有重要作用。

（三）我省幅员辽阔，日照时间长，太阳能资源十分丰富，是我国太阳能辐射量最多的地区之一。推广建筑利用太阳能具有得天独厚的条件和广阔的前景。开发利用太阳能光伏照明、光伏发电、太阳能热水系统、太阳能采暖系统、被动式太阳房、太阳灶等技术，对改变城乡用能结构和消费模式，逐步减少或替代常规能源，保护生态环境，促进全省经济社会又好又快发展具有十分重要的意义。

二、指导思想和基本原则

（一）指导思想

坚持以邓小平理论和“三个代表”重要思想为指导，深入贯彻落实科学发展观，以提高资源利用效率为核心，以发展太阳能等可再生能源利用为重点，以改变用能结构为突破口，全面推进太阳能产业化基地建设和建筑利用太阳能的各项工作，为建设资源节约型、环境友好型社会作出贡献。

（二）基本原则

坚持“政府引导、政策支持、以点带面、协调发展”的原则，做到建筑利用太阳能工作与全省经济、社会和环境相协调，与太阳能产业发展互相促进，与城镇化和社会主义新农村新牧区建设紧密结合。

（三）工作思路

建筑利用太阳能工作要立足于我省太阳能的资源优势，以太阳能产业基地建设为基础，引进消化吸收国内外成熟、先进的太阳能利用技术，加快太阳能建筑一体化与太阳能产业发展。建立建筑利用太阳能技术研发和产业体系，把太阳能光电、光热材料与终端产品培育成我省新型支柱产业。提高太阳能建筑利用的水平，扩大太阳能应用的领域，组织实施示范项目建设，以西宁新城区建设和房地产开发项目为重点，全面推广建筑利用太阳能光热、光电技术，努力促进我省建筑利用太阳能工作的有序推进。

三、工作重点

（一）利用资源优势，发展太阳能产业。依托我省现有太阳能产业和技术资源，加快人才培养，积极推进太阳能系列产品的技术开发与产业化。在引进国内外优势企业、先进技术和人才的基础上，加强太阳能产品技术和应用技术的消化吸收和再创新，在西宁建立太阳能建筑应用产业化示范基地，不断延伸太阳能硅材料、电池板、终端发电和太阳能光热材料、集热系统、终端供热两条产业链。

（二）加快太阳能与建筑一体化步伐，推进建筑利用太阳能。结合我省经济社会条件和太阳能产业发展的实际情况，制定并实施“阳光建筑”计划，实现太阳能在建筑中规模化推广应用，重点在城镇建筑热水工程、采暖供热工程、照明工程等方面，大力推广太阳能应用技术；农村牧区要结合社会主义新农村新牧区建设，积极推广太阳能热水器、被动式太阳房通用设计，建设示范房屋，抓好太阳能的直接利用。

（三）加快相关标准的研究和编制工作，指导我省建筑利用太阳能工程建设和太阳能产业发展。制定民用建筑太阳能利用的工程建设地方标准，重点突出太阳能等可再生能源利用技术集成与建筑一体化。在已有建筑设计标准中，完善太阳能利用技术相关内容，研究解决太阳能建筑一体化等技术难题，使太阳能利用成为工程建设的组成部分。

（四）建立健全太阳能利用研发和服务体系。切实加强建筑利用太阳能的基础研究，高度重视太阳能实用技术的研发和创新，提高太阳能与其他可再生能源集成技术的应用研究水平。太阳能产品生产企业和研发机构要对建筑利用太阳能的技术、设备和工效的检测、质量保证等方面，提供可靠的技术和产品信息，积极推动技术进步，加强自主创新，为建筑利用太阳能工作提供优质的技术服务和有力技术支撑。

四、具体要求

（一）政府机构和事业单位的公共建筑、经济适用房、廉租住房以及涉及政府投资或政府给予政策性补贴的项目，应采用建筑利用太阳能技术，实施太阳能与建筑一体化。建筑利用太阳能由新建建筑逐步推广到既有建筑。

（二）居住建筑、公共建筑（办公、医疗、学校等公共建筑，餐饮、洗浴、旅馆、商业等服务性建筑，游泳馆等体育设施）以及热水消耗大户应积极采用太阳能热水系统，集中使用太阳能。

（三）在城镇加快市政道路、广场、小区太阳能绿色照明和太阳能热水、供暖在居住建筑和公共建筑中应用技术的推广。规范以太阳能热水系统为主的太阳能成套技术在居住建筑中的使用。鼓励建设单位和开发企业在项目建设、开发时，安装和使用太阳能热水、供热采暖、光伏发电、光伏照明等系统。积极推进市政道路和园林建设中太阳能照明工程。

（四）农村牧区要结合社会主义新农村新牧区建设，采取由省建设行政主管部门提供的通用设计图纸、建设示范房屋等措施，抓好太阳能的直接利用。对生态移民和工程移民集中居住点，要明确太阳能利用建设标准，并进行统一规划、建设；具备条件的小城镇和农牧区，要积极推广应用太阳能热水器、被动式太阳房和太阳灶等太阳能利用技术。

（五）因地制宜，积极推广太阳能光伏发电。一是通过政府补贴和电价政策，鼓励有条件的建筑安装光伏发电系统，为城市电网提供辅助电源；二是发展太阳能日用电子产品，如各类太阳能充电器、太阳能路灯和适宜偏远农村牧区无电地区的移动太阳能电源和灯具等；三是有条件的地区可建设小型光伏电站，并与大电网联网供电。

（六）组织实施试点示范项目。重点从太阳能的光热、光伏入手，组织开展太阳能等可再生能源利用技术集成的研究和示范项目的建设，为全面推广建筑利用太阳能热水、采暖和光伏发电做好引导示范，以点带面，逐步推广。在我省设市城市和农牧区选择有条件的公共设施或居住小区作为建筑节能和太阳能利用的示范点，力争在一些重点技术应用领域取得突破，努力将西宁市建设成为国家建筑利用太阳能产业化示范基地。

五、保障措施

（一）加强组织领导。各有关部门要围绕太阳能产业发展和太阳能利用工作，细化职责分工，切实履行职责，抓紧研究制定有利于建筑利用太阳能和相关产业发展的各项政策，完善政策支持措施，做好组织协调工作；各州、地（市）人民政府要高度重视太阳能资源建筑利用工作，成立相应的组织机构，加强对太阳能利用的组织领导，要把太阳能建筑利用工作作为建设节约型社会的一项重要工作，纳入重要议事日程，积极推进建筑利用太阳能的各项工作。

（二）加强政策研究。积极争取国家对太阳能等可再生能源利用发展的政策和财政扶持，加快我省太阳能产业发展步伐。要从法律和政策层面保证太阳能等可再生能源的发展。各级政府有关部门应根据《中华人民共和国可再生能源法》等相关法律、法规的有关规定，研究、制定适合我省的具体实施方案和细则，明确我省各地区太阳能等可再生能源利用的合理比例，从而形成一套上下配合、互为补充、完整有力的政策体系。

（三）建立激励政策。企业从事符合条件的太阳能利用项目所得，享受国家和省政府有关税收优惠政策。对进入固定资产的太阳能产品关键生产设备由于技术进步等原因，确需加速折旧的，可以缩短折旧年限或采取加速折旧的方法。加大对太阳能生产项目和应用工程的信贷支持和服务，对其生产项目和应用工程的贷款实行差别利率政策。对符合标准的建筑利用太阳能示范项目及学校、医院、市政设施、政府机构办公楼等建设项目实行政府专项补贴，支持建筑利用太阳能。

（四）安排专项资金。各州、地、市财政部门要加大对建筑利用太阳能的资金扶持力度，在年度预算中安排资金支持和引导建筑利用太阳能工作。省财政厅会同省建设厅研究制定我省建筑应用太阳能专项资金管理办法，并在年度预算中安排一定比例专项资金作为建筑利用太阳能专项补贴，支持建筑利用太阳能的技术研发、标准规范的制定、公益事业建设项目利用太阳能和示范试点工程建设。

（五）推进科技创新。省科技厅要在省级科技项目计划中安排太阳能研发和推广项目，设立太阳能研究推广专项，开发研究建筑利用太阳能等可再生能源集成技术，推进太阳能的普及技术。省建设厅、科技厅要加强协调，选择省内具备一定研发能力和经济实力的科研单位或企业，引进国内有关知名专家或企业参与组建太阳能建筑应用研发机构，形成我省建筑利用太阳能的技术支撑体系。

（六）加大宣传力度。要充分利用广播、电视、报纸和网络等媒体广泛向社会宣传利用太阳能的意义和作用，提高全社会对太阳能利用工作重要性的认识，增强全社会参与太阳能等可再生能源应用的能力和主动性。结合我省新农村、新牧区建设，鼓励引导有条件的农牧民积极采用太阳能技术与产品。同时，要将太阳能等可再生能源的宣传、教育和培训列入各级政府的工作计划，配备专项经费，建立长效机制。营造应用可再生能源，建设资源节约型、环境友好型社会，实现可持续发展的人文环境。

附录二十八

南京市《关于进一步规范居民住宅安装太阳能集热器的通知》

各区（县）发改局、建设局、房（地）产局、建工局、科技局、质监分局（局），各有关单位：

为贯彻《中华人民共和国可再生能源法》（以下简称《可再生能源法》），根据《住宅建筑规范》（GB 50368—2005）、《民用建筑太阳能热水系统应用技术规范》（GB 50364—2005）（以下简称《规范》）和《住宅建筑太阳热水系统一体化设计、安装与验收规程》（DGJ 32/TJ08—2005）（以下简称《规程》），以及《江苏省实施能源产业科技示范工程》（苏政办［2005］91 号）文的要求，进一步做好居民利用太阳能集热器的管理工作，特通知如下：

一、提高开发利用太阳能重要意义的认识

经济高速发展，能源资源供给严重不足，已成为制约我国经济社会发展的瓶颈。太阳能资源是《可再生能源法》规定的六种可再生能源中，可最直接利用的能源。

南京市地处北纬 31～32 度，每年日照量在 2000～2200h（最高年份近 2700 小时），属于太阳能比较丰富地区。每年每平方米获得太阳的辐射热能相当于 170～200kg 标准煤燃烧发出的热量。以我市现有太阳能集热器约 40 万台计算，每年节约标准煤 15 万吨左右。同时，还减少环境污染，减轻能源运输压力。推广应用太阳能集热器，是利用太阳能资源的有效方法，也是节约能源、缓解能源紧张的主要措施之一。

太阳采光、光伏发电、热能利用是开发太阳能的主要技术。太阳能集热器是热能利用的重要产品，其中，玻璃真空管太阳能集热器使用最广泛。由于太阳能是取之不尽、用之不竭不需成本的能源，随着能源紧缺、价格上涨、太阳能集热器产品不断完善等因素影响，太阳能集热器拥有量还会增加，太阳能集热器在热水器市场中的占有率也会不断上升，规范太阳能集热器已很迫近和重要。

二、明确太阳能集热器应用安装规范

新建的住宅建筑，根据《可再生能源法》中“房地产开发企业应当根据国务院建设行政主管部门会合国务院有关部门制定太阳能利用系统与建筑结合的技术规范，在建筑物的设计和施工中，为太阳能利用提供必备条件”和《规范》中“住宅必须进行节能设计”，“住宅的设计与建造应与地区气候相适应，充分利用太阳能等可再生能源”的要求，为安装太阳能集热器提供条件。大力倡导住宅建筑按《规范》建设统一集中的太阳能热水系统。

已建成的住宅建筑，主要指现浇钢筋混凝土平屋面和坡屋面，在满足房屋结构及其他相应的安全性条件的情况下，经相关有资质单位出具法律效力的检测报告和有关业主同意后，可在适宜的位置上及空间安装太阳能集热器。

1. 质量要求

太阳能集热器生产企业应不断研制开发高效、便利、安全的产品，产品质量应符合相关国家、行业标准或企业标准及国家有关法律法规规定的要求，并经出厂检验合格。进入市场的太阳能集热器应能提供市级以上法定质检机构出具的合格的检验报告。

本市已建成的居民住宅小区，安装太阳能集热器，应由小区业主委员会（未成立业主委员会的由房屋管理单位）会同小区业主代表（必要时可邀请质检机构专家参与或实行招投标）等，对待选太阳能集热器的品牌、产品质量、售后服务、性价比等进行综合评价，确定所在小区拟安装的太阳能集热器品牌，并公示一星期广泛征求业主意见。公示的内容包括：产品名称及品牌、生产企业名称及生产规模、产品质量情况及其证明文件、产品供应者售后服务承诺和价格等。原则上一个小区选择1至2个品牌的产品；同一住宅建筑的楼顶上只安装同一个品牌的太阳能集热器。

2. 安装要求

太阳能集热器的安装队伍应持有《太阳能热水工程国家标准资质培训合格证书》和太阳能集热器生产单位的《授权书》；安装的太阳能集热器应符合《规范》和《规程》；业主应和有关厂商签订太阳能集热器安装以及其他相关责任合同；因安装、使用太阳能集热器给建筑物、他人财物以及生命安全造成损害的，有关业主应负相关责任。

在已建成的住宅建筑上安装太阳能集热器，采用搁置在屋顶上的方法（坡屋面的应做与屋脊顶角度相同的支架），且规则有序、排列整齐。禁止在屋面上打洞或使用膨胀螺栓固定太阳能集热器（管线），确保整体屋面不受损坏。供回水管线外包装颜色力求与屋面颜色相同（或接近），走向力争平行垂直，在外墙上要分段固定。

3. 美化要求

在住宅建筑坡屋面上安装太阳能集热器，太阳能集热器（玻璃真空管）的倾角与坡屋面的倾角相同，其架空高度不得高出屋面（与坡屋面的垂直距离）100mm。

在主次干道两旁的住宅建筑、景观区的住宅建筑、涉及市容市貌的住宅建筑上安装太阳能集热器，坡屋面的太阳能集热器应安装在屋脊顶的水平线以下，不应影响市容观瞻。

三、规范安装太阳能集热器的管理程序

太阳能集热器的生产、安装、维护、使用、安全等问题涉及面广，经研究协商，由市经委牵头，会同市建委、市容局、市房产局、市建工局、市科技局、市质监局等部门协调会商，共同管理。

1. 凡需要安装太阳能集热器已建成的住宅小区，由业主委员会，按照《物业管理条例》的规定，充分征求业主意见，征得小区业主同意。没有业主委员会的，参考物业管理有关规定，征得所在幢房屋业主同意后，妥善安装、使用太阳能集热器。

2. 需要安装太阳能集热器的必须具备满足建筑结构荷载等安全性要求，将相关有资质单位出具法律效力的检测报告提交所在小区物业管理单位或房屋管理单位（包括原产权单位）备案，方可安装。

3. 对基本承载能力不足、未经安全检测和有关业主同意的住宅建筑，不准安装太阳能集热器；因影响城市容貌和环境特殊的住宅建筑不宜安装太阳能集热器的，应获相关部门批准。

4. 各住宅小区的业主委员会（包括物业管理单位）应本着大力推广应用太阳能集热器的思想，在规范安装太阳能集热器工作中，要与太阳能集热器生产单位（或供货商）签订规范安装太阳能集热器的安装协议（或合同书）；统筹做好太阳能集热器的选购、安装和使用等环节的工作；不应向太阳能集热器供应方和使用方收取进场费等不合理费用。

住宅小区的各业主要自觉执行太阳能集热器的安装规范，在接受物业管理单位（或房屋管理单位）的协调和管理下，协同做好推广应用太阳能集热器工作。

四、推广规范安装太阳能集热器工程

市已建成规范安装太阳能集热器的工程有：1. 坡屋面、一体化型——清溪花园（中山门内清溪路8号）；2. 平屋面、一体化型——翠岛花城（雨花区宁南大道）；3. 坡屋面、分散型——听泉山庄（仙林大学城）等。

各工程设计单位、建筑施工单位、太阳能集热器生产单位和居民住宅小区等可现场考察学习。

二〇〇六年七月八日

附录二十九

深圳经济特区建筑节能条例

（2006年7月26日深圳市第四届人民代表大会常务委员会第七次会议通过）

第一章 总 则

第一条 为了加强深圳经济特区（以下简称特区）建筑节能管理，提高能源利用效率，促进循环经济发展与节约型社会建设，根据有关法律、行政法规的基本原则，结合特区实际，制定本条例。

第二条 特区民用建筑节能及其相关管理活动适用本条例。

本条例所称建筑节能，是指在民用建筑的建设、改造、使用过程中，按照有关法律、法规、标准和技术规范的要求，在保证建筑物使用功能和室内环境质量的前提下，采取有效措施，降低能源消耗，提高能源利用效率的活动。

第三条 建筑节能应当遵循节约资源、因地制宜、技术先进、经济合理、安全可靠和保护环境的原则。

第四条 鼓励建筑节能技术研究和产品开发，推广应用节能型建筑结构、材料、用能系统、施工工艺和管理技术，促进可再生能源开发利用，发展绿色建筑。

政府投资的建设项目应当发挥节能示范作用。

第五条 市、区政府应当加强建筑节能宣传教育，增强市民建筑节能意识，并对在建筑节能工作中作出显著成绩的单位和个人予以表彰和奖励。

第六条 鼓励相关行业协会、中介服务机构开展建筑节能咨询、检测、评估等专业服务；支持建筑节能公共技术平台建设。

第七条 市政府建设行政主管部门（以下简称市主管部门）负责建筑节能统一监督管理工作。

各区政府建设行政主管部门（以下简称区主管部门）按照职责分工，负责本辖区内建筑节能监督管理工作。

市、区政府其他有关部门在各自的职责范围内，依法负责有关的建筑节能管理工作。

第二章 一般规定

第八条 市主管部门应当根据本市循环经济发展中长期规划组织编制建筑节能规划，经市政府批准后实施。

建筑节能规划应当对新建建筑的节能要求、既有建筑的节能改造、可再生能源在建筑中的开发利用、建筑物用能系统的运行管理等提出工作目标、具体安排和保障措施。

第九条　市主管部门应当加强建筑节能标准化工作，促进建筑节能标准的实施。已有国家或者行业标准的，可以编制严于国家或者行业标准的技术规范；无上述标准的，可以编制技术规范。

市主管部门编制建筑节能技术规范时，应当通过多种形式充分听取相关企业、行业协会、中介服务机构、科研机构和公众的意见。

市主管部门编制的建筑节能技术规范，应当依照有关规定，送市标准化主管部门发布实施。

第十条　市规划行政部门编制城市规划详细蓝图，确定建筑物布局、形状和朝向时，应当充分考虑建筑节能的要求。

第十一条　市主管部门应当根据建筑节能需要发布推广、限制或者禁止使用的技术、工艺、设备、材料和产品目录。

建设、设计、施工单位不得采用列入禁止目录的技术、工艺、设备、材料和产品。

政府投资的建设项目在遵循经济合理原则的前提下，应当优先选用建筑节能推广目录中的技术、工艺、设备、材料和产品。

第十二条　建筑物围护结构和用能系统中使用的技术、工艺、设备、材料和产品应当符合建筑节能强制性标准和技术规范。

建筑物围护结构和用能系统使用标准和技术规范中未涵盖的节能新技术、新工艺、新设备、新材料、新产品的，建设单位或者施工单位应当向市主管部门申请评估。市主管部门应当自收到申请之日起二十个工作日内，组织专家完成评估；情况复杂的，可以延长十个工作日，并向申请人说明理由。未申请评估或者经评估未予通过的，不得作为节能技术、工艺、设备、材料和产品使用。

第十三条　鼓励实施建筑物屋顶绿化。具体办法由市政府另行制定。

第十四条　实行建筑物能效标识制度。市主管部门可以根据建设单位或者建筑物所有人的自愿申请，组织相关行业协会和中介服务机构，对建筑物的能源利用效率进行等级评定。具体办法由市主管部门另行制定。

第十五条　市政府设立建筑节能发展专项资金，用于支持建筑节能活动。

第十六条　建筑节能发展专项资金主要来源如下：

（一）财政拨款；

（二）新型墙体材料专项基金；

（三）本条例第三十条规定的建筑物用电超额附加费；

（四）社会捐助等其他来源。

专项资金的管理、使用办法由市政府另行制定。

第三章　建设与改造

第十七条　建设项目可行性研究报告或者设计任务书，应当载明有关建筑节能的要求。

政府投资的建设项目，其可行性研究报告不符合建筑节能要求的，有关部门不得批准。

第十八条　建设项目的设计招标文件或者委托设计合同，应当载明建筑节能的要求和相关标准、技术规范的名称。

建设单位委托工程监理单位实施工程监理时，应当将建筑节能有关要求纳入监理合同。

建设单位不得要求设计、施工、监理、检测等单位违反建筑节能强制性标准和技术规范。

第十九条 设计单位应当按照有关建筑节能的法律、法规、强制性标准和技术规范进行节能设计。方案设计应当有建筑节能设计专项说明，初步设计及施工图设计文件应当包含建筑节能设计内容。

第二十条 施工图设计文件审查机构应当对施工图设计文件中建筑节能设计内容进行审查；未经审查或者经审查不符合建筑节能强制性标准和技术规范的，不得出具施工图设计文件审查合格证明。

主管部门可以对审查合格的施工图设计文件进行抽查，发现不符合建筑节能强制性标准和技术规范的，不得颁发施工许可证。

第二十一条 施工单位应当按照施工图中的建筑节能设计要求和建筑节能施工规范进行施工。

第二十二条 监理单位履行监理合同时，应当依据有关建筑节能的法律、法规、标准、技术规范和设计文件对建筑节能建设实施监理，并承担相应的监理责任。

对采用列入禁止目录的技术、工艺、设备、材料和产品的行为，监理单位应当采取措施予以制止；制止无效的，应当及时报告工程质量监督机构或者主管部门。

第二十三条 建筑工程竣工后，建设单位应当在组织竣工验收五日前，向主管部门申请建筑节能专项验收；建筑节能专项验收应当与建设单位组织的竣工验收同步进行。

建筑节能专项验收合格的，由主管部门颁发建筑节能专项验收合格证明文件；验收不合格的，主管部门不得办理竣工验收备案手续。

第二十四条 房地产开发单位在销售房屋时，应当向买受人明示所售房屋建筑节能设计及保护要求，并在使用说明书中予以载明。

第二十五条 市主管部门应当会同有关部门对既有建筑的能源消耗情况等进行调查统计和分析评价，并根据建筑节能规划，制定既有建筑节能改造计划，经市政府批准后实施。

第二十六条 既有建筑节能改造应当以公共建筑改造为重点，实行强制性改造与市场引导相结合。

第二十七条 鼓励相关行业协会利用市场机制，推动多渠道投资既有建筑节能改造。从事建筑节能改造的企业可以通过协议方式分享节能改造产生的收益。

相关行业协会可以组织进行建筑节能改造企业能力评价，促进建筑节能改造规范化。

第二十八条 既有建筑未达到现行建筑节能强制性标准和技术规范的，在进行围护结构和用能系统改造时，应当同步进行节能改造。

第二十九条 市主管部门应当会同市能源行政主管部门制定建筑物能源消耗统计办法，按照建筑物的类别、使用功能和规模等，对建筑物能源消耗实行分类统计。

建筑物所有人或者物业管理单位应当如实提供建筑物能源消耗数据。

第三十条 市主管部门应当会同市能源行政主管部门根据建筑物的类别、使用功能和规模等，制定民用建筑用电定额标准。

用电超过定额标准的，征收用电超额附加费。具体办法由市政府另行制定。

第三十一条 公共建筑用电超出定额标准百分之五十的，市能源行政主管部门应当责令建筑物所有人限期治理；逾期不治理或者治理达不到要求的，应当实施强制性节能改造。

第三十二条 新建公共建筑和经过节能改造的既有公共建筑，采用集中供冷方式的，应当安设分户用冷计量装置和室内温度调控装置，按照分户实际用冷量收费。

第四章 太阳能及其他可再生能源应用

第三十三条 采用集中空调系统，有稳定热水需求，建筑面积在一万平方米以上的新建、改建、扩建公共建筑，应当安装空调废热回收装置；未安装的，不得通过建筑节能专项验收。

第三十四条 具备太阳能集热条件的新建十二层以下住宅建筑，建设单位应当为全体住户配置太阳能热水系统。

新建十二层以下住宅建筑不具备太阳能集热条件的，建设单位应当在报建时向市主管部门申请认定；市主管部门认定不具备太阳能集热条件的，应当予以公示；未经认定不配置太阳能热水系统的，不得通过建筑节能专项验收。

第三十五条 鼓励新建公共建筑和十二层以上住宅建筑配置太阳能热水系统；鼓励其他可再生能源在建筑中应用的技术研究和示范工程建设。具体办法由市政府另行制定。

第三十六条 建设单位应当根据有关技术规范，在建筑物的设计和施工中为太阳能利用提供必要条件。

既有建筑住户可以在不影响建筑质量与安全的前提下，安装符合产品标准和技术规范的太阳能利用系统，当事人另有约定的除外。

第三十七条 政府投资的建设项目在条件具备的情况下，应当优先运用太阳能和其他可再生能源。

第三十八条 主管部门应当开展太阳能及其他可再生能源应用的宣传培训，促进太阳能及其他可再生能源的推广应用。

第五章 法律责任

第三十九条 建设单位违反本条例第十一条第二款、第十八条第三款规定，采用列入禁止目录的技术、工艺、设备、材料和产品或者要求设计、施工、监理、检测等单位违反建筑节能强制性标准和技术规范的，由主管部门责令限期改正，并处五万元以上二十万元以下罚款。

第四十条 建设单位违反本条例第二十三条第一款规定，未经建筑节能专项验收或者验收不合格，将建筑物交付使用的，由主管部门责令限期改正，并处五万元以上五十万元以下罚款。

第四十一条 设计单位违反本条例第十一条第二款、第十九条规定，在设计中采用列入禁止目录的技术、工艺、设备、材料和产品或者未按照有关建筑节能的法律、法规、强制性标准和技术性规范进行节能设计的，由主管部门责令限期改正，并处五万元以上二十万元以下罚款。

第四十二条 施工图设计文件审查机构违反本条例第二十条第一款规定，对施工图设计文件中的节能内容未审查或者经审查不符合建筑节能强制性标准和技术规范，出具施工图设计文件审查合格证明的，由主管部门责令限期改正，并处一万元以上十万元以下罚款。

第四十三条 施工单位违反本条例第十一条第二款、第二十一条规定，采用列入禁止目录的技术、工艺、设备、材料和产品或者未按照建筑节能设计要求和建筑节能施工规范进行施工的，由主管部门责令限期改正，并处五万元以上二十万元以下罚款。

第四十四条 监理单位违反本条例第二十二条规定，未履行监理职责的，由主管部门处五千元以上五万元以下罚款。

第四十五条 房地产开发单位违反本条例第二十四条规定，在销售房屋时未如实明示建筑节能相关信息的，由房地产主管部门责令限期改正，并处五万元以上二十万元以下罚款。

第四十六条 建筑物所有人或者物业管理单位违反本条例第二十九条第二款规定，未如实提供建筑物能源消耗数据的，由主管部门责令限期改正；拒不改正的，处二千元以上二万元以下罚款。

第四十七条 建筑物所有人或者物业管理单位违反本条例第三十二条规定，对采用集中供冷方式的新建建筑或者经过节能改造的既有建筑未实行分户用冷计量收费的，由主管部门责令限期改正，并处一万元以上五万元以下罚款。

第四十八条 建设、设计、施工、监理、施工图审查等单位违反本条例规定的，有关主管部门可以将其违法行为作为不良记录予以公示。

第四十九条 依照本条例规定给予单位罚款处罚的，对单位直接负责的主管人员和其他直接责任人员，分别处以单位罚款数额百分之十的罚款。

第六章 附 则

第五十条 本条例下列用语的含义是：

（一）民用建筑，包括居住建筑和公共建筑，其范围按照国家标准执行；

（二）既有建筑，是指本条例实施之前已经通过竣工验收的建筑物。

第五十一条 本条例规定由市政府或者市主管部门另行制定具体办法的，市政府或者市主管部门应当自本条例施行之日起十八个月内制定。

第五十二条 对本条例规定的罚款处罚，市政府有关部门应当制定具体实施标准。该具体实施标准与本条例同时施行；需要修订时，制定机关应当及时进行修订。

第五十三条 本条例实施后通过竣工验收的建筑物，因使用年限、功能变化等因素，其能源消耗超过规定标准需要进行节能改造的，适用本条例既有建筑节能改造有关规定。

第五十四条 采用集中空调系统的工业建筑的建筑节能，参照本条例有关规定执行。

第五十五条 本条例自 2006 年 11 月 1 日起施行。

附录三十

《关于在建筑工程中大力推广太阳能利用和建筑一体化技术的通知》

呼建委发［2007］241 号

各旗、县、区建设行政主管部门，各建筑设计、施工单位、监理单位，房地产开发公司，各有关单位：

为贯彻落实《中华人民共和国可再生能源法》及国家发改委建设部、自治区建设厅关于加快太阳能热水系统推广应用工作的通知（发改能源［2007］1031 号、内建科［2007］153 号）精神，大力推广和开发利用可再生能源，做好建筑节能工作，推动我市经济和社会可持续发展，市建委决定，从 2007 年 7 月起在我市新建和改建的住宅建筑中大力推广太阳能热水器、太阳能集热板与建筑一体化技术。现将有关要求通知如下：

一、凡建设开发单位新建住宅楼，必须预留利用太阳能设备的安装和空间位置，做到同步设计、同步施工、同步验收。

二、在选用太阳能热水装置时，每一栋住宅楼要选用同一型号、同一标准、同一结构形式的热水系统。

三、设计单位在进行民用建筑设计时，必须将太阳能热水系统与建筑一体化设计，并要结合工程具体特点，把太阳能热水器、太阳能集热板的规格尺寸、管道竖井、固定预埋件、系统布置、电气管线敷设、节点做法等列入施工图纸设计内容，确保建筑立面整齐美观。

四、太阳能热水系统的选用及安装应按照国家有关标准、规定及国家标准图集《太阳能热水器选用与安装》（06J908—6）、内蒙古自治区标准图《民用太阳能热水器管道保温及就位桥架》（DBJ 03—26-2007）进行。

五、凡集中设计安装的太阳能热水器、太阳能集热板等产品，必须按《内蒙古自治区建设工程新型建筑材料、产品登记管理办法》（内建发［2006］146 号）规定，经市建委建筑节能办公室（市建筑技术推广站）进行登记备案。未取得“内蒙古自治区建设工程新型建筑材料（产品）登记证”的产品不准应用于工程。

六、施工图审查机构自 2007 年 7 月 1 日起，增加审查太阳能利用建筑一体化设计的内容，没有此项设计的施工图，按不合格设计论处。

七、施工单位、监理单位、质量监督部门要按设计文件要求，精心组织施工，严格监督管理，确保工程质量。

二〇〇七年六月七日